新编21世纪法学系列教材

总主编 曾宪义 王利明

法科生Python语言入门教程

邓矜婷 著

Introduction to Python for Law Students

中国人民大学出版社

·北京·

内容简介

　　本书是面向编程零基础的法科生的Python语言入门课程教材，完整讲解了Python基础语法并适度扩展讲解了若干常用模块，以及若干任务的编程实践案例，包括若干法学问题实例。作为面向法科生的Python语言入门课程的教材，本书将程序设计融入法学的视角，引导读者使用编程语言来解决实际的法学研究与应用问题，以带领读者走近计算机技术，助力构建一个更加高效、安全可靠的数字法治系统。

作者简介

邓矜婷　中国人民大学纪检监察学院教授、博士研究生导师，中国人民大学未来法治研究院、刑事法律科学研究中心研究员，反腐败与法治研究中心副主任，国家治理大数据和人工智能创新平台国家数字监督治理实验室主任。美国密歇根大学法学院法律博士（Juris Doctor），美国印第安纳大学伯明顿校区法学院法律科学博士（Doctor of Juridical Science）。致力于纪检监察学、法学和计算机科学的交叉学科问题的研究。先后以中文、英文在国内、国外权威学术期刊发表具有重要影响力的论文20余篇。出版中文著作2部，英文著作1部，合著1部，主编教材2部。具有中国执业律师执照（兼职），通过美国纽约州律考。

曾宪义

在人类文明与文化的发展中，中华民族曾作出过伟大的贡献，不仅最早开启了
世界东方文明的大门，而且对人类法治、法学及法学教育的生成与发展进行了积极
的探索与光辉的实践。

在我们祖先生存繁衍的土地上，自从摆脱动物生活、开始用双手去进行创造性
的劳动、用人类特有的灵性去思考以后，我们人类在不断改造客观世界、创造辉煌
的物质文明的同时，也在不断地探索人类的主观世界，逐渐形成了哲学思想、伦理
道德、宗教信仰、风俗习惯等一系列维系道德人心、维持一定社会秩序的精神规
范，更创造了博大精深、义理精微的法律制度。应该说，在人类所创造的诸种精神
文化成果中，法律制度是一种极为奇特的社会现象。因为作为一项人类的精神成
果，法律制度往往集中而突出地反映了人类在认识自身、调节社会、谋求发展的各
个重要进程中的思想和行动。法律是现实社会的调节器，是人民权利的保障书，是
通过国家的强制力来确认人的不同社会地位的有力杠杆，它来源于现实生活，而且
真实地反映现实的要求。因而透过一个国家、一个民族、一个时代的法律制度，我
们可以清楚地观察到当时人们关于人、社会、人与人的关系、社会组织以及哲学、
宗教等诸多方面的思想与观点。同时，法律是一种具有国家强制力、约束力的社会
规范，它以一种最明确的方式，对当时社会成员的言论或行动作出规范与要求，因
而也清楚地反映了人类在各个历史发展阶段中对于不同的人所作出的种种具体要求

和限制。因此，从法律制度的发展变迁中，同样可以看到人类自身不断发展、不断完善的历史轨迹。人类社会几千年的国家文明发展历史已经无可争辩地证明，法律制度乃是维系社会、调整各种社会关系、保持社会稳定的重要的工具。同时，法律制度的不断完善，也是人类社会文明进步的显著体现。

由于发展路径的不同、文化背景的差异，东方社会与西方世界对于法律的意义、底蕴的理解、阐释存有很大的差异，但是，在各自的发展过程中，都曾比较注重法律的制定与完善。中国古代虽然被看成是"礼治"的社会、"人治"的世界，被认为是"只有刑，没有法"的时代，但从《法经》到《唐律疏议》、《大清律例》等数十部优秀成文法典的存在，充分说明了成文制定法在中国古代社会中的突出地位，唯这些成文法制所体现出的精神旨趣与现代法律文明有较大不同而已。时至 20 世纪初叶，随着西风东渐、东西文化交流加快，中国社会开始由古代的、传统的社会体制向近现代文明过渡，建立健全的、符合现代理性精神的法律文明体系方成为现代社会的共识。正因为如此，近代以来的数百年间，在西方、东方各主要国家里，伴随着社会变革的潮起潮落，法律改革运动也一直呈方兴未艾之势。

从历史上看，法律的文明、进步，取决于诸多的社会因素。东西方法律发展的历史均充分证明，推动法律文明进步的动力，是现实的社会生活，是政治、经济和社会文化的变迁；同时，法律内容、法律技术的发展，往往依赖于一大批法律专家以及更多的受过法律教育的社会成员的研究和推动。从这个角度看，法学教育、法学研究的发展，对于法律文明的发展进步，也有着异常重要的意义。正因为如此，法学教育和法学研究在现代国家的国民教育体系和科学研究体系中，开始占有越来越重要的位置。

中国近代意义上的法学教育和法学研究，肇始于 19 世纪末的晚清时代。清光绪二十一年（公元 1895 年）开办的天津中西学堂，首次开设法科并招收学生，虽然规模较小，但仍可以视为中国最早的近代法学教育机构（天津中西学堂后改名为北洋大学，又发展为天津大学）。三年后，中国近代著名的思想家、有"维新骄子"之称的梁启超先生即在湖南《湘报》上发表题为《论中国宜讲求法律之学》的文章，用他惯有的富有感染力的激情文字，呼唤国人重视法学，发明法学，讲求法学。梁先生是清代末年一位开风气之先的思想巨子，在他的辉煌的学术生涯中，法学并非其专攻，但他仍以敏锐的眼光，预见到了新世纪中国法学研究和法学教育的发展。数年以后，清廷在内外压力之下，被迫宣布实施"新政"，推动变法修律。以修订法律大臣沈家本为代表的一批有识之士，在近十年的变法修律过程中，在大量翻译西方法学著作，引进西方法律观念，有限度地改造中国传统的法律体制的同时，也开始推动中国早期的法学教育和法学研究。20 世纪初，中国最早设立的三所大学——北洋大学、京师大学堂、山西大学堂均设有法科或法律学科目，以期"端正方向，培养通才"。1906 年，应修订法律大臣沈家本、伍廷芳等人的奏请，清政府在京师正式设立中国第一所专门的法政教育机构——京师法律学堂。次年,另一所法政学堂——直属清政府学部的京师法政学堂也正式招生。这些大学法科及法律、法政学堂的设立,应该是中国历史上近代意义上的正规专门法学教育的滥觞。

自清末以来,中国的法学教育作为法律事业的一个重要组成部分,随着中国社会的曲折发展,经历了极不平坦的发展历程。在 20 世纪的大部分时间里,中国社会一直充斥着各种矛盾和斗争。在外敌入侵、民族危亡的沉重压力之下,中国人民为寻找适合中国国情的发展道路而花费了无穷的心力,付出过沉重的代价。从客观上看,长期的社会骚动和频繁的政治变迁曾给中国的法治与法学带来过极大的消极影响。直至 70 年代末期,以“文化大革命”宣告结束为标志,中国社会开始用理性的目光重新审视中国的过去,规划国家和社会的未来,中国由此进入长期稳定、和平发展的大好时期,以这种大的社会环境为背景,中国的法学教育也获得了前所未有的发展机遇。

从宏观上看,实行改革开放以来,经过二十多年的努力,中国的法学教育事业所取得的成就是辉煌的。首先,经过“解放思想,实事求是”思想解放运动的洗礼,在中国法学界迅速清除了极左思潮及苏联法学模式的一些消极影响,根据本国国情建设社会主义法治国家已经成为国家民族的共识,这为中国法学教育和法学研究的发展奠定了稳固的思想基础。其次,随着法学禁区的不断被打破、法学研究的逐步深入,一个较为完善的法学学科体系已经建立起来。理论法学、部门法学各学科基本形成了比较系统和成熟的理论体系和学术框架,一些随着法学研究逐渐深入而出现的法学子学科、法学边缘学科也渐次成型。1997 年,国家教育主管部门和教育部高校法学学科教学指导委员会对原有专业目录进行了又一次大幅度调整,决定自1999 年起法学类本科只设一个单一的法学专业,按照一个专业招生,从而使法学学科的布局更加科学和合理。同时,在充分论证的基础上,确定了法学专业本科教学的 14 门核心课程,加上其他必修、选修课程的配合,由此形成了一个传统与更新并重、能够适应国家和社会发展需要的教学体系。法学硕士和博士研究生及法律硕士专业学位研究生的专业设置、课程教学和培养体系也日臻完善。再次,法学教育的规模迅速扩大,层次日趋齐全,结构日臻合理。目前中国有六百余所普通高等院校设置了法律院系或法律本科专业,在校本科学生和研究生已达二十余万人。除本科生外,在一些全国知名的法律院校,法学硕士研究生、法律硕士专业学位研究生、法学博士研究生已经逐步成为培养的重点。

众所周知,法律的进步、法治的完善,是一项综合性的社会工程。一方面,现实社会关系的发展,国家政治、经济和社会生活的变化,为法律的进步、变迁提供动力,提供社会的土壤。另一方面,法学教育、法学研究的发展,直接推动法律进步的进程。同时,全民法律意识、法律素质的提高,则是实现法治国理想的关键的、决定性的因素。在社会发展、法学教育、法学研究等几个攸关法律进步的重要环节中,法学教育无疑处于核心的、基础的地位。中国法学教育过去二十多年所走过的历程令人激动，所取得的成就也足资我们自豪。随着国家的发展、社会的进步，在 21 世纪，我们面临着更严峻的挑战和更灿烂的前景。"建设世界一流法学教育"，任重道远。

首先，法律是建立在经济基础之上的上层建筑，以法治为研究对象的法学也就成为一门实践性很强的学科。社会生活的发展变化，势必要对法学教育、法学研究不断提出新的要求。经过二十多年的奋斗，中国改革开放的前期目标已顺利实现。但随着改革开放的逐步深入，国家和社会的一些深层次问题，比如说社会主义市场经济秩序的真正建立、国有企业制度的改革、政治体制的完善、全民道德价值的重建、环境保护和自然资源的合理利用等等，也已经开始浮现出来。这些复杂问题的解决，无疑最终都会归结到法律制度的完善上来。建立一套完善、合理的法律制度，构建理想的和谐社会，乃一项持久而庞大的社会工程，需要全民族的智慧和努力。其中的基础性工作，如理论的论证、框架的设计、具体规范的拟订、法律实施中的纠偏等等，则有赖于法学研究的不断深入，以及高素质人才特别是法律人才的养成，而培养法律人才的任务，则是法学教育的直接责任。

其次，21 世纪是一个多元化的世纪。20 世纪中叶发生的信息技术革命，正在极大地改变着我们的世界。现代科学技术，特别是计算机网络信息技术的发展，使传统的生活方式、思想观念发生了根本的改变，并由此引发许多人类从未面对过的问题。就法学教育而言，在 21 世纪所要面临的，不仅是教学内容、研究对象的多元化问题，而且还有培养对象、培养目标的多元化、教学方式的多元化等一系列问题，这些问题都需要法学界去思考、去探索。

中国人民大学法学院建立于 1950 年，是新中国诞生后创办的第一所正规高等法学教育机构。在半个多世纪的岁月中，中国人民大学法学院以其雄厚的学术力量、严谨求实的学风、高水平的教学质量以及丰硕的学术研究成果，在全国法学教育领域处于领先地位，并开始跻身于世界著名法学院之林。据初步统计，中国人民大学法学院已经为国家培养法学专业本科生、硕士生、博士生一万余人，培养各类成人法科学生三十余万人。经过多年的努力，中国人民大学法学院形成了较为明显的学术优势，在现职教师中，既有一批资深望重、在国内外享有盛誉的法学前辈，更有一大批在改革开放后成长起来的优秀中青年法学家。这些老中青法学专家多年来在勤奋研究法学理论的同时，也积极投身于国家的立法、司法实践，对国家法制建设贡献良多。

有鉴于此，中国人民大学法学院与中国人民大学出版社经过研究协商，决定结合中国人民大学法学院的学术优势和中国人民大学出版社的出版力量，出版一套"21 世纪法学系列教材"。自 1998 年开始编写出版本科教材，包括按照教育部所确定的法学专业核心课程和其所颁布印发的《全国高等学校法学专业核心课程基本要求》而编写的 14 门核心课程教材，也包括法学各领域、各新兴学科教材及教学参考书和案例分析在内，到 2000 年 12 月 3 日在人民大会堂大礼堂召开举世瞩目的"21世纪世界百所著名大学法学院院长论坛暨中国人民大学法学院成立五十周年庆祝大会"之时，业已出版了 50 本作为 50 周年院庆献礼，到现在总共出版了 80 本。为了进一步适应高等法学教育发展的形势和教学改革的需要，最近中国人民大学法学院与中国人民大学出版社决定将这套教材扩大为四个系列，即："本科生用书""法学研究生用书""法律硕士研究生用书"以及"司法考试用书"，总数将达二百多本。我们设想，本套教材的编写，将更加注意"高水准"与"适用性"的合理结合。首先，本套教材将由中国人民大学法学院具有全国影响的各学科的学术带头人领衔，约请全国高校优秀学者参加，形成学术实力强大的编写阵容。同时，在编写教材时，将注意吸收中国法学研究的最新的学术成果，注意国际学术发展的最新动向，力求使教材内容能够站在 21 世纪的学术前沿，反映各学科成熟的理论，体现中国法学的水平。其次，本套教材在编写时，将针对新时期学生特点，将思想性、学术性、新颖性、可读性有机结合起来，注意运用典型生动的案例、简明流畅的语言去阐释法律理论与法律制度。

我们期望并且相信，经过组织者、编写者、出版者的共同努力，这套法学教材将以其质量效应、规模效应，力求成为奉献给新世纪的精品教材，我们诚挚地祈望得到方家和广大读者的教正。

2006 年 7 月 1 日

序言

王利明

　　法学教育是高等教育的重要组成部分，是建设社会主义法治国家、构建社会主义和谐社会的重要基础，并居于先导性的战略地位。在我国社会转型的新世纪、新阶段，法学教育不仅要为建设高素质的法律职业共同体服务，而且要面向全社会培养大批治理国家、管理社会、发展经济的高层次法律人才。近年来，法学教育取得了长足的进步，法科数量增长很快，教育质量稳步提高，培养层次日渐完善，目前已经形成了涵盖本科生、第二学士学位生、法学硕士研究生、法律硕士研究生、法学博士研究生的完整的法学人才培养体系，接受法科教育已经成为莘莘学子的优先选择之一。随着中国法治事业的迅速发展，我们有理由相信，中国法学教育的事业大有可为，中国法学教育的前途充满光明。

　　教育的基本功能在于育人，在于塑造德才兼备的高素质人才。法学教育的宗旨并非培养只会机械适用法律的"工匠"，而承载着培养追求正义、知法懂法、忠于法律、廉洁自律的法律人的任务。要完成法学教育的使命，首先必须认真抓好教材建设。我始终认为，教材是实现教育功能的重要工具和媒介，法学教材不仅仅是法学知识传承的载体，而且是规范教学内容、提高教学质量的关键，对法学教育的发展有着不可估量的作用。

　　第一，法学教材是传授法学基本知识的工具。初学法律，既要有好的老师，又要有好的教材。正如冯友兰先生所言："学哲学的目的，是使人作为人能够成为人，而不是成为某种人。其他的学习（不是学哲学）是使人能够成为某种人，即有一定职业的人。"一套好的教材，能够高屋建瓴地展示法律的体系，能够准确简明地阐释法律的逻辑，能够深入浅出地叙述法律的精要，能够生动贴切地表达深奥的法理。所以，法学教材是学生学习法律的向导，是学生步入法律殿堂的阶梯。如果在入门之初教材就有偏颇之处，就可能误人子弟，学生日后还要花费大量时间与精力来修正已经形成的错误观念。

第二，法学教材是传播法律价值理念的载体。好的法学教材不仅要传授法学知识，更要传播法律的精神和法治的理念，例如对公平、正义的追求，尊重权利的观念。本科、研究生阶段的青年学子，正处在人生观、价值观形成的阶段，一套优秀的法学教材，对于他们价值观的塑造和健全人格的培养具有重要意义。

第三，法学教材是形成职业共同体的主要条件。建设社会主义法治国家，有赖于法律职业共同体的生成。一套好的法学教材，向法律研习者传授共同的知识，这对于培养一个接受共同的价值理念、共同的法律思维、共同的话语体系的法律共同体，具有重要的作用。

第四，法学教材是所有法律研习者的良师益友。没有好的教材，一个好的教师或可弥补教材的欠缺和不足，但对那些没有老师指导的自学者而言，教材就是老师，其重要作用是显而易见的。

长期以来，在我们的评价体系中，教材并没有获得应有的注重，对学术成果的形式优先考虑的往往是专著而非教材。在不少人的观念中，教材与创新、与学术精品甚至与学术无缘。其实，要真正写出一部好的教材，其难度之大、工作之艰辛、影响之深远，绝不低于一部优秀的专著，它甚至可以成为在几百年甚至更长的时间内发挥作用的传世之作。以查士丁尼的《法学阶梯》为例，所谓法学阶梯，即法学入门之义，就是一部教材。但它概括了罗马法的精髓，千百年来，一直是人们研习罗马法最基本的著述。日本著名学者我妻荣说过，大学教授有两大任务：一是写出自己熟悉的专业及学术领域的讲义乃至教科书；二是选择自己最有兴趣、最看重的题目，集中精力进行终生的研究。实际上，这两者是相辅相成的。写出一部好教材，必须要对相关领域形成一个完整的知识体系，还要能以深入浅出的语言将问题讲清楚、讲明白。没有编写教材的基本功，实际上也很难写出优秀的专著。当然，也只有对每一个专题都有一定研究，才能形成对这个学术领域的完整把握。

虽然近几年我国法学教育发展迅速，成绩显著，但是法学教育也面临许多挑战。各个学校的师资队伍和教学质量参差不齐，这就更需要推出更多的结构严谨、内容全面、角度各有侧重、能够适应不同需求的法学教材，为提高法学教学和人才培养质量、保障法学教育健康发展提供前提条件。

长期以来，中国人民大学法学院始终高度重视教材建设。作为新中国成立后建立的第一所正规的法学教育机构，中国人民大学法律系最早开设了社会主义法学教学课堂，编写了第一套社会主义法学讲义，培养了新中国第一批法学本科生和各学科的硕士生、博士生，产生了新中国最早的一批法学家和法律工作者。中国人民大学法律系因此被誉为"新中国法学教育的工作母机"。半个多世纪以来，中国人民大学法学院为社会主义法制建设培养了大批优秀的法律人才，并为法学事业的振兴和繁荣作出了卓越贡献，也因此成为引领中国法学教育的重镇、凝聚国内法律人才的平台和沟通中外法学交流的窗口，并在世界知名法学院行列中崭露头角。为了对中国法学教育事业作出更大的贡献，我们有义务也有责任出版一套体现我们最新研究成果的法学教材。

　　承蒙中国人民大学出版社的大力支持，我们组织编写了本套教材，其中包括本科生用书、法律硕士研究生用书、法学研究生用书和司法考试用书四大系列，分别面向不同层次法科教育需求。编写人员以中国人民大学法学院教师为主，反映了中国人民大学法学院整体的研究实力和学术视野。相信本套教材的出版，一定能够为新时期法学教育的繁荣发展发挥应有的作用。

　　是为序。

2006 年 7 月 10 日

前言

　　《法科生 Python 语言入门教程》是面向编程零基础法科大学生的 Python 语言入门课程教材。"零基础"是指使用本教材的同学不需要具有任何程序设计语言的先修知识。尽管是"零基础"，但本教材体现的是大学水平的教学，将会围绕 Python 基础语法体系进行系统、全面、详细的讲解。

　　本教材专门讲授 Python 这种高级计算机编程语言。自从世界上第一个高级语言 Fortran 出现以来，新的编程语言不断涌现。数十年来，全世界出现了各式高级语言，一些流行至今，一些则逐渐消失。Python 语言诞生于 1990 年，是目前最流行、最好用的编程语言，也是产业最急需的程序设计语言。

　　《法科生 Python 语言入门教程》是面向法科生的 Python 语言入门课程的教材。这意味着学习相关课程需要有与法学问题的解决相结合、与前沿"法律＋科技"问题的讨论相结合的思维。不同于面向计算机专业或是其他社会科学专业学生的 Python 语言课程，本课程将程序设计融入法学的视角，而不仅局限于计算机视角。在知识深度上也会考虑法科生的思维和知识背景的特点，尽可能控制难度，选择合适的例子，进行启发性的教学，以便法科生能够较好地理解和掌握 Python 语言的特点。因此，本教材也可以作为法科生学习更高阶的计算机程序设计语言课程的先修教辅材料。

　　本教材将完整讲解 Python 基础语法并适度扩展讲解若干常用模块。具体而言，教材内容包括一套 Python 基础语法全体系、七个常用的 Python 程序设计模块、十余个优秀的 Python 程序实践案例，其中包含若干法学问题实践案例。本教材的内容可以分为两个部分。第一部分为 Python 快速入门。该部分围绕两个具体实例，讲解 Python 基本语法元素和基本结构，增强感性认识。学生可以通过观察 Python 代码了解其基本逻辑，最终掌握十余行的基础代码编写。第二部分为 Python 基础语法。该部分将从基本图形绘制、基本数据类型、程序的控制结构、函数和代码复用以及组合数据类型等五个方面讲解基础语法全体系，为同学们提供十余个实例，并聚焦于法学学习。

在编写本教材的过程中，作为团队成员，中国人民大学法学院学生邓程予、张蒲花、秦晋、刘亚飞、赵飞飞付出了艰辛的努力。他们不仅协助我梳理了 Python 语言的基础语法体系，对相关的案例分析和实践经验进行了整合与总结，并补充了大量实例；还协助我整理和修改了草稿，以确保内容的准确性和可理解性。特此表示衷心的感谢。

本教材的目标在于带领法科生走近计算机技术，助力构建一个更加高效、安全可靠的数字法治系统。作为法学领域关于 Python 语言教材的初尝试，本教材是在教学相长的过程中打磨形成的，未来还需与学界同仁一同努力，不断精进和完善。

邓矜婷

2024 年 11 月

目
录

一、教材简介

1. 适用的课程

《法科生 Python 语言入门教程》是面向法科生的 Python 语言入门课程教材。不仅具备计算机视角，还将法学的视角融入程序设计。教材以适当难度，选择合适的例子，以便法科生能够较好地理解和掌握 Python 语言的特点。因此，本教材也可以作为法科生学习更高阶的计算机程序语言课程的先修教辅材料。

2. 教学目标

本教材的教学目标是帮助法科生掌握抽象思维并求解基本计算问题的初步能力，了解产业界解决复杂计算问题的基本方法，享受编程求解和科技创新带来的高阶乐趣。法科生通过学习本教材可以掌握将法学问题转换成可计算问题的能力，掌握解决法学计算问题的编程能力，理解计算思维并思考计算思维与法学思维的异同，尝试用编程的方法来解决法学问题，拉近与现代计算技术之间的距离。

3. 教材内容

本教材将完整讲解 Python 基础语法并适度扩展讲解若干常用模块。具体而言，教材内容包括 1 套 Python 基础语法全体系、7 个常用的 Python 程序设计模块、十余个优秀的 Python 程序实践案例，其中包含若干法学问题的实践案例。

本教材的内容可以分为两个部分。第一部分为 Python 快速入门。该部分围绕 2 个具体实例，讲解 Python 基本语法元素和基本结构，增强感性认识。学生可以通过观察 Python 代码了解其基本逻辑，最终掌握十余行的基础代码编写。例如，以下关于汇率转换的程序就是对 Python 基本语法元素的运用。

请同学们观察下列代码，感受其风格，并尝试理解其基本逻辑：

```
#HuilvConvert.py
MoneyStr＝input("请输入带有符号的金额：")
if MoneyStr[－1]in ['Y','y']:
```

```
    USD=eval(MoneyStr[0:-1])/7
    print("转换为美元是{:.2f}S".format(USD))
elif MoneyStr[-1]in['S','s']:
    RMB=eval(MoneyStr[0:-1])* 7
    print("转换为人民币是{:.2f}Y".format(RMB))
else:
    print("输入格式错误")
```

运行结果演示：

请输入带有符号的金额：【同学自己输入 100Y】

程序运行返回结果：

转换为美元是 14.295

第二部分为 Python 基础语法。该部分将从五个方面讲解基础语法全体系，为同学们提供十余个实例，聚焦于法学相关的编程学习。具体而言，基础语法全体系包括基本图形绘制、基本数据类型、程序的控制结构、函数和代码复用以及组合数据类型。

二、程序设计方法概述

如同法科生在学习法学知识的过程中，需要思考每个部门法在整个法律体系中处于何种位置，在学习程序设计方法之初，应当理解程序设计在计算机知识体系中的位置。

1. 计算机与程序设计

在各个学科领域中都存在多种关于计算机概念的定义。在法学领域中，《中华人民共和国刑法》在数十年前便规定了侵犯计算机信息系统系列罪名，引发了学界的普遍关注。法学界的学者们着力于探讨计算机以及计算机信息系统的概念，例如，除了电脑，智能手机、物联网、车载的自动驾驶系统是否属于计算机的范畴。在计算机科学领域也有关于计算机概念的各种定义。计算机俗称电脑，是一种用于高速计算的现代电子计算机器，可以进行数值计算，也可以进行逻辑计算，还具有存储记忆功能，是能够按照程序运行，自动、高速处理海量数据的现代化智能电子设备。计算机是 20 世纪最先进的科学技术发明之一，对人类的生产活动和社会活动产生了极其重要的影响，并正以强大的生命力飞速发展。

从程序设计的角度来看，本教材认为，计算机是根据指令操作数据的设备。因此，计算机具有功能性和可编程性。功能性是指对数据的操作，表现为数据计算、输入输出处理和结果存储等。可编程性是指根据一系列指令自动地、可预测地、准确地实现操作者的意图。在本质上，计算机要根据指令来运行。只不过这种指令可以是一种比较复杂的指令，然后可以让计算机自动地来做。因此我们也可以预测到计算机会做哪些事情，它并不是不可预测的，即便说它有黑箱存在，我们也能知道它要完成什么任务，会得到什么样的结果，我们还可以去检测它。所以，这一系列都是可控的。

计算机的发展参照摩尔定律，表现为指数方式，这是计算机发展历史上最重要的预测法则。摩尔定律由英特尔（Intel）公司创始人之一戈登·摩尔在 1965 年提出，其内涵为单位面积集成电路上可容纳晶体管的数量约每两年翻一番。CPU/GPU、内存、硬盘、电子产品价格等都遵循摩尔定律。计算机硬件所依赖的集成电路规模参照摩尔定律发展，计算机运行速度因此也接近几何级数快速增长，计算机高效支撑的各类运算功能不断丰富发展。计算机深刻改变着人类社会，甚至可能改变人类本身。可以预见，未来 30 年摩尔定律还将持续有效。

程序设计是计算机可编程性的体现。程序设计，亦称编程，是深度应用计算机的主要手段。程序设计已经成为当今社会需求量最大的职业技能之一，很多岗位都将被计算机程序接管，程序设计成为一种生存技能。程序设计语言是一种用于交互（交流）的人造语言。程序设计语言，亦称编程语言，是程序设计的具体实现方式。编程语言相比于自然语言更简单、更严谨、更精确，主要用于人类和计算机之间的交互。当前存在的编程语言种类很多，但生命力强劲的寥寥无几。在人类历史上存在过的编程语言超过 600 种，但是绝大部分都不再被使用。C 语言诞生于 1972 年，它是第一个被广泛使用的编程语言。Python 语言诞生于 1990 年，它是目前最流行、最好用的编程语言。

计算机软件技术也经历了飞跃式的发展，一共经历了三个发展阶段：第一阶段是 20 世纪 50—70 年代，个人计算机诞生并得到了广泛的应用，相较于传统的计算设备来说，个人计算机具有体积小、重量轻等诸多优点，其各项功能逐渐发展壮大。但是，在此阶段计算机软件供应成为阻碍计算机发展的一大难题。为了更好地满足各个行业领域的使用需要，机器语言、汇编语言等应运而生，批处理系统及分时操作系统的诞生也进一步优化了计算机软件操作系统的各项功能。第二阶段是 20 世纪 80—90 年代末，在此阶段计算机技术开始与最新发展的通信技术相融合，计算机软件的发展包含数据库开发和大型程序开发，大规模集成电路 CORBA 和 webservice 软件的成型，有效地实现了双方甚至是多方进行相互通信和资源共享的计算机网络架构，逐渐形成了覆盖全球的计算机网络 Internet，其使得计算机被应用到全球社会的各行各业中。第三阶段是 21 世纪至今，经济全球化进程不断加快，信息技术的应用也越发重要，网络逐渐进入千家万户，尤其是无线网和局域网的发展给计算机软件技术的发展提供了更多机遇，计算机得到了真正意义上的普及应用，计算机软件技术变得无处不在，这也使得人类社会进入了全球化的发展阶段。

2. 编译和解释

计算机语言是指人与计算机之间用于沟通的语言。为了使计算机完成各类工作，人们需要一套用以编写计算机程序的数字、字符和语法规则，构成计算机指令。计算机语言存在多种类别，可以分成机器语言、汇编语言、高级语言三大类，按功能不同又可以划分为解释类和编译类。目前，大众常见的计算机语言是高级语言，相较于机器语言和汇编语言，其大大简化了程序中的指令，对于编程者而言更加友好。本教材所讲授的 Python 语言便是高级计算机语言的一种。机器语言是指，不经翻译即可为机器直接理解和接受的程序语言或指令代码。从使用的角度来看，机器语言是最低级的语言，大量繁杂琐碎的细节耗费了程序员投身于创造的时间。汇编语言是指，任何一种用于电子计算机、微处理器、微控制器或其他可编程器件的低级语言，亦称为符号语言。[①] 汇编语言对机器语言做了简单编译，但并没有从根本上解决机器语言的特定性，所以汇编语言与机器自身的编程环境息息相关，进行推广和移植很难。但是汇编语言得益于其可阅读性和简便性，到现在依然是常用的编程语言之一。高级语言是指独立于机器，面向过程或对象，参照数学语言而设计的近似于日常会话的语言。[②] 高级语言相对于低级语言来说具有较高的可读性，更易理解，包括 Java，C，C++，C♯，Pascal，Python 等。下文的源程序就是高级语言编写的程序，而目标代码则是计算机可以直接执行的机器语言。

计算机程序或者软件程序，通常简称程序，是指一组指示计算机或其他具有信息处理能力的装置实施每一步动作的指令，通常用某种程序设计语言编写，运行于某种目标体系结构上。通俗来讲，计算机程序是将我们的旨意传达给计算机，让计算机去执行的传送者。

编译和解释是计算机执行源程序的两种方式。计算机执行源程序是指通过计算机，将源代码变成目标代码。源程序，亦称源代码，是人类可读的、采用某种编程语言编写的计算机程序。例如上述列举的转换汇率的代码。源程序是一种高级的计算机语言，所谓"高级"，并不是价值判断层面的含义，而是指向更接近人类的自然语言，更加易懂。例如：result＝2＋3。与之相对应的概念是目标程序，亦称目标代码，是计算机可直接执行的程序，但是人类一般是无法理解其含义的。例如，11010010 00111011。

编译，是指将源代码一次性转换成目标代码的过程。执行编译过程的程序被称

---

① 王爽. 汇编语言. 2 版. 北京：清华大学出版社，2008.

② 刘岚，尹勇，撒继铭，等. 单片计算机基础及应用. 武汉：武汉理工大学出版社，2016：71.

为编译器，它可以对源代码进行一次性的转换。解释，是指将源代码逐条转换成目标代码，同时逐条运行的过程。执行解释过程的程序被称为解释器。可见，这两种执行源程序的方式各有千秋。编译的速度更快，是一种一次性翻译，之后不再需要源代码，但是可能存在难以修改和调整的问题。解释在每次程序运行时随翻译随执行，可以分别对每一条代码进行修改，并且不影响后续的其他代码，使得操作更加灵活，然而翻译的速度则较慢。

根据执行方式不同，编程语言分为两类：静态语言和脚本语言。静态语言是使用编译执行的编程语言，例如：C/C++语言、Java语言。脚本语言是使用解释执行的编程语言，又称动态语言，例如：Python语言、JavaScript语言、PHP语言。静态语言和脚本语言的执行方式不同，优势亦各有不同。对静态语言而言，编译器是一次性生成目标代码，优化更充分，程序运行速度更快。而脚本语言执行程序时需要源代码，维护更灵活，还能够跨越多个操作系统平台，所以它更便于展开团队合作，完成复杂的任务。

3. 程序的基本编写方法

程序的基本编写方法可以简称为"IPO"。"I"是指input，即输入，程序的输入数据。"P"是指process，即对输入数据的处理，是程序的主要逻辑。"O"是指output，即输出，程序的输出结果。程序的输入包括文件输入、网络输入、控制台输入、交互界面输入、内部参数输入等，输入是一个程序的开始。程序的输出包括控制台输出、图形输出、文件输出、网络输出、操作系统内部变量输出等，输出是程序展示运算结果的方式。处理是程序对输入数据进行计算产生输出结果的过程，处理方法统称为算法，它是程序最重要的部分，是一个程序的灵魂。

比如下面这个例子，计算机自动地判断并给出量刑建议。

```
amount＝input('请输入受贿金额是较大、巨大、特别巨大:')
qingjie＝input('请输入受贿情节是较重、严重、特别严重:')
if amount＝＝'较大' or qingjie＝＝'较重':
    sentence='三年以下或拘役'
    fine="并处罚金"
elif amount＝＝'巨大' or qingjie＝＝'严重':
    sentence='三年到十年'
    fine='并处罚金或没收财产'
elif amount＝＝'特别巨大' or qingjie＝＝'特别严重':
    sentence='十年到无期'
    fine="并处罚金或没收财产"
print(sentence,fine)
```

运行结果演示：

请输入受贿金额是较大、巨大、特别巨大:较大【同学自己输入】
请输入受贿情节是较重、严重、特别严重:较重【同学自己输入】

程序运行返回结果:

三年以下或拘役 并处罚金

在上述例子中,I 即为输入的受贿金额类型和受贿情节情形,此处输入为"较大"和"较重"。O 为输出的结果,即"三年以下或拘役 并处罚金"。P 则是上述程序最为关键的算法内容,具体表现为 12 行代码,是实现上述程序功能的核心部分。从整体分布上来看,处理的算法占到了上述程序的大部分体量,是实现上述程序功能的主要指令依据。计算机之所以可以根据输入来输出结果,就是因为有算法的指令。同时,算法也是人类可以与计算机进行交互的渠道。人类借助机器可懂的编程语言编写具有特定功能的算法,使得计算机可以执行目标代码,最终返回输出值。

再举一例:在利用计算机程序获取某一时刻的时间戳这一过程中,I 即为输入的某一时刻,例如输入"2023 年 1 月 1 日"。在本例中,如何将"某一时刻"输入进该程序有很多方法,例如可以将该时刻的字符串手动填写进某一个变量里,也可以通过获取电脑系统上即时的时间来输入,还可以获取网络上的时间如淘宝网、中国科学院国家授时中心上的时刻。O 为输出的结果,即为该时刻对应的时间戳。P 则是将输入的时刻转化为时间戳的过程。

在一个待解决问题中,问题的计算部分是可以用程序辅助完成的部分。一个问题可能有多种角度理解,产生不同的计算部分,问题的计算部分一般都有输入、处理和输出过程。采用编程解决问题的分为六个步骤:(1)分析问题:分析问题的计算部分;(2)划分边界:划分问题的功能边界;(3)设计算法:设计问题的求解算法;(4)编写程序:编写问题的计算程序;(5)调试测试:调试程序使正确运行;(6)升级维护:适应问题的升级维护。

以上六个步骤可以精简为三个步骤:(1)确定 IPO:明确计算部分及功能边界;(2)编写程序:将计算求解的设计变成现实;(3)调试程序:确保程序按照正确逻辑能够正确运行。

具体而言,首先,应当分析问题,了解和确定计算部分及其边界。程序可以辅助完成某个问题当中可以计算的部分。因此,需要事先划分可能通过计算的方法来实现的部分,以及需要通过其他方法来实现的部分。例如,请比较以下三个问题:(1)"目前同案异判的现象有多严重?"(2)"应当如何管理生成式人工智能?"(3)"人工智能如何实现安全可控的发展?"显然,关于第一个问题,计算机是无法直接理解、计算的,更毋论利用编程进行处理。而后两个问题在实践中是存在利用数据来分析、支持甚至加以解决的部分和空间的。区分一个问题中的可计算部分是在利用编程处理人文社科问题时的首要步骤,因为并非任何一个问题都可以进行

IPO 的分析，其有一些部分是无法做计算的，如法理学上所讨论的公平正义之类的抽象问题。不过需要注意，此处的"计算"是广义上的计算，并非简单的数学、数值运算，它还包括字符串数据、组合数据的运算等。其次，针对可计算的问题需要思考如何求解。计算部分是需要特别设计的，因为一个问题往往可以通过多种角度去理解，从而会产生不同的计算部分，也就可能存在不同的输入输出和处理方法。求解的过程需要判断可调用的语言和程序模块，从而帮助实现这一部分的计算。最后，应当调试程序，使其在计算机中得到正常的运行。在解决问题的过程中，设计的程序往往不能一次性达到预想的效果，这取决于个体掌握计算机语言的熟练程度，即人与计算机沟通交流水平的高低。当出现报错时，需要返回第二个步骤，调整求解的方法，从而不断优化程序的功能。

计算机与程序设计、程序设计语言之间有密切的关系。目前的程序设计语言有600 多种，其中常见的语言分为解释和编译两大类，Python 语言就是属于解释类语言，也被称为脚本语言，具有相对灵活、可拓展性强的优点。

三、计算法学方法的基本步骤

计算法学方法的基本步骤有二：一是需要将法学问题转换为计算问题，二是编写程序解决计算问题。随着互联网向社会中各个方面不断渗透，以及互联网技术的指数级发展，一类新型法学研究方法，即计算法学方法开始出现。受益于数据处理、存储能力的提高及判决文书的公开，近期我国的法学研究也建立在数量越来越庞大的文书处理基础上。例如，最高人民法院、最高人民检察院相继公布了发展大数据在实务中的运用计划，有关智慧法院、智慧检务的研发、试点实验和推广落地都在不断地推进。法律教育界也反响热烈，各大知名院校都争先恐后地成立了类似"法律＋科技"的旨在培养计算法律人才的研究院所。

首先，法学问题转换为计算问题可能会存在一系列挑战。在解决法学问题的过程中往往会出现法律原则之间的冲突和平衡，这是法律体系所要保护的重要内容。但是在使用计算机来解决问题的时候，人们往往希望利用计算机解决高频出现的普通案件。换言之，计算机处理的是不灵活的、能够形式化地快速找到规律的原则性案件，而非例外的情形。而且即使是高频发生的普通案件，要转换成计算机可以处理的问题仍旧存在一些困难和挑战。

为什么要将法学问题转换为计算问题，追求一个可计算的过程呢？主要原因是信息技术的高速发展，催生了具有极大应用价值的产物。在此支撑之下，社会中出现了数字经济、区块链技术、智能合约等一系列代表着更高级生产力的事物，可以带领人们进一步解放生产力。所谓解放生产力，就是为了让人类变得更具创造性，具有更高的工作效率。运用信息技术的解决方法，能够让普遍存在的、相对简单的法律问题通过机器的方法加以解决和处理。由此，更多的法律专业人士得以从繁杂的重复性工作中脱身出来，专注于少数的疑难案件，同时更多的人才也可以从事更具创造性的工作。目前远景性的展望使得学界充满类似的讨论——在计算机领域出现了人机协同的探讨，在法学领域萌生了计算机相关的法学问题的讨论。

其次，当法学问题转换为计算问题之后，应当进一步运用编程的方法解决计算问题。计算机的工作原理是根据操作指令来处理数据，完成程序设计，从而实现相关的功能。因此，需要按照编写程序的基本方法将转换出来的计算问题通过程序设计的方法加以解决，包括设计确定 I、O，编写程序，调试程序。具体可以参考前述计算机自动判断并给出量刑建议的示例。

上述示例为当下常见的用于辅助定罪量刑的程序的雏形。该例子与目前商业化的软件虽存在差距，但是在本质上具有类似之处。两者都尝试利用计算机解决定罪量刑的问题，这也是智慧司法中最重要的一环。以受贿罪的量刑问题为例，这毫无疑问是一个法律问题。我国《刑法》规定受贿罪的量刑标准参照贪污罪的量刑规定，故法官在处理该罪的量刑问题时应当参考有关贪污罪的规定。因此，计算机在此过程中可以根据某些条件和语句辅助量刑的判断。上述辅助量刑的程序希望计算机能够根据输入的金额以及受贿情节，自动给出量刑的区间。具体的过程如下：首先，应当将量刑这一法学问题转换为计算的问题。这个阶段意在运用编程语言将不同条件所对应的量刑区间固定下来。编程者可以通过观察已有的量刑规定，发现不同档的刑罚所对应的金额以及情节。其次，运用 IPO 的方式设计有条件的语句（if、elif 部分）对应不同的量刑结果，从而完成计算机的处理。最后，明确输入、输出的内容，便可以得到一段完整的 IPO 程序语言，实现相应的功能。

计算法学的方法就是尝试性地思考如何将法学问题转换成一个可计算的问题，再将这个可计算的问题进一步转换成 IPO。由此，便可以将其写成具体的程序语言，通过调试程序使其在计算机上真正实现相应的功能。在这个过程中，编程者会感受到乐趣，提升相关的能力。

四、计算机编程的价值

1. 编程能够训练思维

编程体现了一种抽象交互关系、自动化执行的思维模式，帮助培养区别于逻辑思维和实证思维的第三种思维模式——计算思维。同时，编程能够促进人类思考，增进观察力，并深化对交互关系的理解。例如，在设计有关某罪名量刑的程序时，可以反向让人们思考法律规定在逻辑上的严谨程度。计算法学的思维与传统计算机思维的最大差异在于将法学问题转换为计算机问题的过程，这意味着计算法学的方法要以解决实际的法律问题为出发点。因此，作为法科生，掌握一定的规范思维是运用计算的方法解决法学问题的前提,掌握一定的计算思维是以计算机的角度理解法学问题的关键。只有将规范思维和计算思维有机结合,熟练转换,才能更完备地进行计算法学的研究。

2. 编程能够增进认识

编程不单纯是求解计算问题,它还涉及更深层次的内容。程序员不仅要思考解决方法,还要思考用户体验、执行效率等;反之,这个过程也能够帮助程序员加深对用户行为以及社会和文化的认识。同时,作为法科生,学习编程并运用其解决法学问题,可以进一步领会数字法治、智慧法治的价值。例如目前运用大数据辅助司法裁判的试点,可以帮助法律工作者更好地实现同案同判、类案检索,约束裁判者的自由裁量权,从而维护法治的统一。

3. 编程能够带来乐趣,提高个人竞争力

编程能够为编程者提供展示自身思想和能力的舞台,提升自己的心理满足感,也能为世界增加新的色彩。在信息空间中思考创新,将创新变为现实。在当前社会,新兴技术的发展趋势迅猛,为了促进数字法治和数字社会的发展,必须集众人之力,通过跨学科、多领域的团队合作来实现,而这也就要求人们不仅局限于熟悉本领域的知识和信息,还应涉猎其他领域的知识和技术。就数字法治领域而言,目前有许多企业和律所都在尝试运用人工智能等科学技术来完成法律工作,提供法律服务,他们往往都会对职工提出掌握编程语言基础的要求。所以法科生通过学习编程可以帮助提高自身竞争力,便于更加有效地展开团队合作。同时,编程能够帮助法律工作者更加高效地完成法律任务。计算机能处理大量的数据,远远超过单位时间内人类手工能够处理的数量,比如它可以处理十几万、几十万甚至几百万份判决书,也能够高效地处理手工无法处理的数量,比如用一台普通电脑可以在一两周的时间内处理几千份文书。① 因此,法律工作者可以运用编程完成全样本分析,而不再受限于随机抽样的要求。常见的运用有利用编程进行裁判文书的批量处理,从而展开某个法学问题的实证研究。

4. 编程能够提高效率

编程能够使人们能够更好地利用计算机解决问题,从而显著提高工作、生活和学习效率,为实现个人理想提供一种高效手段。编程也可以帮助建构更高效的法治社会。在司法实践中,司法机关处理的大量案件实际上是基础的、具有同案或类案性质的普通案件。普通案件耗费了大量的司法资源,而真正意义上的疑难案件的占比则十分有限。编程可以建构有效的计算机模型,帮助快速高效地解决普通案件,运用类案检索帮助法官快速找到裁判的方向,有效地提高判案的效率与准确度。

---

① 邓矜婷,张建悦. 计算法学:作为一种新的法学研究方法. 法学,2019(4).

5. 编程带来就业机会

据统计，程序员是信息时代最重要的工作岗位之一，国内外对程序员岗位的缺口规模都在百万以上，计算机已经渗透于各个行业，就业前景非常广阔。在法律＋科技领域，具备编程能力与法学知识的复合人才成为当下稀缺的资源。法律科技的快速发展也催生了大量致力于"技术驱动法律"的创新企业。截至 2018 年，全球法律科技企业增长到 1 200 多家，其中 2015 年和 2016 年是法律科技创业的高峰期，新增企业数量达到峰值。众多的法律科技企业通过自身强大且灵活的技术创新能力和垂直场景的应用给行业带来惊喜，所产生的高速提效的法律科技产品极大地推动了法律服务的变革与创新。①

---

① 参见策问管理发布的《2019 法律科技行业白皮书》。

第二章
Python 基本语法

第一节　Python 程序设计基本方法

一、Python 的创设、发展及基本情况

Python，译为"蟒蛇"。Python 语言由吉多·范罗苏姆（Guido van Rossum）设计并领导开发。"Python"的命名源于吉多对一部英剧《巨蟒剧团之飞翔的马戏团》（Monty Python's Flying Circus）的极大兴趣。20 世纪 80 年代，吉多任职于荷兰国家数学和计算机研究中心（Centrum Wiskunde & Informatica，CWI）。在那时，吉多必须使用 C 语言或 Unix Shell 来处理 Amoeba 系统上的工作，两个语言各有优缺点，让当时的吉多非常苦恼。C 语言要求开发者像机器一样思考，且没有可重复利用的基础库；Unix Shell 可以提供公共的工具包，但在处理复杂逻辑时运行缓慢，没有自己的数据类型，严格意义上并不能算作一门编程语言，因此吉多萌生了自己写一个新的编程语言的想法。之后在 1989 年圣诞节期间，在阿姆斯特丹，吉多为了打发圣诞节的无趣，决心开发一个新的脚本解释程序。

1991 年 2 月，第一个 Python 解释器（同时也是编译器）诞生，它是用 C 语言实现的，可以调用 C 语言的库函数。在最早的版本中，Python 已经具有了"类""函数""异常处理"等构造块，包含列表、字典等核心数据类型，同时支持以模块为基础来构造应用程序；1994 年 1 月，Python 1.0 正式发布。2000 年 10 月 16 日，Python 2.0 正式发布，标志着 Python 语言完成了自身涅槃，解决了其解释器和运行环境的诸多问题，开启了 Python 广泛应用的新时代。Python 2.0 增加了完整的垃圾回收，提供了对 Unicode 的支持。与此同时，Python 的整个开发过程更加透明，社区对开发进度的影响逐渐扩大，生态圈开始慢慢形成。2010 年，Python 2.x系列发布了最后一版，其主版本号为 2.7，用于终结 2.x 系列版本的发展，并且不再进行重大改进。

2008 年 12 月 3 日，Python 3.0 正式发布，这个版本在语法层面和解释器内部

做了很多重大改进，解释器内部采用完全面向对象的方式实现。这些重要修改所付出的代价是 3. x 系列版本代码无法完全向下兼容 Python 2.0 系列的既有语法，因此所有基于 Python 2.0 系列版本编写的库函数都必须修改后才能被 Python 3.0 系列解释器运行。Python 语言不选择向后兼容，是吉多对 Python 语言发展作出的最重大的决定，虽然短期内带来升级函数库的巨大代价，但长期来看，由于不需要兼容旧有版本，新版本语言有助于简化解释器功能，释放 Python 语言发展的历史包袱。另外，因为当时还有不少公司在项目和运维中使用 Python 2. x 版本，所以 Python 3. x 的很多新特性后来也被移植到 Python 2.6/2.7 版本中。2020 年 9 月 6 日，Python 3.10.7 版本发布，此后还在不断更新。

　　Python 语言是开源项目的优秀代表，其解释器的全部代码都是开源的，可以在 Python 语言的主网站（https：//www. python. org/）自由下载。Python Software Foundation(PSF) 作为一个非营利组织，拥有 Python 2.1 版本之后所有版本的版权，致力于更好推进并保护 Python 语言的开放、开源和发展。Python 语言可应用于火星探测、搜索引擎、引力波分析等众多领域。Python 语言是一种简洁且强大的语言，相比于其他高级语言，它的语法简洁质朴，可以用优美来形容。在 Python 程序中，输入 import this，按回车，便可得到如图 2 - 1 所示的"Python 之禅"。最关键的，它的开放与开源促使世界上出现了最大的围绕 Python 程序设计的开放社区。至今，该社区已经提供了超过 3 万个不同功能的开源数据库，为基于 Python 语言的快速开发提供了强大支持。

```
In [2]: import this

The Zen of Python, by Tim Peters

Beautiful is better than ugly.
Explicit is better than implicit.
Simple is better than complex.
Complex is better than complicated.
Flat is better than nested.
Sparse is better than dense.
Readability counts.
Special cases aren't special enough to break the rules.
Although practicality beats purity.
Errors should never pass silently.
Unless explicitly silenced.
In the face of ambiguity, refuse the temptation to guess.
There should be one-- and preferably only one --obvious way to do it.
Although that way may not be obvious at first unless you're Dutch.
Now is better than never.
Although never is often better than *right* now.
If the implementation is hard to explain, it's a bad idea.
If the implementation is easy to explain, it may be a good idea.
Namespaces are one honking great idea — let's do more of those!
```

图 2 - 1 Python 之禅

译文：优美胜于丑陋，明了胜于晦涩。简洁胜于复杂，复杂胜于凌乱。扁平胜于嵌套，间隔胜于紧凑。易读性很重要。纵然在按部就班面前，实用性更重要，也不可假借特例的实用性之名，违背这些规则。错误不容姑息，除非你确定需要这样做。在模棱两可之时，不要尝试盲目猜测，而是尽量找一种，最好是唯一一种明确的解决方案。然而那唯一明确的方案并不好找，除非你是 Python 之父。尽管现在做好过永不去做，但不假思索就做还不如不做。如果你无法向人描述你的方案，那肯定不是一个好方案；如果你很容易向人描述你的方案，那也许是一个好方案。命名空间是一种绝妙的理念，多多益善。

本章将通过汇率转换这一实例，用 10 行代码实现汇率转换功能，使大家对 Python 有最初的大体印象，并对一些基础语法和函数有初步的了解。

二、Python 的安装及运行环境

1. 基本开发环境之 IDLE

Python 基本开发环境包括 Python 解释器和 IDLE 开发环境。IDLE 只有几十MB 大小，但使用灵活且功能丰富，集编辑器、交互环境、标准库、库安装工具于一体，适用于小规模程序开发。其界面是交互式开发环境，但没有集成任何扩展库，也不具备强大的项目管理功能。用户可从 https：//www. python. org/downloads/或者 https：//python123. io/上下载、安装最新的 Python。

默认情况下，在安装 Python 之后，系统并不会自动添加相应的环境变量。此时不能在命令行直接使用Python命令。因此安装 IDLE 后，须注意配置环境变量。具体步骤如下（以 Python 3. 9. 7、Windows 操作系统为例）：

（1）查阅 Python 3. 9. 7 安装目录。在开始菜单栏中找到 Python 3. 9. 7，点击右键，选择"属性"，打开后在"起始位置"处复制该安装目录，比如 C：\ Users \ Python \ Python3. 9. 7 \ 。注意此安装目录因人而异。

（2）配置 Python 环境变量。如图 2 - 2 所示，打开"我的电脑→属性→高级系统设置→环境变量→新建用户变量"。在系统变量中找到 Path，然后点击"新建"，输入变量名"Path"、变量值"C：\ Users \ Python \ Python3. 9. 7 \ ；"（即 Python 安装的目录，若安装目录末尾没有一个"；"，记得加上"；"）。依次确定即可。至此环境变量配置完成。

（3）验证配置结果。如图 2 - 3 所示，Win＋R 打开运行对话框输入 cmd 点击确定打开命令行，在命令行中输入 Python，出现如图 2 - 4 所示画面。

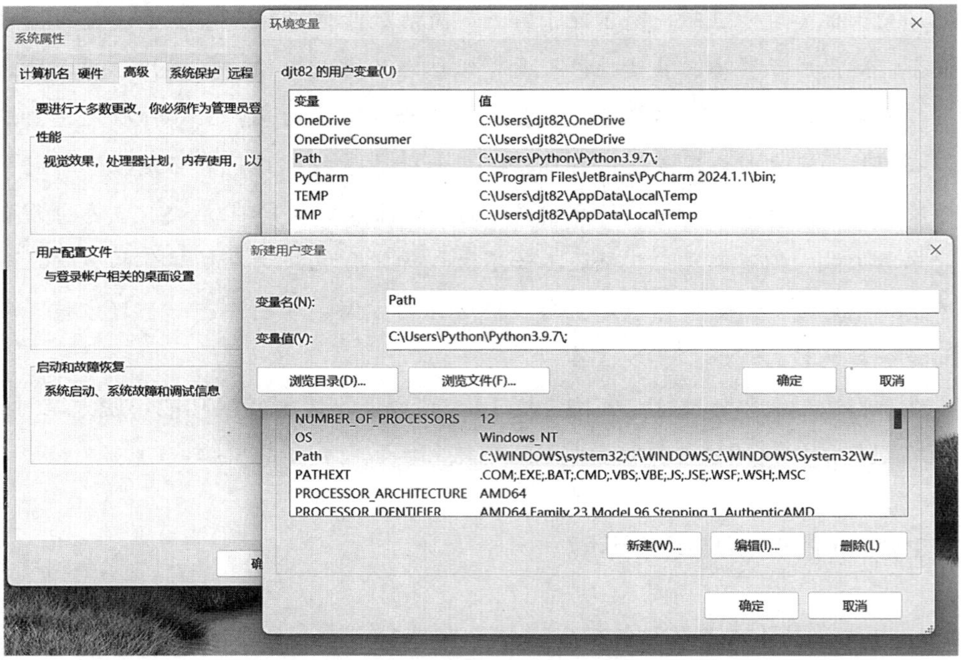

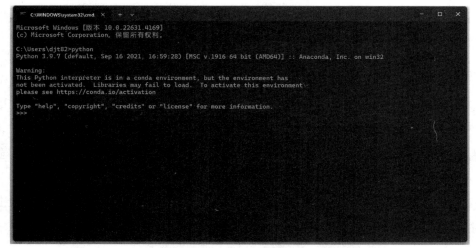

图 2-2　配置 Python 环境变量

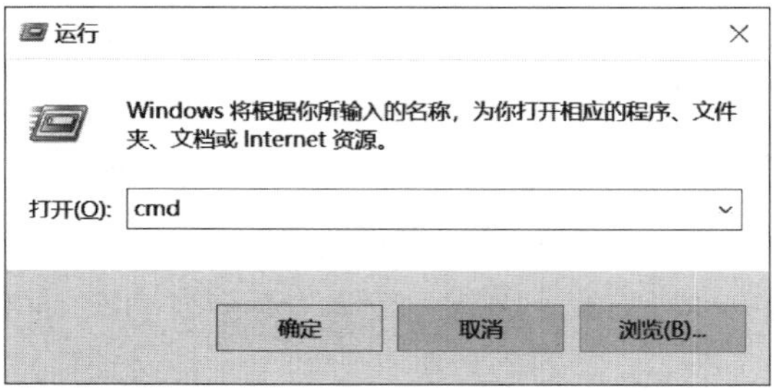

图 2-3　验证配置结果

图 2-4　Python 版本信息

这就说明配置成功。上述环境变量设置成功之后，就可以在命令行直接使用 Python 命令。或执行"Python *.py"运行 Python 脚本了。

2. 高级开发环境之 Anaconda

Anaconda 本义为巨蟒、大蛇，可谓是 Python（蟒蛇）的高级版本。Anaconda 是计算机工程师们自己制作的软件，是 Python 的一个开源发行版本，主要面向数据分析与科学计算，预装了很多第三方库。里面自带许多实用工具，我们常用的有 Spyder，Jupyter Notebook 和 JupyterLab。可从 https：//www. anaconda. com/download/下载合适版本并安装，然后启用 Jupyter Notebook 或者 Spyder 即可。

Spyder 是一个使用 Python 语言、跨平台的、科学运算集成开发环境，其优点在于可以方便地观察数据的值。Jupyter Notebook 是基于网页的，更轻量级并且可以分段执行代码，显示执行结果，无须每次从头执行整个文件。JupyterLab 则是 Jupyter Notebook 的下一代产品，在 Jupyter Notebook 的基础上集成了更多的功能，包括许多自由扩展插件。Anaconda 拥有一套强大的环境配置能力，在配置 Python 环境变量时，不同于 IDLE 烦琐的步骤，Anaconda 只需在安装过程中勾选"Add Anaconda3 to the PATH environment variable"选项即可。

Anaconda 是目前比较流行的 Python 开发环境之一。安装 Anaconda 的优点是不需要逐个下载或安装 Python 编程所需的编辑器、解释器、包及包管理器，也不需要手动配置它们的关联参数。但是对于普通用户，Anaconda3 的这些优势反而成了缺点，Anaconda 占据磁盘空间十分巨大，不但无法提高环境搭建速度，还会造成环境臃肿、复杂和不可靠。

随着越来越多的 Python 使用人投入了 Jupyter Notebook 的怀抱，在文件类型转换上不免会出现问题。以 .py 和 .ipynb 为后缀的文件都是用 Python 语言编写的源代码文件。不同之处在于 .py 文件是标准的 Python 源代码文件，".ipynb"文件是使用 Jupyter Notebook 来编写 Python 程序时生成的源代码文件。其实就类似于 word 文档的后缀，即 .doc 和 .docx。二者的相互转换方法如下：

（1）.ipynb→.py

如图 2-5 所示，在网页 Jupyter Notebook 下的 File→Download as→Python（.py）可以将 .ipynb 转化为 .py 文件。

（2）.py→ipynb

如图 2-6 所示，在 Jupyter Notebook 工作目录中打开 .py 文件只能预览如下代码，且代码不可运行。

此时，如图 2-7、图 2-8 所示，须在 Jupyter Notebook 中新建一个 .ipynb 文件，然后将上述 .py 文件中的代码复制粘贴至新建的 .ipynb 文件即可运行。

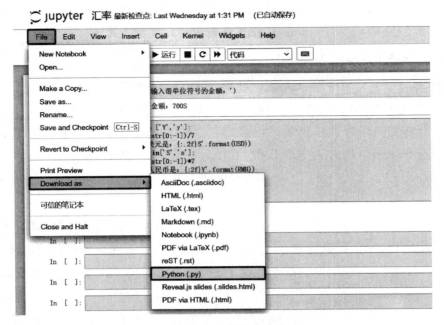

图 2 - 5　文件格式转换

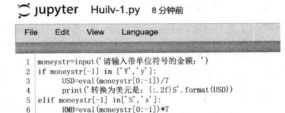

图 2 - 6　Jupyter Notebook 预览界面

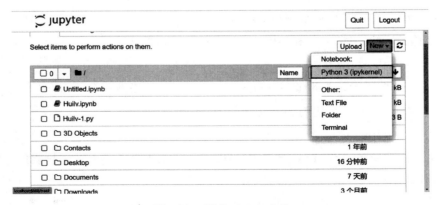

图 2 - 7　新建 .ipynb 文件

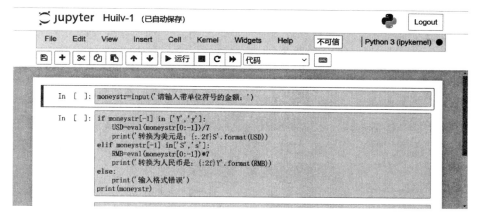

图 2 - 8　可运行的文件

（3）天池实训平台

天池实训平台也提供基于 Jupyter 的在线交互实验工具，并配置免费的计算资源进行线上数据训练和建模，提供即开即用的实验管理模式。在阿里云天池实训平台上有可供直接使用的 Python 运行环境，即 Data Science Workshop。但由于天池实训平台是采用在线远程方式，因此如果未将代码文件下载保存在本地电脑的话，账号出现问题时所有的数据都会消失。

三、Python 的两种执行方式

上一章我们讲到，编译是将源代码转换成目标代码的过程（通常，源代码是高级语言代码，目标代码是机器语言代码），解释则是将源代码逐条转换成目标代码同时逐条运行目标代码的过程。高级语言按照计算机执行方式的不同可分为两类：静态语言和脚本语言，静态语言采用编译执行，脚本语言采用解释执行。Python 语言是一种被广泛使用的高级通用脚本编程语言，虽然采用解释执行方式，但它的解释器也保留了编译器的部分功能，随着程序运行，解释器也会生成一个完整的目标代码。

因此，Python 有两种执行方式：交互式和文件式。在交互式开发环境中，每次只能执行一条语句，当提示符"＞＞＞"出现时方可输入下一条语句。普通语句按一次〈Enter〉键即可立刻输出结果，而选择结构、循环结构、函数定义、类定义、with 块等属于一条复合语句，须按两次〈Enter〉键才可执行。交互式执行方式对每个输入语句即时运行结果，适合语法练习，执行效率高、报错及时，调试程序十分方便，但是无法永久保存，关闭即消失。文件式执行方式则批量执行一组语句并运行结果，是编程的主要方式，可一直保存，但全部写完才能调试解决 bug（程序错误）。

图 2 - 9、图 2 - 10 是对这两种执行方式的展示。

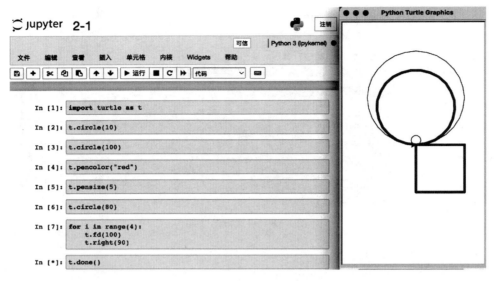

图 2 - 9　交互式执行方式

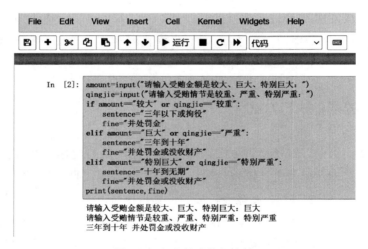

图 2 - 10　文件式执行方式

四、通过汇率转换实例复习编程设计的基本方法

　　每个计算机程序都被用来解决特定计算问题。较大规模的程序提供丰富的功能解决完整的计算问题，例如操作程序。小型程序或程序片段可以为其他程序提供特定计算支持，作为更大计算问题的组成部分。无论程序规模如何，每个程序都有统一的运算模式：输入数据、处理数据和输出数据。这种朴素运算模式形成了基本的程序编写方法：IPO（Input，Process，Output）方法。输入是一个程序的开始，输出是程序展示运算成果的方式，处理则是程序对输入数据进行计算产生输出结果的

过程。计算问题的处理方法统称为"算法"，它是程序最为重要的组成部分。可以说，算法是一个程序的灵魂。

IPO 不仅是程序设计的基本方法，也是描述计算问题的方式。问题的 IPO 描述实际上是对一个计算问题输入、输出和求解方式的自然语言描述。IPO 描述能够帮助初学者理解程序设计的开始过程，即了解程序的运算模式，进而建立设计程序的基本概念。IPO 方法是非常基本的程序设计方法，下面，我们将以汇率转换问题为例复习这一方法的一般步骤。

（一）分析问题，划分边界

1. 汇率转换问题需求分析

汇率，指的是两种货币之间兑换的比率，亦可视为一个国家的货币对另一种货币的价值。汇率是国际贸易中最重要的调节杠杆，汇率下降，能起到促进出口、抑制进口的作用；汇率上升，则能起到促进进口、抑制出口的作用。汇率又是各个国家为了达到其政治目的的金融手段。对于普通民众，出国旅游之前，首先需要考虑周全的很重要的一点就是外币兑换。正所谓出门在外，身上总要有点钱做保障。此外，外汇兑换市场是世界上最大的金融市场，平均每天的资金流量远远超过股票、债券等其他金融市场。

在法学研究当中，汇率转化在国际货币体系、国际金融体系及商业证券领域十分重要。最近一段时间以来美联储多次大幅加息给全球外汇市场带来了很大震荡。我国也面临着要如何应对美联储加息带来的货币贬值、资产价格下降等问题。在做一些法学实证研究时，经常会遇到需要处理不同单位的金额的问题。比如量刑相关的研究，就涉及金额的计算。在受贿罪中，官员所收受他人财物中有人民币也可能有美元、港元或者欧元等等。当然还有各种有价值物。因此要对此罪的量刑进行比较统计分析时，就不能够将上述货币金额简单地相加，而是需要先转换为相同币种的单位才具有可相加性。学习 Python 可以使我们很轻松达成上述目的。

2. 可计算部分的确定

通过思考分析可知，汇率本身是不可计算但可获取的，但两种货币的转换规则则是可计算的。

（二）确定 IPO，编写程序

1. 输入、输出的确定

对一个问题可计算部分的确定是确定输入和输出的思维前提。在汇率转换实例中，不可计算但可获取的原始货币与目标货币之间的汇率，带有原始货币单位（美元、港元、欧元等）的金额是需要输入的；带有目标货币单位（人民币）的金额则是需要输出的。同样地，在民商事领域，计算侵权责任损害赔偿额、合同违约金时，首先要确定法律关系的性质，然后分析各方承担什么样的权利义务，但最终都是要落在侵权责任损害赔偿额及合同违约金的确定问题上。在刑事领域，定罪问题固然非常重要，但是具体的刑期时长和罚金金额也是非常重要的。上述侵权责任损害赔偿额、合同违约金、刑期时长和罚金金额就是我们在确定了相关问题可计算部分和输入一定数据的基础上所需要输出的计算结果。

2. 处理算法的确定

通过人计算该问题获得启发，将人计算该问题的过程形式化出来，可以得到如下处理步骤：

（1）剔除带有原始货币单位的金额中的原始货币单位，即美元、港元、欧元等，识别数字部分；

（2）根据原始货币单位和目标货币单位之间的汇率值与数字部分的乘积得到计算结果；

（3）在上述计算结果后加上目标货币单位。

3. 具体地编写程序

输入、输出及处理算法确定以后，编写如下汇率转换的 Python 程序代码：

```python
#HuilvConvert.py
MoneyStr=input("请输入带有符号的金额:")
if MoneyStr[-1]in['Y','y']:
    USD=eval(MoneyStr[0:-1])/7
    print("转换为美元是{:.2f}S".format(USD))
elif MoneyStr[-1]in['S','s']:
    RMB=eval(MoneyStr[0:-1])* 7
    print("转换为人民币是{:.2f}Y".format(RMB))
else:
    print("输入格式错误")
```

上述代码中：

（1）输入：MoneyStr=input("请输入带有符号的金额:")，即输入带有原始货币单位的金额；7 或 1/7 是原始货币单位和目标货币单位之间的汇率值。

（2）处理：USD=eval(MoneyStr[0:-1])/7 和 RMB=eval(MoneyStr[0:-1])* 7 两行代码通过 eval() 函数和赋值语句实现"剔除带有原始货币单位的金额中的原始货币单位，识别数字部分，根据原始货币单位和目标货币单位之间的汇率值与数字部分的乘积得到计算结果，然后计算结果后加上目标货币单位"的功能。

（3）输出：print("转换为美元是{:.2f}S".format(USD))和 print("转换为人民

币是{:.2f}Y".format(RMB))两行代码将加上目标货币单位的计算结果输出。

（三）调试程序，实际运行

程序调试是将编制的程序投入实际运行前，用手工或编译程序等方法进行测试，修正语法错误和逻辑错误的过程。这是保证计算机信息系统正确性的必不可少的步骤。一般来说，bug 与程序规模成正比，即使经验丰富的程序员编写的程序也会存在 bug，不同只在于 bug 数量的多少和发现的难易。为此，找到并排除程序错误十分重要，这个过程称为 debug，也就是调试。当程序正确运行后，便可实现我们想要的功能和目的。

五、通过汇率转换实例，学习 Python 基本语法元素

通过下面的汇率转换问题的 10 行代码，可以建立对 Python 程序的格式框架、变量命名与保留字、输入与输出、数据类型、语句与函数等最基本的认识。

1. 汇率转换实例代码及意义概述

```
# HuilvConvert. py
MoneyStr＝input("请输入带有符号的金额：")
if MoneyStr[－1] in ['Y','y']:
    USD＝eval(MoneyStr[0:－1])/7
    print("转换为美元是{:.2f}S".format(USD))
elif MoneyStr[－1] in ['S','s']:
    RMB＝eval(MoneyStr[0:－1])* 7
    print("转换为人民币是{:.2f}Y".format(RMB))
else:
    print("输入格式错误")
```

（1） # HuilvConvert. py 是一个单行注释，其作用是解释下面 10 行代码的作用和功能：一个能够实现汇率转换的 . py 文件。

（2） MoneyStr＝input("请输入带有符号的金额：")是一个赋值语句，MoneyStr 是变量名称，＝为赋值运算符，此时 input() 函数会将获取的数据存放到等号左边的变量中，即对 MoneyStr 进行赋值。input("请输入带有符号的金额：")的作用是提示用户输入一个带有单位符号的金额。

（3） 多分支选择结构

```
if MoneyStr[－1] in ['Y','y']:
        USD＝eval(MoneyStr[0:－1])/7
```

```
    print("转换为美元是{:.2f}S".format(USD))
elif MoneyStr[-1]in ['S','s']:
        RMB=eval(MoneyStr[0:-1])* 7
        print("转换为人民币是{:.2f}Y".format(RMB))
else:
        print("输入格式错误")
```

这是一个多行写法的 if 语句，包含 if、elif 和 else 三部分，每部分均同时使用冒号和缩进区分代码之间的层次，是一个多分支选择结构。其中 if、elif、in 三个保留字所在的代码可判断所输入的"带有符号的金额"是何种货币类型，USD＝eval(MoneyStr[0:-1])/7 和 RMB＝eval(MoneyStr[0:-1])* 7 两行代码可实现带有原始货币单位的金额和带有目标货币单位的金额的转换并得到结果。

2. 程序的格式框架

Python 的设计哲学是优雅、明确、简单，强调的是代码的可读性，这一设计哲学的实现依靠的是缩进，缩进是 Python 语言中表明程序框架的唯一手段。

（1）缩进

在大多数其他编程语言中，缩进仅用于帮助使代码更加易读，方便程序员修改。但是对 Python 解释器而言，每行代码前的缩进都有语法和逻辑上的意义。

Python 不像其他程序设计语言（如 Java 或者 C 语言）采取括号"｛｝"分隔代码块，而是采用代码缩进和冒号"："区分代码之间的层次，且缩进必须与"："一起用。

缩进指的是每一行代码前面的留白部分。Python 用缩进来识别代码块和代码之间的逻辑（隶属）关系，不同的隶属关系会影响程序的执行顺序。缩进可以使用空格键或者〈Tab〉键实现。使用空格键时，通常情况下采用 4 个空格作为一个缩进量，而使用〈Tab〉键时，则采用一个〈Tab〉键作为一个缩进量，二者不可混用。建议采用空格进行缩进。虽然缩进量不限，但 Python 对代码的缩进要求非常严格，同一个级别的代码块的缩进量必须相同。如果不采取合理的代码缩进，Python 将抛出 IndentationError 弹窗。

物理行是代码编辑器中显示的代码，每一行是一个物理行。Python 解释器对代码进行解释，一个语句是一个逻辑行。Python 代码中，可以使用";"号将多个逻辑行合并成一个物理行，使用"\"将一个逻辑行进行换行书写为多个物理行。对于流程控制语句、函数定义、类定义等，行尾的冒号和下一行的缩进，表示下一个代码块的开始，而缩进的结束则表示此代码块的结束。增加缩进表示进入下一个代码层，减少缩进表示返回上一个代码层。

在前述汇率转换实例代码中，一个多行写法的包含 if、elif 和 else 三部分的 if

语句的层次便是由 if、elif 和 else 加 "："以及缩进来实现的。若 print("转换为美元是{:.2f}S".format(USD)) 这行代码没有缩进，则这行代码不是 if 语句的一部分，无论 if 语句的运行判断结果如何都与 print 语句无关。

（2）代码的高亮、颜色体系

Python 编程环境具有根据代码不同含义给予不同色彩标注的色彩辅助体系，虽不是语法要求也不参与程序的运行，但是具有提示性作用。如在上述汇率转换实例代码中，保留字呈绿色、注释语句呈浅蓝色、变量呈黑色、运算符呈紫色。假若在编写程序的过程中，在错误键入保留字时，键入的 "保留字" 不会呈现绿色，就可提示自己改正。在不同的编程环境中，代码的高亮、颜色体系各有不同。

（3）注释

为程序添加注释可以用来解释程序某些部分的作用和功能，提高程序的可读性，它可以出现在代码中的任何位置。Python 解释器在执行代码时会忽略注释，不做任何处理，就好像它不存在一样。在调试（Debug）程序的过程中，注释还可以用来临时移除无用的代码，缩小错误所在的范围，以提高调试程序的效率。

Python 支持两种类型的注释，分别是单行注释和多行注释。单行注释是指在程序中注释一行代码。Python 使用 ♯ 作为单行注释的符号，语法格式为：♯注释内容。注释单行代码的作用和功能时一般将注释放在代码的右侧。多行注释是指在程序中注释多行代码。Python 使用三个单引号或者三个双引号（注意单引号和双引号须为英文格式）作为多行注释的符号，语法格式为："注释内容"或者"""注释内容"""。注释多行代码的作用和功能时一般将注释放在代码的上一行。

在前述汇率转换实例代码中，♯ HuilvConvert.py 是一个单行注释，其作用是解释下面 10 行代码的作用和功能：一个能够实现汇率转换的 .py 文件。

3. 变量、命名与保留字

（1）变量的定义

变量是指用来保存和表示数据的占位符号，变量采用标识符（名字）来表示。变量与命名同时存在。变量的命名只能包含字母、数字和下划线及其组合，可以以字母或下划线开头，但不能以数字开头。需要注意的是，Python 对大小写敏感（Input 不是保留字，input 才是保留字），变量名不可与 Python 中的保留字相同。变量在一段程序中应保持统一，以便于计算机识别。此外，变量名可以有意义，使其能够见名知意。

统计学是收集和分析数据的科学，是从大量数据中提取变量变化规律等有效信息的学科。在统计学中，把说明现象某种特征的概念称为变量（Variable），变量是统计学中的一个基本范畴。由于统计学是一门关于结果变量与影响变量（简称变量与变量）间关系的科学，那么变量的性质和类型就是统计分析中选择不同统计方法的依据，即分清楚变量的性质和类型是正确选择统计方法的基础和关键。

法学研究中没有关于变量的系统讨论。只在法学实证研究中会用到变量，其含义等同于统计学中的变量。不过在编程当中，变量相当于法学中的概念、范畴，是抽象的存在。法学概念和范畴都是抽象的存在，可应对千变万化的案件，具有核心区域、涵摄范围及模糊边缘。在每次程序的具体运行中被赋予具体的数值。这就相当于法学概念在具体的案件情形中被赋予具体的意义，指导法律规则在具体案件的适用，得到具体的判决结果。

在理解变量的抽象性上，可以以实证法学研究中的常见问题——同案同判的经验研究为例。比如，在测量同案异判在多大程度上系统性地存在于法律运行制度中，或者判断两个判决是否为"同案异判"时，通常情况下，要根据两个判决的案由、诉讼争议及关键事实等进行判断，构建测量的基础。这里，案由、诉讼争议、关键事实等就是用以刻画具体案件的变量，这些变量存在于每一份判决书中，其具体内容有可能相同但也有可能不同。变量是一个抽象的概念，是会变化的数量。在自然语言表达的法律规则体系中，法律概念、范畴的名称非常重要，是帮助确定抽象概念的核心。学界对于数字法学、未来法学、计算法学、信息法学、网络法学等学科的名称之争即源于此。

自人工智能在社会领域的应用有突破进展以来，我国法学界出现了信息技术相关法律问题的研究热潮。信息技术相关的法学论文数量指数级上升，覆盖所有部门法。信息技术对社会的深刻改变极大地影响了调整人们社会生活的法的特点及其理论研究的内容和方法。原本法以其稳定性、可预见性和抽象性特点实现对人们活动的调整，与具体技术和行为保持一定的距离，具有一套与其他调整系统相区别的自我运行、演变的法律规则体系。相应地，法学理论和研究围绕着这样的法及其特点、法律规则体系，以及该体系与其他调整系统之间的互动来构建和展开，具有类似的特点。受信息技术快速更迭和在社会中应用的影响，法及其规则体系不断调整，变得越来越不稳定、越来越具体，经常出现针对某种具体信息技术的特别立法。法学理论研究也因此出现了许多新的内容和方法。这些新的内容和方法超出了原有部门法可以容纳的限度，引发了关于是否需要新的法学学科的讨论，出现了一系列的新法学学科的创设活动，产生了像计算法学、数据法学、网络法学等的学科概念和理论方法。[①] 不少院校还设立了相关的专业学位项目和课程体系。虽然这些新学科相

---

① 相关研究包括但不限于：钱宁峰. 走向"计算法学"：大数字时代法学研究的选择. 东南大学学报（哲学社会科学版），2017（2）：43-50；于晓虹，王翔. 大数字时代计算法学兴起及其深层问题阐释. 理论探索，2019（3）：110-117；邓矜婷，张建悦. 计算法学：作为一种新的法学研究方法. 法学，2019（4）：104-122；张妮，徐静村. 计算法学：法律与人工智能的交叉研究. 现代法学，2019（6）：77-90；季卫东. 人工智能时代的法律议论. 法学研究，2019（6）：32；张本才. 未来法学论纲. 法学，2019（7）：3；季卫东. 新文科的学术范式与集群化. 上海交通大学学报（哲学社会科学版），2020（1）；王禄生. 论法律大数字"领域理论"的构建. 中国法学，2020（2）：278；程金华. 科学化与法学知识体系：兼议大数字实证研究超越"规范 vs. 事实"鸿沟的可能. 中国法律评论，2020（4）：72-83.

关的学术讨论认为这些新学科概念内涵有所不同，但是它们都是对应在信息技术影响下法学新出现的内容和方法，是法学与计算机科学相交叉的学科概念，所以核心内容是相同的。

但是在编程中，可以看到，变量的名称是比较随意、不承载其核心含义的，只是发挥了指代这个变量的作用。这是形式化语言表达法律规则与自然语言表达非常不同的地方。当前关于新法学学科的讨论方兴未艾，很多集中在学科名称的区别和确定上。本教程认为名称的确定受到很多因素的影响，可以根据各自的需要确定不同的名称。不过不论定为何种名称都是指大体同样的内容，名称本身其实不承载重要的内容，所以应当一起合作，不分彼此。其实在数字化世界中，可以想见计算法学、数据法学、数字法学等新法学学科的不同名称都会被关联在一起指向类似的内容。

在将法学问题转换为可计算问题的程序设计过程中，如果能够将可计算部分形式化为若干变量并实现变量之间的运算，那就完成了计算法学方法中十分关键和重要的一步。计算法学方法是一种新兴的研究方法。它是将计算机科学运用到法学研究中，以及用计算机科学的方法研究和解决数字法学的研究问题。该方法具有与原有法学研究方法迥异的特点。这些特点已经被前述新法学学科概念的理论讨论概括出来。① 该方法是指在面对某一法学问题或任务时，先将该问题转化为可以通过数据分析处理的方法予以呈现和解决的问题，然后在已有的计算机技术能力基础上培养或发展完成转换后的法学问题所需要的技术能力，再通过这一能力研究该问题。同时，还会通过问题解决的好坏检测和完善有关技术的能力。② 在此基础上，该方法分为两大步。第一步是将待研究的法学问题转换为可计算的问题。具体包括：解构法学问题，构造与法学问题相对应的数据科学能够解决的问题；进而确定该问题解决需要的输入输出变量，以及这些变量之间的关系；再结合数据科学中常用的模型和方法的特点，选择合适的模型类型，表示问题。完成第一步后，第二步是运用信息技术实际解决转换后的法学问题。所以编程中分析问题、确定可计算的部分、设计 IPO 等步骤就对应了计算法学方法中最重要的第一步。

（2）变量的命名

Python 中变量的命名是非常灵活的，我们可以在满足变量命名规则的前提下任意确定变量的名称。首先，变量命名时的首字符不能是数字，因为计算机会认为数字开头的某一输入是一个数值型的数据，从而对输入内容产生误判。其次，变量的命名不能用保留字。Python 中有 36 个预先规定的、具有特殊含义和功能的字符，

① 申卫星，刘云．法学研究新范式：计算法学的内涵、范畴与方法．法学研究，2020（5）：4；左卫民．一场新的范式革命？：解读中国法律实证研究．清华法学，2017（3）：45-61.
② 邓矜婷，张建悦．计算法学：作为一种新的法学研究方法．法学，2019（4）：109-111.

这些字符被称为保留字。保留字不能拿来用作变量的命名，比如在前述汇率转换的实例代码中，我们可以将变量命名为 Moneystr，但是不能命名为 if，如果在前述代码实例中将变量命名为 if，将会出现 invalid syntax 报错。

因此 Python 中的变量命名规则包括命名时首字母不能为数字、命名时不能用保留字这两个规则。并且需要注意的是变量命名对大小写敏感，即 moneystr 和 MoneyStr 是两个不同的变量名。在前述实例代码中我们将 M 和 S 大写，因此在编写后续代码时也必须和最初的命名大小写保持一致，否则计算机将无法准确识别。这是因为 M 和 m 在计算机当中对应的编码是不同的，在存储的时候一定是用不同的数据存储的。

变量命名的目的是便于区别变量、增强代码的可读性。在前述实例中，我们还可以将变量命名为 money 或者 M，以上命名都是正确的。在本例中之所以将变量命名为 MoneyStr，是因为 Str 就是字符串 string 的缩写，所以这个命名可以便于阅读。命名变量虽然没有那么复杂，但是大体上和我们给人取名字一样，往往带有一定含义，从而有助于区分、记忆不同的变量名及对应的变量含义。

最后，如何理解变量的命名？我们可以把变量的命名看作是它的一个标识符。编程语言中的变量是一个占位符，它和我们在法学研究和数据分析中使用的变量不太一样。在 Python 语言当中，变量其实就是一个占位符，我们可以把它想成是一个可以变化的量。那变量的命名其实就是把这个变量用一种标识符表示出来，使变量与这个标识符关联起来。通过不同变量的名字，可以让计算机找到它的占位符，从占位符中提取出来的相应的存储数据就是这个变量的值，我们可以从这个角度去理解变量的命名。

变量命名背后的原理是很复杂的，它会有一个识别、关联、提取的过程，因为它涉及机器要去关联变量，然后能够找到这个变量，再提取出这个变量所对应的值，最后再把这个值拿来运算。所以从表面看来变量的命名就是一段代码，但实际上命名之后所涉及的机器编译的过程是十分复杂的。变量是用来表示代码中输入的值的，但输入的值是不断变化的，因此需要把程序使用者的输入存储到变量当中，由此变量才可以被拿来参与到后面的运算和处理中，这相当于是完成了程序和程序使用者之间的交互。机器需要先从程序使用者那里获得输入，然后需要把相应的输入保存，进而机器才可能通过程序将使用者的输入用于后续的使用和处理。所以如果没有对变量进行命名，就无法进行后续的处理，这就是为什么一定要有单独的语句去做变量的命名。

（3）变量的赋值

Python 中在定义变量的时候，不需要声明变量。当我们首次为变量赋值的时候，会自动创建变量并指定类型。Python 语言中，"＝"表示"赋值"，即将等号右侧的计算结果赋给左侧变量，包含等号的语句称为赋值语句。在汇率转换示例代码中，MoneyStr＝input("请输入带有符号的金额：")即是一个赋值语句，能够实现将等号右侧 input 函数获取的数据赋给左侧 MoneyStr 变量。而"＝＝"则是比较运算符，其功能为判断双等号左右两边是否相等。

（4）保留字

保留字也称为关键字，指被编程语言内部定义并保留使用的标识符，程序员编写程序时不能用与保留字相同的标识符来命名变量。如图 2-11 所示，将变量定义为 else 后，程序会返回错误。

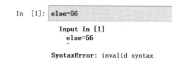

图 2-11　变量命名错误

每种程序设计语言都有一套保留字，保留字一般用来构成程序整体框架、表达关键值和具有结构性的复杂语义等。掌握一门编程语言首先要熟记其所对应的保留字。保留字随着 Python 版本的更新也在不断增加，以便增加 Python 编程的便捷性，完成更富创造性、更加复杂的编程工作。

最新版本的 Python 中共有 36 个保留字，查询方法为：

```
import keyword
print(keyword.kwlist)
```

上述代码运行之后的结果为：['False','None','True','_peg_parser_','and','as','assert','async','await','break','class','continue','def','del','elif','else','except','finally','for','from','global','if','import','in','is','lambda','nonlocal','not','or','pass','raise','return','try','while','with','yield']

其含义分别简要介绍如表 2-1 所示。在之后的学习中本书将详细介绍其中 20 个左右保留字的具体功能和使用方法。

表 2-1　保留字及其含义

序号	保留字	含义	序号	保留字	含义
1	True	布尔值①之一，常用于判断	5	and	用于表达式运算，逻辑与操作
2	False	布尔值之一，常用于判断	6	as	用于类型转换
3	None	与众不同的一个保留字，自身是一个常量，与其他数据类型比较时规定返回 False，数据类型为 NoneType	7	assert	断言，用于判断变量或条件表达式的值是否为真
4	_ peg _ parser	一个与新 PEG 解析器的推出有关的复活节彩蛋	8	async	用于启用异步操作

---

① 布尔值指只有 True 和 False 两个值的逻辑值。

续表

序号	保留字	含义	序号	保留字	含义
9	await	用于异步操作中等待协程返回	23	import	用于导入模块,与 from 结合使用
10	break	中断循环语句的执行	24	in	判断变量是否存在序列中
11	class	用于定义类	25	is	判断变量是否为某个类的实例
12	continue	继续执行下一次循环	26	lambda	定义匿名函数
13	def	用于定义函数或方法	27	nonlocal	用于在函数或其他作用域中使用外层(非全局)变量
14	del	删除变量或者序列的	28	not	用于表达式运算、逻辑非操作
15	elif	条件语句,与 if、else 结合使用	29	or	用于表达式运算、逻辑或操作
16	else	(16)条件语句,与 if、elif 结合使用。也可以用于异常和循环使用	30	pass	空的类、函数、方法的占位符
17	except	包括捕获异常后的操作代码,与 try、finally 结合使用	31	raise	用于抛出异常
18	finally	用于异常语句,出现异常后,始终要执行 finally 包含的代码块。与 try、except 结合使用	32	return	用于从函数返回计算结果
19	for	循环语句	33	try	测试执行可能出现异常的代码,与 except,finally 结合使用
20	from	用于导入模块,与 import 结合使用	34	while	循环语句
21	global	定义全局变量	35	with	简化 Python 的语句
22	if	与 else、elif 结合使用	36	yield	用于从函数依次返回值

第二节　Python 基本语法元素、数据类型

本节将接续第一节的内容继续展开,使读者对 Python 中的保留字有一个初步认识,并介绍 Python 语言中的数据类型、语句与函数等内容。

一、Python 框架、基本语法元素小结

在第一节中我们展示了汇率转换的实例代码,并借助这 10 行代码介绍了关于 Python 的基本语法元素。首先,它包括程序的格式框架,也即注释、缩进和代码的高亮、颜色体系。注释在复杂的程序设计当中发挥着重要作用,主要用来释明、说

明。在写单行注释时，一般以"♯"开头，其后内容为注释。Python 框架须顶格写，而缩进可以帮助使代码更加易读，用来表示程序的结构，注意缩进的格数应保持统一。在这 10 行代码中还有着明显的颜色体系，不同的高亮和提示错误。其次，在每一行的语句里包含变量的命名和变量的赋值。变量的命名有一些注意事项，即对大小写敏感、首字符不能是数字、不与保留字相同。变量的赋值有多种方法，在这个实例代码中，使用了 input 函数进行赋值。此外，赋值方法还包括运算结果的赋值，直接赋值等。最后，还包括保留字。保留字是在 Python 当中被赋予了特殊含义的、有特殊功能的词，其对大小写敏感，除 True、False、None 的首字母大写外，其他保留字的首字母均为小写。保留字会不断地增加，目前的版本里有 36 个保留字，我们会详细学习其中 20 个左右的保留字。保留字涉及输入、处理和输出的所有环节，例如输入数据类型的定义和转化，处理和输出的方式等。在学习保留字时可以对它们进行分类，以便更好地记忆这些保留字。

二、若干函数、保留字初识

以第二章中汇率转换案例的代码为例：

```
# HuilvConvert.py
MoneyStr＝input("请输入带有符号的金额:")
if MoneyStr[－1]in['Y','y']:
    USD＝eval(MoneyStr[0:－1])/7
    print("转换为美元是{:.2f}S".format(USD))
elif MoneyStr[－1]in['S','s']:
    RMB＝eval(MoneyStr[0:－1])* 7
    print("转换为人民币是{:.2f}Y".format(RMB))
else:
    print("输入格式错误")
```

根据前述内容不难看出，此段代码中出现了 MoneyStr、USD、RMB 共三个变量，input()、eval()、print() 共三个函数，以及 if、elif、else、in 共四个保留字，接下来本书将以此为例介绍几种保留字的功能和用法。

（一）若干函数详解

1. input( ) 函数

（1）含义和功能

input( ) 函数的作用是接收来自用户的输入，其接受一个标准输入数据，返回值的数据类型为字符串 Str。也就是说，在使用 input() 函数时，即对输入的值以字符串数据类型进行储存。

（2）具体用法

input() 函数的基本语法为 input（"prompt"），其中 prompt 为提示信息，可以用单引号或者双引号括起，运行后会向用户显示引号内的提示信息作为输入指引。

在前述汇率转换代码中，MoneyStr＝input("请输入带有符号的金额:") 意即向用户显示"请输入带有符号的金额:"作为输入指引，假设此时用户输入"500S"，则变量 MoneyStr 将以字符串的数据类型储存用户输入的"500S"。

（3）注意事项

需要注意的是，由于 input() 函数返回值的数据类型默认为字符串，因此使用 input() 函数获取来自用户输入的数据后，若想要进行运算等操作，需要先对输入的数据进行数据类型转换的操作。

例如，在如下代码中：

```
a＝input('请输入一个数字 a:')
b＝input('请输入一个数字 b:')
print(a＋b)
```

若分别输入 1 和 2，即使得 a＝1，b＝2，此时输出的结果为 12，即将 a 和 b 的值以字符串的形式进行了连接，而不是将其作为数字进行数学运算。因此，若想要对 a 和 b 进行加法运算，必须先将其数据类型转换成可运算的数字。

2. eval() 函数

（1）含义和功能

eval() 函数用来执行一个字符串表达式，并返回表达式的值。除此之外，eval() 函数还可以帮助转化数据类型，例如把字符串转换为 number(数字)、list(列表)、tuple(元组)、dict(字典)。

（2）具体用法

eval() 函数的基本语法为 eval(expression)，其中 expression 可为算法、input () 函数等。

eval() 函数可以返回字符串表达式的值。例如：在前述 input() 函数代码中，a＝input('请输入一个数字 a:')，变量 a 中储存的数据类型为 String(字符串)，若将代码修改为 a＝eval(input('请输入一个数字 a:'))，则此时变量 a 中储存的数据类型为 number(数字)。又例如：先赋予变量 a＝12，再输入代码 eval('a＋18')，可以得到运算结果返回值 30；或者直接使用 eval()函数进行计算，输入 eval('12＋18')，同样可以得到运算结果返回值 30。

eval() 函数可以将字符串转换成列表，示例代码如下（其中 a 是字符串类型数据，b 是列表类型数据）：

```
a="[1,2,3,4,5]"
b=eval(a)
```

eval() 函数可以将字符串转换成字典，示例代码如下（其中 a 为字符串类型数据，b 为字典类型数据）：

```
a="{"name":"guo","age":25}"
b=eval(a)
```

eval() 函数还可以将字符串转换成元组，示例代码如下（其中 a 的数据结构是字符串，b 的数据结构是字典）：

```
a="(1,2,3,4,5)"
b=eval(a)
```

（3）注意事项

需要注意的是，eval() 函数中的接收的表达式必须是字符串，否则将会报错为："TypeError：eval() arg 1 must be a string，bytes or code object"。

3. print() 函数

（1）含义和功能

print() 函数用于打印输出内容，即将 print() 函数括号中的内容显示在屏幕终端上，它是 Python 中最常见的一个内置函数。

print() 函数可以输出打印文本内容、数学表达式结果、变量储存值、表格等。

（2）具体用法

在本章，我们将具体介绍 print() 函数输出文本、数学表达式结果、变量储存值及格式化的常规用法。

print() 函数可以输出打印文本内容，其打印的文本内容不仅包括中文文本，还可以是英文文本或者包含特殊符号的文本。打印文本时需要使用引号将文本内容引起来，引号可以是单引号（' '），双引号（" "），三引号（""" """）。单引号里可以用双引号，并可以将双引号打印出来；双引号里可以用单引号，并可以将单引号打印出来；三引号可以用于引用多行文本。

print() 函数可以输出数学表达式，当 print 后的括号中内容是数学表达式时，则打印结果为表达式最终运算的结果。例如：输入 print(1＋2＋3＋4＋5)，将得到输出打印结果 15。

print() 函数可以用于变量的打印输出，变量的数据类型包括但不局限于：数值型，布尔型，列表变量，字典变量等。例如，在 Python 中输入 123 * 325 的运算式，可以得到运算结果，但若希望将结果储存起来方便后期调用，则可以命名一个变量用以储存该运算结果（如 r＝123 * 325），此时便可以使用函数 print(r) 将储存在占位符 r 中的运算结果输出显示。

此外，print（）函数还可以对其输出结果进行格式化，例如调整输出结果的缩进、字体、颜色、数值小数点保留等，使其外观更加美观工整。在上述代码的 print("转换为美元是 {：.2f} S".format(USD)) 部分中，{} 及 .format(USD)确定了此处输出的结果来自变量 USD 储存的值，而 :.2f 表示输出结果时将统一格式化保留数值小数点后两位。

由此，以某次运行程序时变量 USD 储存值为 128.7836 为例，该行代码输出的结果将会是 "转换为美元是 128.78S"。

（3）注意事项

需要注意的是，当一个代码中进行了多次运算，若在每一次运算结束后都进行一次 print 操作，会使得程序运行速度显著变慢。此类情况下可以先对每一次运算结果进行保存，并在所有运算结束后再使用 print 函数将储存的结果进行统一的输出。

（二）若干保留字详解

在第一节中我们已界定了保留字的概念，即被编程语言内部定义并保留使用的标识符，下面详细介绍三组常见的保留字。

1. 保留字 in

（1）含义和功能

保留字 in 主要发挥判断功能，用于判断一个元素是否在列中，其在 Python 语言中可以接在条件语句之后。条件语句旨在判断某个条件是否成立，所以其后所接的保留字或运算符等一定是具有判断性的，例如 in 或者是双等号（＝＝）。in 与 if 一起构成 'if…in…' 结构的条件分支判断语句，其基本语法为 'a in b'，用于表示 a 是否在 b 中存在，如果 b 中存在 a 则返回 True，否则返回 False。

（2）具体用法

以上述汇率换算代码为例，MoneyStr[－1]in ['Y','y']用于判断字符串 MoneyStr 的最后一个字符是否包含在 ['Y'，'y'] 之中，如果是则返回 True，否则返回 False。同理，代码 MoneyStr[－1]in['S','s']表示字符串 MoneyStr 的最后一个字符是否包含在 ['S'，'s'] 之中，如果是则返回 True，否则返回 False。

（3）注意事项

需要注意的是，在输入'a in b' 语句时，假如输入的 a、b 是未经事先定义的变量，程序将提示该变量未被定义，如图 2－12 所示：

```
a in b
```

```
NameError                         Traceback (most recent call last)
~\AppData\Local\Temp\ipykernel_14200/2533783601.py in <module>
----> 1 a in b

NameError: name 'a' is not defined
```

图 2 - 12

2. 保留字 True、False

（1）含义和功能

保留字 True、False 可以表示判断结果，二者均为布尔值。布尔值是只有 True 和 False 两个值的逻辑值，可以理解为 True 表示条件成立，False 表示条件不成立。

（2）具体用法

如在保留字 in 中所述，True 和 False 表示判断结果，若在某个条件分支判断语句中判断为是，则返回 True 值；若判断为否，则返回 False 值。

现举一实例。首先构造一个列表 L，最简单的构造方法是使用中括号 ［］，需要注意中括号里的逗号和双引号等符号必须处于英文输入法状态之下。在列表中，数字可以直接输入，但字符串必须加上引号（单引号或双引号），否则无法被计算机识别为数据类型。如输入 L＝［中国］，返回 NameError，显示中国未被定义。同样的，输入英文字母组合时，例如 abc，也必须加引号。计算机能够识别的数据类型仅为基础数据和组合数据，不加引号的字符串将被视作一个变量。构造 L＝［123,"abc","英文"］。接着，尝试完成如下几项操作：

1）如何判断列表 L 中的元素个数？

使用函数 len，即：len(L)。得到结果：3。

2）如何索引列表 L 中的第一个元素？

使用序列名 ［索引值］（中括号），即：L[0]。得到结果：123。

3）切片列表 L 中的第一个元素，其数据类型是什么？

使用函数 type，即：type(L[0])。得到结果：＜class 'int'＞。

4）如何判断 456 是否在 L 中？

使用保留字 in，即：456 in L。得到结果：False。

若想得到结果为 True，则将代码写为：456 not in L。此时 in 在发挥判断功能，若条件成立，则得到 True，执行该语句；反之，得到 False。

关于保留字 True 和 False 在法律相关领域更为丰富的功能和用法，将在本书后续部分进行详细介绍。

（3）注意事项

需要注意的是，保留字对于大小写敏感，而 True、False 和 None 是 Python 语言中仅有的三个包含大写字母的保留字。也就是说，True 和 False 是保留字，不可以用作变量，而 true 和 false 则并非保留字，可以用作变量。

3. 保留字 if、elif、else

（1）含义和功能

保留字 if、elif、else 用于在分支结构中表示条件语句。在许多法律关系的判断中，条件语句可以结合与、或、非的逻辑关系用于确定大前提与小前提、要件的组合等。条件语句在 Python 语言的法律应用中非常重要，后续将进一步展开介绍。

其中 if 表示第一次条件判断，elif 表示在前述条件不符合时再进行的判断，else 表示除符合前述条件情况以外的其他情况。类比到法律中，最常见的情形是列举，例如："对于实施了某种行为的行为人，符合 a 情况的，构成 X；符合 b 情况的，构成 Y；其他的，构成 Z"。

在某种程度上，保留字 else 可以类比成法律中的"兜底条款"，但不同的是，法律中的兜底条款所指情况往往是与前述情况保持一致特征的，而 else 所表示的兜底却是指排除符合前述条件的情况后剩余的所有其他情况。

（2）具体用法

对于保留字 if、elif、else 所构成的条件语句，其中 elif 和 else 可以省略，因而该种条件语句具体可分为 if(单分支)、if⋯else⋯（两分支）、if⋯elif⋯else⋯（多分支）三种语法形式。

（3）注意事项

需要特别注意的是，在条件语句中，逐行执行语句的顺序十分重要。

保留字 if、elif、else 的具体语法规则及执行流程如图 2 - 13 所示：

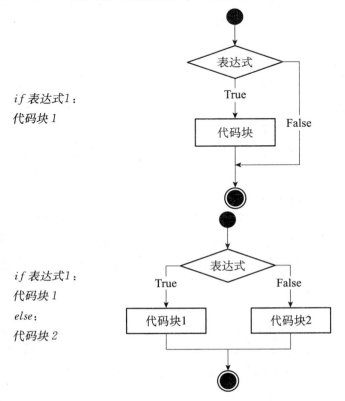

if 表达式1：
代码块 1

if 表达式1：
代码块 1
else：
代码块 2

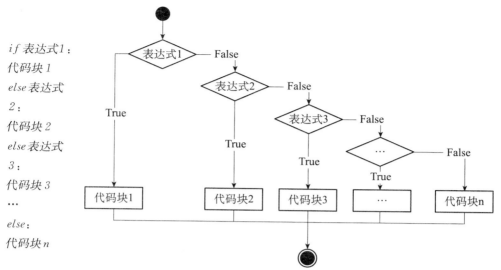

图 2 - 13　保留字 if、elif、else 语法规则及执行流程

三、数据类型

1. 数据类型的含义和作用

（1）数据类型的含义

数据类型是编程语言必备的属性，只有给数据赋予明确的数据类型，计算机才能对数据进行处理运算。类似于其他语言，Python 也将需要表示和操作的数据划分成不同的数据类型。在 Python 中，每个数据值都被称为一个对象（object），并且这个对象有三个属性值（唯一标识、数据类型、值），分别对应计算机内存地址、数据类型、数据值。数据类型是指内存中对象的类型。对于某个数据而言，其内存地址、数据类型和数据值共同定义着该数据。

（2）区分数据类型的意义

在计算机语言中为什么需要区分数据类型呢？

为了理解区分数据类型的意义，首先需要理解不同数据类型之间的区别。例如，上述 type() 函数例子中所提到的整数 123 和字符串 "123"，我们可以将其分别对应为数学和语文中的表述，在数学中 123 作为数值可以参与到运算当中，而在语文中 "123" 可能含有某种语言层面的意义。

关于数值变量，对应到法律领域中，可以是刑期的长度或罚金的额度等概念——其增减将会对刑期和罚金的量产生影响，刑期和罚金的数值越高，量刑越重，反之则越轻。

关于类型变量，对应到法律领域中，可以是对刑法中某一类犯罪的命名，例如：将贪污罪命名为 1，挪用公款罪命名为 2，受贿罪命名为 3——这其中的数字 1、2、3 的数值虽然在递增，但并不意味着其代表更严重的危害性，其数值改变不会对

"量"起到影响，而只是一种"指代"。

由此，计算机语言系统中区分数据类型的意义主要有三点。首先，根据数据类型预定义的空间需求分配内存大小，可以合理开支，精简节省，提高读取速度和运行效率；其次，方便对数据的统一管理，为同类型的数据提供同样的 API，同样的操作，设定同样的行为限制，也易于查找错误、定位问题；最后，区分数据类型更贴近人类对自然事物分类管理的习惯，让使用者对抽象的数据产生可分辨的行为和自然的记忆。

（3）IPO 过程中的数据类型区分

如前所述，不同的数据类型可以对应现实世界中的语言交流、数字运算、逻辑运算、类型判断、匹配/关系运算及表示等不同需求。因此，在每一次 IPO 过程中，对于数据类型的正确认识、区分和运用，能够帮助编程者正确地对输入的数据与信息进行分类、储存、预处理，并按照现实需求编写算法，经过运算后，再按照现实世界人类语言的逻辑将计算机处理结果以正确、适当的方式输出、呈现。对数据类型的正确认识和恰当运用对于计算机语言的使用而言至关重要。

2. 数据类型的种类

数据类型分为基础数据类型和组合数据类型两大类。在基础数据类型中，主要有 number（数字）、string（字符串）两类。这两类可以组合起来形成组合数据，根据其不同特点，组合数据类型又分为 list（列表）、tuple（元组）、set（集合）、dictionary（字典）。以上六种数据类型在 Python 中分别具有各自的作用。

其中，number、string、tuple 为不可变数据类型，即赋值后内部数据的值不可以更改。不可变类型的变量在第一次赋值声明的时候，会在内存中开辟一块空间，用来存储这个变量被赋予的值，变量被声明后，变量的值就与开辟的内存空间绑定，我们不能修改存储在内存中的值。当我们想给此变量赋新值时，会开辟一块新的内存空间保存新的值，因此不可变数据类型的值变化时，其地址也会发生改变。

list、set、dictionary 为可变数据类型。可变类型的变量在第一次赋值声明的时候，也会在内存中开辟一块空间，用来存储这个变量被赋予的值。我们能修改其存储在内存中的值，当该变量的值发生改变时，它对应的内存地址并不发生改变，但若对变量进行重新赋值，则变量的地址会发生改变。

通过 type() 函数认识数据类型。在 Python 中，通过内置的 type() 函数可以返回参数的类型，输入 type(object) 得到的返回值即 object 对象的数据类型。例如：

①输入 type(123)，得到返回值 int，即指 123 在 Python 语言中的数据类型为整数（integer）。整数为数字（number）的一个子类别。

②输入 type("123")，得到返回值 str，即指"123"在 Python 语言中的数据类型为字符串（string）。

③输入 type("中国")，得到返回值 str，即指"中国"在 Python 语言中的数据类型为字符串（string）。

④输入 type(中国)，显示 NameError:name'中国'is not defined。

　　在例②和例③中输入的对象均为带双引号的字符，这是字符串的标准表示方式，故返回值为字符串。虽然例③和例④的差别仅为有无双引号，输出的结果却截然不同。例④出错是因为虽然将一个变量命名为中国，但并没有告诉计算机中国到底是什么，所以程序返回一个错误 NameError，表明这个中国是没有被定义的。若想不出错，可以对其进行定义，即：

```
中国="中国"
type(中国)
```

　　此时得到返回值 str，未报错。因为我们将中国 定义成了"中国"这个字符串。

　　以下将对各个数据类型作简单介绍：

　　（1）number（数字）

　　数字类型的分类：

　　Python 支持三种不同的数值类型，包括 int（整数）、float（浮点数）、complex（复数），在 Python 中可以使用内置的 type（）函数来查询变量的类型。

　　1）int（整数）

　　整数又被称为整型，是正或负整数，不含小数点。Python3 整型是没有限制大小的，可以当作 long 类型使用，所以 Python3 没有 Python2 的 long 类型。布尔（bool）是整型的子类型，其值 True 和 False 可以和数字相加，其中 True＝1，False＝0。

　　2）float（浮点数）

　　浮点数又称浮点型，由整数部分与小数部分组成，也就是小数。浮点型也可以使用科学计数法表示，例如 $1.23 * 10^9$ 就是 1.23E9。

　　3）complex（复数）

　　复数由实数部分和虚数部分构成，可以用 a＋ bj 或者 complex（a，b）表示。复数的实部 a 和虚部 b 都是浮点数。

　　数字类型的特点：

　　数字类型的特点是不可变，所谓不可变类型，指的是类型的值一旦发生改变，那么它就是一个全新的对象，例如数字 1 和 2 分别代表两个不同的对象，对变量重新赋值一个数字类型，会新建一个数字对象。Python 在初始化时会自动建立一个小整数对象池，方便我们调用，避免后期重复生成，这个小整数对象池是一个包含 262 个指向整数对象的指针数组，范围是－5 到 256。自动建立小整数对象池的原因是，在程序运行及 Python 后台自己的运行环境中，会频繁使用这一范围内的整数，如果在每次需要时都创建一个整数，会增加很多的运行开销，所以创建一个默认存在的小整数对象池，可以大大节省运行时间，提高效率。

　　数字类型的转换：

　　在某些特定的情况下需要对数字的类型进行转换。

　　Python 中提供了内置的数据类型转换函数：

　　int（x）可以将 x 转换为一个整数；如果 x 是一个浮点数，则截取小数部分；

float(x) 可以将 x 转换成一个浮点数；

complex(x) 可以将 x 转换成一个复数，实数部分为 x，虚数部分为 0；

complex(x，y) 可以将 x 和 y 转换成一个复数，实数部分为 x，虚数部分为 y。

数字类型的数值运算：

数字类型可以直接用运算符＋、－、＊、/等来进行数值运算。如下所示：

加法：$5+4=9$

减法：$9-3=6$

乘法：$3*7=21$

除法（返回一个浮点数）：$2/4=0.5$

除法（返回一个整数）：$2//4=0$

取余：$17\%3=2$

乘方：$2**5=32$

在前述的汇率转换代码中，变量 RMB 和变量 USD 的数据类型就是 number(数字)。代码 USD=eval(MoneyStr[0：-1])/7 和 RMB=eval(MoneyStr[0：-1])＊7 中，首先通过 eval 函数返回输入的 MoneyStr 字符串中的金额数，将字符串类型转化为数字类型，再通过"/"和"＊"进行除法和乘法数值运算，得到带小数的浮点数，并储存在变量 USD 和 RMB 中。

（2）string(字符串)

1）字符串的意义：

字符串是一个有序的字符序列，可以想象成由字符构成的特殊数组，一般用于储存一段文字。在 Python 中字符串是一个不可变的字符序列。

字符串与 number 数字不同，不能用于四则运算等数学意义上的运算，但可以对其进行切割、提取、代替、表示、索引等批量操作，此种操作运算超出了数学计算层面的含义，使其可以将人文社科领域的概念引入计算机领域，推动计算法学和计算思维的发展。

2）字符串的特点、表示：

在 Python 中可以使用一对单引号或双引号定义一个字符串，例如：

```
s1='Runoob'
s2="Runoob"
```

此时 s1 与 s2 均被赋值为字符串 Runoob。

在引号中可以添加任意符号、汉字、英文等，它们都被称为字符串中的元素，每一个元素在字符串中所占长度相同，例如一个汉字与一个字母的长度一样。通过 len（）(object) 函数可以一般性地判断所输入字符串的长度值，即表示该字符串中包含多少个元素。除字符串外，len() 函数还可以判断组合数据的元素个数，但是不可在该函数中输入数字。

字符串是有序的，因此可以通过索引和切片或正向或逆向地获取字符串的某个唯一对应的子串。

3）字符串的索引、切片：

序列中每个元素都有一个位置，按照顺序进行标记，这就是元素的索引值。字符串的序列中每一个元素都有两个索引值，分别是正向和逆向的顺序标记。正向的顺序标记赋值区间以 0 为开端，第一个位置索引值为 0，第二个位置索引值为 1，以此类推；逆向的顺序标记赋值区间以 −1 为开端，第一个位置索引值为 −1，第二个位置索引值为 −2，以此类推。如果想查询字符串中的首位元素，其索引值为 0；如果想查询末位元素，若没有第二种逆向的顺序标记，则必须先计算字符串的总长度才能获知末位元素的索引值，而在有第二种标记的情形下，直接可得知其位置索引值为 −1。在字符串中任何一个位置的元素，都有两个索引值，一个是零或者正整数，另一个是负整数。这样的顺序标记方式形成了"唯二"的对应，保证了序列中的每个元素都有两个不会和其他元素重复的索引值，便于快速锁定序列首尾的元素及其附近的元素，同时也没有浪费任何一个整数。

索引（index）可以理解为元素的下标，我们可以通过索引来获取序列中某个位置的元素。索引的使用方法是：序列名［索引值］（中括号）。例如，在字符串"abcde 中国"（命名为 S）里，如何查找第二个元素？应为：S［1］或 S［−6］。查找该字符串的末位元素用函数 len() 可以表示为：S［len（S）−1］。

切片操作（slice）可以从一个字符串中获取子字符串（字符串的一部分）。可以仅提取一个元素，这相当于将该元素索引之后再赋值给一个新的变量。例如在前述字符串 S 中，S［1］＝b，令 t＝S［1］，print(t)，得到结果 b，即将 b 从字符串中切片出来。还可以提取多个元素，此时我们使用一对方括号、起始偏移量 start、终止偏移量 end 以及可选的步长 step 来定义一个分片。切片使用索引值来限定范围，从一个大的序列中切出小的序列。切片的使用方法是：字符串［起始索引值：结束索引值：步长］。

索引和切片的语法格式如图 2-14 所示：

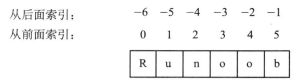

图 2-14　索引和切片的语法格式

（1）s1［1］、s1［−5］均表示为读取字符串 s1 中的第二个字符——从上图可以看出，第二个字符为 u，因此 s1［1］，s1［−5］的结果都为 u。

（2）s1［1：3］返回 un，表示字符串第二个到第三个元素（注：不包括第四个元素，在 Python 语言中，"a：b"包含 a 但不包含 b）。

（3）s1［1：］返回 unoob，表示字符串第二个到最后所有的元素。

（4）s1［：：2］返回 Rno，表示隔二提一个元素。步长为 2。

注意：开始索引、结束索引指定的区间属于左闭右开型［开始索引，结束索引），所以不包含索引结束元素（可以简记为"包首不包尾"）。另外，如果索引从 0 开始，开始索引数字可以省略，但冒号不能省略，即 s1［:］和 s1［0:］等同，表示提取字符串中的所有元素。末尾结束时，结束索引数字可以省略，冒号不能省略。

以前述汇率转换代码为例：

代码 if MoneyStr［-1］in［'Y','y'］:和代码 elif MoneyStr［-1］in['S','s']:中索引了字符串 MoneyStr 中储存的输入值的最后一位字符，用以判断用户输入的是转换前币种是人民币（Y）还是美元（S）。

代码 USD＝eval(MoneyStr［0:-1］)/7 和代码 RMB＝eval(MoneyStr［0:-1］)* 7 中切片了字符串 MoneyStr 中除最后一位币种符号以外代表输入金额的子串，并使用 eval() 函数将其转化为数字类型。

（3）list(列表)

1）列表的含义、类型、作用：

list(列表) 是储存多个有序任意类型的数据，属于可变类型。列表是 Python 中使用最频繁的数据类型。列表可以完成大多数集合类的数据结构实现。在 Python 中列表也可以进行运算。

2）列表的特点：

列表内的元素是有序的且允许重复成员，同时，列表不限制数据类型，其元素的类型可以不相同，它支持数字、字符串，甚至可以包含列表（所谓嵌套）。

3）列表的表示、使用：

列表用［］表示，写在方括号［］之间，用逗号分隔开的元素列表，也即组合数据。

同字符串一样，列表同样可以索引和切片。列表切片的语法和字符串切片的语法格式相同，可以参考上述字符串索引方式作理解，其示意如图 2－15 所示：

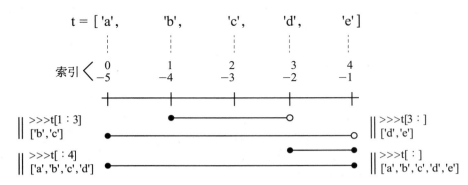

图 2－15　列表的索引和切片

（1）t［1:3］表示列表的第二个到第三个元素（不包含第四个元素），在本例中为［'b', 'c'］；

（2）t［3:］表示列表的第四个到最后一个元素，在本例中为［'d', 'e'］；

（3）t［:4］表示列表的前四个元素（不包含第五个元素），在本例中为［'a', 'b', 'c', 'd'］；

（4）t［:］表示列表的所有元素，在本例中为［'a', 'b', 'c', 'd', 'e'］。

列表还可以进行运算，例如："＋"表示两个列表进行相加，"＊"表示对列表进行复制，"in"表示检查列表内是否包含该元素，"not in"表示检查列表是否不包含该元素。

在前述汇率转换代码中：if MoneyStr[−1]in['Y','y']:以及 elif MoneyStr[−1] in['S','s']:中的['Y','y']和['S','s']即为包含两个字符串元素的列表，且此处使用"in"表示检查列表内是否包含所列元素，以确认用户所输入的金额对应的货币单位，从而确定所要使用的汇率转换运算公式。

3. 数据类型的转换

在前述汇率转换代码中，通过 type(object) 函数我们可以从返回值中得知，变量 MoneyStr 的数据类型为 Str(字符串)。实际上，在 Python 语言中通过 input 语句赋值的变量数据类型被默认为字符串，而此种类型的数据的运算具有特殊性，若想要对其进行运算，就会涉及数据类型的转换。

究其原因在于，虽然两个数据在数值上是相同的，但若数据类型不同，例如一为数字，一为字符串，则在计算机看来它们也是完全不同的。此种差异主要体现在数据处理环节，概言之，数字类型的数可以直接用四则运算进行计算，而字符串类型的数则必须转换成数字之后才能进行数学运算。例如，在代码 money＝input() 中，通过 input 函数将"100"赋值给变量 money，在下一行中输入 money＊5，返回结果为"100100100100100"。该运算结果实际是将字符串"100"重复了 5 次，而非进行乘法运算。因此，当我们在代码中看到数时必须保持警惕，不能简单地把各类数都视为同一，首先要思考此时它到底是一个字符串，还是一个数字，在 Python 中很多的错误都是源于此。

一般而言，在进行数据类型转换时，需要考虑两个步骤：首先，判断现在获得的这个输入的数据类型是什么？其次，判断接下来要用这个输入去做什么，你希望它的数据类型是什么？如果确定需要转换数据类型再进行相应操作。数据类型的转换有多种方法，在前述汇率转换代码中，通过 eval(object) 函数将变量 MoneyStr 中数值由字符串转换为数字。简单来说，eval() 函数的功能是将最外围的引号去掉，这在不同的场景中可以实现不同的功能。第一，通过该函数将字符串"100"的引号去掉，就使其变成了作为 number 数字类型的数 100，此时它的功能相当于进行了数据类型的转换。第二，在一串代码被加上引号时，计算机不会执行，使用 eval() 函数去掉该引号之后，计算机会把它识别成一串代码从而执行，此时它的功能是要求计算机执行当前的语句。第三，在引号内有两个字符串相加，例如""美国"＋"中国""，此时计算机不会执行，使用 eval() 函数去掉最外层的引号之后，计算机识别到的是两个独立的字符串"美国""中国"需要相加，执行结果为"美国中国"。此外还可以使用 int() 和 float() 函数进行数据类型转换，分别转化为整数、浮点数。在汇率转换实例代码中之所以使用 eval() 函数而非 int() 函数，原因在于 eval() 函数对输入的数字没有要求，但是 int 要求输入的是整数，若输入为小数则会返回错误，但此时可以使用 float() 进行类型转换。

思考题：在下面的代码中，使用 float() 函数是否有问题？原因是什么？

```
Money＝input("请输入带单位的金额:")
if Money[－1]in['Y']:
    USD＝float(Money)/6.78
    print(USD)
请输入带单位的金额:【67.9Y】
```

参考答案：所输入的字符串含有单位 Y，无法通过 float() 函数转换成浮点数类型。

四、数据类型的法学意义初探

讨论数据类型的法学意义，首先需要回到数据类型的诞生原因这个问题上。之所以人们会创制数据类型，主要是因为现实中人际交流的需要。具体而言，计算机除了最初的运算功能，还承载着人与人之间沟通交流的功能，所以它不仅要能够处理数字，更重要的是，要能将人类文明中的语言文字以计算机得以处理的形式表现出来，如此才能发挥其交流作用。因而，字符串被发明用以实现这种转化功能，并逐渐衍生出列表等组合数据，不断丰富着数据类型的内容。结合数据类型的成因，可以看出，数据类型扩张了人们交流沟通的边界，促进了数字世界与现实世界的交互。

因此，本书认为，数据类型的核心意义在于，它将计算思维拓展到了数学运算之外的应用空间和应用领域。具言之，它使得计算机可以通过字符串来完成一些在数学计算之外的运算和操作，在更为广阔的空间中发挥作用。例如，字符串可以用来表述一些法律构成要件、法学概念等，将文字转化为一种可以被计算机处理的"数"，但是此处的"数"并不以其所反映的数值来参与实际运算，而是被赋予了某种法学意义进而参与更高应用层次的运算，远远超过那种简单的数学运算应用层次。可见，数据类型使得计算思维本质不再是一种简单数学的思维，不再仅局限于统计学应用领域，并且逐步融入人文社科领域，乃至对其造成颠覆性的影响。

五、数据类型相关知识小结

在本节我们主要介绍了 Python 语言中的数据类型，对其含义、用法、功能等进行了详细说明，数据类型分为基础数据类型和组合数据类型两大类，其下细分为六小类。

number（数字）包括 int（整数）、float（浮点数）、complex（复数），对应着数学中不同种类的数，如实数、虚数、有理数等。其特点在于可以直接进行数学运算，例如加、减、乘、除。需注意，无法使用 len() 函数对数字进行元素个数的计算。

string(字符串) 是由若干有序字符组合形成的有序字符序列。在记忆时，可着重记忆其表示形式，即使用单引号或双引号括起来。字符串的特点为，针对字符串的运算并非传统的数学计算，而是一些如切割、提取等的操作。字符串序列有两种序号标记方式，一种的序号是 0 到正无穷（正向），另一种的序号是 -1 到负无穷（逆向）。对字符串进行切片的特点是"包首不包尾"，即索引所指定的区间属于左闭右开型。

list(列表) 是写在方括号［］之间、用逗号分隔开的元素列表。其特点在于，列表中的元素有位置顺序。列表中元素的类型可以不相同，它支持数字、字符串甚至可以包含列表（所谓嵌套），列表可以是空集，即其不包含任何元素。在判断某一元素是否在该列表中时，借助保留字 in 进行判断。

此外，我们简单介绍一下 tuple(元组)、set(集合) 和 dictionary(字典)。tuple（元组）的表示方式为：小括号（），元组与列表类似，不同之处在于元组的元素不能修改。set(集合) 的表示方式为：大括号｛｝，集合中的元素是无序的。dictionary(字典) 的表示方式与集合相同，但需注意创建一个空集合必须用 set() 而不是｛｝，因为｛｝是用来创建一个空字典的。可见，元素的顺序是有意义的，元素有序与否影响着组合数据的分类。

组合数据类型虽然有四个子类别，但实际上都是由基础数据类型组合而成的。在记忆和理解时可将数据类型归纳为两个大类别，一为基础数据类型，另一为组合数据类型，前者的拼接和搭配导致出现多种的不同组合，故而形成了后者。不同的数据类型有着其各自特定的作用，例如数字类型可以使用加减乘除等，而字符串是不可以进行四则运算的，划分数据类型形成了更加清晰的代码逻辑，使得计算机可以充分利用内存资源，处理速度也更为高效。

【课后习题】

1. 请运用 IPO 方法编写一个判断 GPA 等级的程序。
2. 请运用 IPO 方法编写一个判断量刑刑期的程序。

第三节　Python 程序的语句与函数

一、语句

语句是由上一节所介绍的基础语法元素构成的，基础语法元素包括变量、保留字、数据类型、函数。类比日常生活中的句子，句子也是由字与单词以一定语法排列形成的。Python 中的单词则是变量、保留字、数据类型、函数，这些单词会组合在一起形成语句。多个语句以符合结构框架的要求的形式汇总在一体能够形成完整的程序。语句的作用是表达完整的意思，具备完整的功能。

（一）赋值语句与分支语句

目前本教程已经介绍了两类语句，赋值语句和分支语句。赋值语句的一种是运用等于号来完成赋值变量的工作，既可以对变量完成简单的数字赋值，也可以通过函数对变量进行赋值。Input() 是最常见的一类用来赋值的函数。以汇率转换的程序为例，我们可以观察到许多赋值语句：MoneyStr＝input("请输入带有符号的金额：")，是运用赋值语句输入带有原始货币单位的金额。USD＝eval(MoneyStr[0：－1])/7 和 RMB＝eval(MoneyStr[0：－1])＊7 两行代码通过 eval() 函数和赋值语句实现"剔除带有原始货币单位的金额中的原始货币单位，识别数字部分，根据原始货币单位和目标货币单位之间的汇率值与数字部分的乘积得到计算结果，然后计算结果后加上目标货币单位"的功能。

另一种类型的语句是分支语句，不像 C＃、Java 等语言中还存在 switch 语句，Python 语言中的分支结构只有 if 语句一种。if、elif 和 else 是 Python 的保留字，不能用于定义其他标识符。每条 if 语句的核心都是一个值为 True 或 False 的表达式，这种表达式也称为条件测试，if 和 else 语句以及各自的缩进部分都是一个代码块。Python 中标准的 if-else 语句语法结构如下：

```
if 条件 1：
＃语句块 1
elif 条件 2：
＃语句块 2
else：
＃ else 语句块
```

同样以汇率转换程序为例，以下分支结构运用了多行写法的 if 语句，包含 if、elif 和 else 三部分，每部分均同时使用冒号和缩进区分代码之间的层次，是一个多分支选择结构。其中 if、elif、in 三个保留字所在的代码可判断所输入的"带有符号的金额"是何种货币类型，USD＝eval(MoneyStr[0：－1])/7 和 RMB＝eval(MoneyStr[0：－1])＊7 两行代码可实现带有原始货币单位的金额和带有目标货币单位的金额的转换并得到结果。

```
if MoneyStr[-1]in['Y','y']:
        USD=eval(MoneyStr[0:-1])/7
        print("转换为美元是{:.2f}S".format(USD))
elif MoneyStr[-1]in['S','s']:
      RMB=eval(MoneyStr[0:-1])*7
      print("转换为人民币是{:.2f}Y".format(RMB))
else:
        print("输入格式错误")
```

（二）单行语句与多行语句

单行语句与多行语句的主要区别在于其表现出的代码行数。比如 if 条件语句可以通过一条或多条语句的执行结果（True 或者 False）来决定执行的代码块。单行 if 语句运用的场景一般只有一条语句要执行，因此可以将其与 if 语句放在同一行，例如：if a>b:print("a 大于 b")。除此之外，还存在单行 if-else 语句，例如 print("A") if a>b else print("B")。在同一行上还可以有多个 else 语句：print("A") if a>b else print("=") if a==b else print("B")。

多行语句与单行语句可以实现相同的功能。见下列多行 if 语句与单行 if 语句，都实现了当 x 大于 10 时，返回 large；当 x 大于 1 且小于 10 时，返回 medium；当 x 小于 1 时返回 small。

多行 if 语句示例：

```
x=int(input())
if x>=10:
    print("large")
elif 1<x<10:
    print("medium")
else:
    print("small")
```

单行 if 语句示例：

```
x=int(input())
print("large" if x>=10 else "medium" if 1<x<10 else "small")
```

二、函数初识

函数（function）是指固定的程序段，或称其为一个子程序，它在可以实现固定运算功能的同时，附带入口和出口。所谓的入口，是指函数的各个参数，可以通过入口将函数的参数值代入子程序，供计算机处理；所谓出口，是指函数的函数值，在计算机求得之后，由出口带回调用它的程序。函数具有以下特点：使代码的逻辑思路更加清晰，使代码的可读性更强，提高开发效率，提高代码的重复利用率。编程者若需要某段程序重复发挥特定作用时，可以通过定义函数、调用函数的方式避免相同的程序段在程序中反复出现。函数最强大的作用就是实现代码的可重用性，提高代码可维护性、扩展性和可读性。高级编程语言通常会提供很多内置的函数来屏蔽底层差异，向上暴露一些通用的接口，比如之前用到的 print() 函数和 input() 函数。除此之外，编程者也可以自定义需要的函数，即自定义函数。

（一）内置函数之 input（）与 eval（）函数

input() 和 eval() 都属于函数，在形式上都是由函数名加括号表示。input() 函数属于输入函数，是实现人机交互的重要函数。input() 函数接受一个标准输入数据，返回为字符串（string）类型。无论输入的内容是数字或字符串，其返回值都会被强制性地转换为字符串类型。例如运行 a＝input()，函数会从外部界面获得输入值，将该输入值以字符串的形式存入赋值的变量占位符当中。在 a＝input() 的函数中不存在参数，由此可以发现参数在函数中既可以是多个也可以是零个。

eval() 函数用以执行一个字符串表达式，并返回表达式的值。eval() 的作用是将字符串去除双引号后转为 Python 语句，然后执行转化后的语句。使用 input() 函数输入的数据会以字符串的形式返回。如果输入的是需要参与计算的数字，则可以利用 eval() 转换类型。在了解函数功能的基础上可以进一步理解其程序设计的逻辑。请试着观察汇率转换程序中的下列语句，思考该语句中 input() 函数与 eval() 函数的功能。

```
MoneyStr＝input("请输入带有符号的金额:")
USD＝eval(MoneyStr[0:－1])/7
```

在第一行语句中，MoneyStr 是变量名称，＝为赋值运算符，此时 input() 函数会将获取的输入值放到等号左边的变量中，即对 MoneyStr 进行赋值。经由 input() 函数输入值的类型为字符串类型。在第二行语句中，USD 是变量名称，＝为赋值运算符，eval() 函数先将 MoneyStr 最后一位的符号去除，此时变量中只剩下数字并且是以字的形式存在变量当中。然后再利用 eval() 函数去除字符串前后的双引号，使它变成可以运算的数字。

（二）自定义函数之 def 函数

在第二节介绍保留字时本教材曾出现过 def，它是用来定义函数或方法的。def

在自定义函数时有特定的规则：（1）函数代码块以 def 关键词开头，后接函数标识符名称和圆括号（）。（2）任何输入参数和自变量必须放在圆括号中间。圆括号之间可以用于定义参数。（3）函数内容以冒号起始，并且缩进。（4）return［表达式］结束函数，选择性地返回值给调用方。不带表达式的 return 相当于返回 None。具体可以参考以下格式：

```
def function_name(parameters):
        return
```

function_name 是定义的函数名称，在后面调用函数的时候就可以被使用，parameters 是定义函数的参数，在调用时传入即可。

（三）函数与变量、保留字的关系

在使用函数时需要满足函数格式的要求，包括函数名和括号，括号内的内容是函数的参数。函数的功能是已定的，在使用函数时必须遵循函数的要求完整地写出必备的参数，才可以实现函数的功能。函数与变量之间存在联系，函数实际上也有名称，也可以看作一类变量。函数在本质上是一个变量，既有名称也会随着输入的值发生变化。但是函数与变量不同之处在于函数具有更强大的功能，是更复杂的变量。函数代表了该函数被定义时被模块化处理的一系列程序语言。参考以下示例程序，便是将函数对象作为值赋给变量。

```
def func():
     print('this is func')
f＝func ♯注意：使用括号的话表示调用这个函数，拿函数对象不要加括号
f() ♯ f变量已经拿到函数对象，所以直接调用 f 相当于间接调用 func 函数
```

打印结果为：

```
'this is func'
```

函数与保留字之间也存在区别与联系。与函数有被定义的功能一样，保留字也具有规定的功能，例如 if 具有构成条件语句中条件判断的功能。但是二者之间是有显著区别的。首先，在格式上，保留字不需要加小括号；其次，函数名称可以被重新定义赋予新的功能，在同一程序设计中一个函数只能以同一种功能被调用。这是由于函数并没有封装在 Python 底层语法中，编程者可以将它重新定义为新的内容。反之，保留字不可以被赋予新的定义，是被保留下来不可以用来命名变量的关键词。目前 Python 最新版本中存在的保留字有 36 个[①]，而存在的函数则有无数个。当我

---

①　不同版本的保留字有时会不同。

们用 Python 程序将 input 定义为变量时，可以发现 input 可以作为变量在 Python 程序中被调用；如果将 if 定义为变量，程序运行时则会报错。如图 2 - 16 所示，input 作为一个函数可以被用来命名一个新的变量，从而被赋予新的含义。在重新定义后，在此段程序中就没有办法再调用之前的 input() 函数了。但是 if 作为一个保留字，不可以被用来命名新的变量，不能被重新定义。

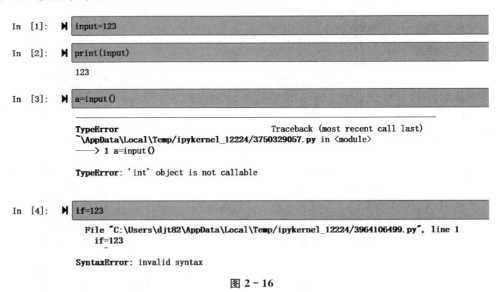

```
In [1]:  ▶ input=123

In [2]:  ▶ print(input)
            123

In [3]:  ▶ a=input()

TypeError                                    Traceback (most recent call last)
~\AppData\Local\Temp/ipykernel_12224/3750329057.py in <module>
———> 1 a=input()

TypeError: 'int' object is not callable

In [4]:  ▶ if=123

          File "C:\Users\djt82\AppData\Local\Temp/ipykernel_12224/3964106499.py", line 1
            if=123

SyntaxError: invalid syntax
```

图 2 - 16

三、课堂练习一：GPA 等级判断问题

（一）问题

通过编写 Python 程序，根据成绩分数判断 GPA 等级。

（二）问题的分析

确定可计算的部分，划分边界。在本问题中，就是将输入的分数自动映射到相应的 GPA 等级上。

（三）确定问题的 IPO

1. 输入、输出的确定

对一个问题可计算部分的确定是确定输入和输出的思维前提。在 GPA 等级判断的实例中，不可计算但可获取的成绩数值、不同 GPA 等级所对应的分数区间是需要输入的；成绩数值所对应的 GPA 等级是需要输出的。

2. 处理算法的确定

通过人为解决该问题获得启发，将人思考该问题的过程形式化表达出来，可以得到如下处理步骤：

（1）运用条件语句设计不同分数区间所对应的 GPA 等级，形成多个分支结构；

（2）将输入的分数与已定的分数区间进行对应；

（3）将符合的分数区间所对应的 GPA 等级输出。

3. 具体地编写程序

以下示例 1 为学生提交的课堂作业，通过设置条件分支实现了基本的需求。示例 2 为本教程提供的参考程序。

示例 1：

```
GPA＝input("请输入你的成绩:")
n＝eval(GPA)
out＝""
if n＞＝90：
    out＝"A＋,恭喜满绩"
elif n＜90 and n＞＝85：
    out＝"A,差一点点"
else：
    out＝"继续努力"
print(out)
```

示例 2：

```
grades＝eval(input("输入百分制成绩的分数值:"))＃输入百分制成绩的分数值
if grades＞95：
    print("A＋")＃该分支用于判断当分数大于 95 时,返回相应的 GPA 等级
elif grades＞90：
    print("A")＃该分支用于判断当分数大于 90 时,返回相应的 GPA 等级
elif grades＞85：
    print("B＋")＃该分支用于判断当分数大于 85 时,返回相应的 GPA 等级
elif grades＞80：
    print("B")＃该分支用于判断当分数大于 80 时,返回相应的 GPA 等级
elif grades＞75：
    print("C＋")＃该分支用于判断当分数大于 75 时,返回相应的 GPA 等级
elif grades＞70：
```

```
        print("C") #该分支用于判断当分数大于 70 时,返回相应的 GPA 等级
elif grades<60:
        print("F") #该分支用于判断当分数小于 60 时,返回相应的 GPA 等级
else:
        print("D") #该分支用于判断当输入值不符合条件时,返回相应的内容
```

　　增加不同的条件分支可以实现更多等级的判断,输出更多的 GPA 等级。值得一提的是,在示例 1 的程序中,该学生通过定义 out 作为变量,省去了在 print 语句中过于冗杂的表述,提高了观感和便捷性。由此可见,即使是简单、基础的编程设计也可以体现编程者个人的创造性与能动性,能够实现个人思维的充分展现,形成个人的编程风格。

四、课堂练习二:受贿罪量刑刑期判断问题

(一)问题

　　通过编写程序判断受贿罪量刑刑期。

(二)分析问题,将法学问题转化为可计算的问题

　　量刑问题涉及很多因素的综合判断。《最高人民法院关于常见犯罪的量刑指导意见》规定了常见量刑情节的适用,列举了 14 类情形,其中包括未成年人犯罪、未遂犯的实行程度、从犯在共同犯罪中的地位和作用、自首情节、退赃和退赔、对于犯罪对象为未成年人、老年人、残疾人、孕妇等弱势人员等。所以其中有很多是无法计算的,比如对于从犯,我们无法计算其在共同犯罪中的地位、作用。其中可计算部分是从犯减少基准刑的 20%~50%;犯罪较轻的,减少基准刑的 50% 以上或者依法免除处罚。所以转换成可计算的问题则是根据案件事实中的可计算部分,按照一定的规则,计算得到案件对应的量刑刑期。

　　法律的规定是量刑的依据。依照罪刑法定的原则,量刑应当以事实为根据,以法律为准绳,根据犯罪的事实、性质、情节和对于社会的危害程度,决定判处的刑罚。当我们运用计算机解决量刑问题时,不能天马行空地估计量刑的轻重,而需要依照法律法规、司法解释的明确规定。这构成了计算机程序给出量刑建议的正当性和合法性的基础。因此,在确定受贿罪量刑的算法时,应当根据有关受贿罪量刑的法律规定进行。《刑法》第 386 条规定了受贿罪的处罚:"对犯受贿罪的,根据受贿所得数额及情节,依照本法第三百八十三条的规定处罚。索贿的从重处罚。"《刑法》第 383 条第 1 款规定:"对犯贪污罪的,根据情节轻重,分别依照下列规定处罚:(一)贪污数额较大或者有其他较重情节的,处三年以下有期徒刑或者拘役,并处罚

金。（二）贪污数额巨大或者有其他严重情节的，处三年以上十年以下有期徒刑，并处罚金或者没收财产。（三）贪污数额特别巨大或者有其他特别严重情节的，处十年以上有期徒刑或者无期徒刑，并处罚金或者没收财产；数额特别巨大，并使国家和人民利益遭受特别重大损失的，处无期徒刑或者死刑，并处没收财产。"

通过对法条进行初步分析，可以得到影响受贿罪量刑的两大因素，即受贿数额与受贿情节。从文意解释层面可以推知，受贿数额以及受贿情节和最终刑期成正比关系，且数额与情节在影响程度上发挥着相同的作用。

（三）以 IPO 的思路设计程序

在明确了不同的受贿数额与受贿情节将对应不同刑罚分档的基础上，编程者便可以确定输入的内容为金额与情节，输出的内容为对应的量刑幅度。在编写程序时，需要发挥编程者自身的编程能力给出程序设计的方案。

以下示例 1 为学生提交的判断交通肇事罪量刑刑期的课堂作业、示例 2 为本教程提供的判断受贿罪量刑刑期的参考程序，并尝试通过调试发现该程序中的问题。

示例 1：

```
# 判断量刑刑期
GKT＝input('请输入交通肇事罪的犯罪情节:')# 确认量刑起点
if GKT＝＝'致人重伤':
    print('二年以下有期徒刑、拘役')
elif GKT＝＝'死亡':
    print('二年以下有期徒刑、拘役')# 可拓展，先查找高级人民法院《〈关于常见犯罪的量刑指导意见〉实施细则》，根据死亡或重伤人数、无力赔偿金额等影响因素确定刑期)
elif GKT＝＝'公私财产遭受重大损失':
    print('二年以下有期徒刑、拘役')
elif GKT＝＝'交通运输肇事后逃逸'or'有其他特别恶劣情节':
    print('三年至五年有期徒刑')
elif GKT＝＝'因逃逸致一人死亡':
    print('七年至十年有期徒刑')
else:
    print('未构成交通肇事罪')
```

示例 2：

```
amount＝input('请输入受贿金额是较大、巨大、特别巨大:')# 输入受贿金额
qingjie＝input('请输入受贿情节是较重、严重、特别严重:')# 输入受贿情节
if amount＝＝'较大' or qingjie＝＝'较重':
```

```
        sentence='三年以下或拘役'
        fine="并处罚金" #该分支结构用于判断当受贿金额为较大或者受贿情节为较重时,返
        回相应的人身刑与财产刑
elif amount=='巨大' or qingjie=='严重':
        sentence='三年到十年'
        fine='并处罚金或没收财产' #该分支结构用于判断当受贿金额为巨大或者受贿情节为
        严重时,返回相应的人身刑与财产刑
elif amount=='特别巨大' or qingjie=='特别严重':
        sentence='十年到无期'
        fine="并处罚金或没收财产" #该分支结构用于判断当受贿金额为特别巨大或者受贿
情节特别严重时,返回相应的人身刑与财产刑
print(sentence,fine) #输出人身刑与财产刑
```

运行示例 2 程序后得到如下结果：

```
请输入受贿金额是较大、巨大、特别巨大:【若输入较大】
请输入受贿情节是较重、严重、特别严重:【若输入较重】
```

点击〈Enter〉键程序返回结果：

```
三年以下或拘役    并处罚金
```

（四）拓展思考：法律条文的程序表达与逻辑检验

反复调试上述程序，不难发现其中存在的问题与矛盾。例如输入的内容为金额较大与情节严重，得到的返回结果是"三年以下或拘役　并处罚金"；又如，如果输入内容为金额特别巨大与情节较重，得到的返回结果仍然是"三年以下或拘役 # 并处罚金"。这两个例子反映出两个问题。第一，程序的条件判断顺序问题。第二，法条本身的问题。首先，该程序的条件判断顺序存在问题，一般而言前条件是后条件的前置，当符合了前一个分支结构设定的条件，计算即便会返回该分支结构的结果。例如，当输入是"较大"与"严重"时，if 语句判断其满足了 amount=='较大'，从而直接返回 sentence='三年以下或拘役'、fine="并处罚金"。即使在情节上属于"严重"，由于该程序设置的条件判断顺序是由低到高，当满足了第一个分支结构时便不会继续进入第二个分支结构进行判断。

其次，法条本身存在问题。通过观察《刑法》第 383 条规定，法条中出现的"或者"应当如何理解十分重要。当数额和情节并列作为影响刑期的两个因素时，编程者需要思考情节和数额之间是否存在先后顺序，区分量刑分档是遵循情节优先还是数量优先。受贿罪量刑规定的立法修改背景可以帮助我们深入地了解该问题。在过去的刑法规定中，受贿罪的量刑分档是由受贿数额这一单一要素确定的。由于唯

数额论的做法广受诟病，因此在修法的过程中，立法者增加了情节这一要素。[①] 法条中虽然用"或者"一次连接两种要素，但是在实践中数额和情节是存在优先顺位的——数额在刑期分档上起到更大的作用，优先决定着应当落入何种分档。相反，情节的严重程度是在已经由数额确定大致刑期分档的基础上，起到调整刑期的分档的作用。如果行为人的犯罪事实存在明显的严重情节，可以据此将刑期分档上调，但往往不会出现下调的情形。[②]

由此可以看到，通过编写程序，可以帮助检验法律条文的逻辑是否自洽。在用程序表示法律条文时，简单地将法条转换成程序是不够的。法律条文的理解编程的设计离不开对法律条文的理解。要结合法学专业的知识，对法条的含义进行解释。在此基础上编写程序，才能充分、准确地表达法条的含义。

因此，在将法学问题转化为可计算问题的过程中，编程者需要结合法条的立法背景与司法实践的经验，运用法解释学相关的知识，明确法条语言表述背后的含义。否则，如果编程者仅仅观察法条本身便会误以为金额与情节两因素处于平等地位。本教程提供的上述程序中，计算机便是将两因素平等看待从而出现了矛盾。如需进一步优化上述程序，则需要修改程序的内容增添更复杂的条件。本章节将不会深入探讨该问题，主要是通过上述错误示例提示编程者需要注意法条背后含义的理解，否则将与法条的实际含义背离，缺乏法条支撑的合法性与正当性。

此外，如果希望实现输入具体的数额，而不是"较大、巨大、特别巨大"等，也能返回精确的刑期，则可以再编写更加复杂的程序来实现。比如，编程者可以根据《关于办理贪污贿赂刑事案件适用法律若干问题的解释》，确定数额较大、数额巨大、数额特别巨大对应的具体数额，再编写程序用具体的数额替代这些字符。受贿数额在 3 万元以上不满 20 万元的，应当认定为"数额较大"；受贿数额在 20 万元以上不满 300 万元的，应当认定为"数额巨大"；受贿数额在 300 万元以上的，应当认定为"数额特别巨大"。

为了返回精确到月的刑期，可以提炼审判经验并进行数据分析，以便确定输入的具体数额对应的具体以月为单位的刑期期长，将其整合到程序中。目前智慧司法的实践便有很多是以运用与此类算法类似的规则作为核心，完成自动定罪量刑的建

---

① 邓矜婷. 受贿罪之罪刑均衡实证研究. 法学家，2022（2）.

② 参见最高人民法院、最高人民检察院《关于办理贪污贿赂刑事案件适用法律若干问题的解释》前三条的规定，以其中第 2 条为例："贪污或者受贿数额在二十万元以上不满三百万元的，应当认定为刑法第三百八十三条第一款规定的'数额巨大'，依法判处三年以上十年以下有期徒刑，并处罚金或者没收财产。贪污数额在十万元以上不满二十万元，具有本解释第一条第二款规定的情形之一的，应当认定为刑法第三百八十三条第一款规定的'其他严重情节'，依法判处三年以上十年以下有期徒刑，并处罚金或者没收财产。受贿数额在十万元以上不满二十万元，具有本解释第一条第三款规定的情形之一的，应当认定为刑法第三百八十三条第一款规定的'其他严重情节'，依法判处三年以上十年以下有期徒刑，并处罚金或者没收财产。"不难发现，司法解释优先判断受贿数额所属的刑期分档，当又同时符合了严重情节时，据此上调刑期分档。可见，在法官量刑时受贿数额与受贿情节的作用分别为根据数额初步定刑期、根据情节上调刑期。

议。2017 年最高人民法院《关于加快建设智慧法院的意见》提出以人工智能、大数据等高科技手段促进法官"类案同判和量刑规范化",解决"同案不同判""案多人少"问题。上海、海南等多个省市司法机关已开始向现代科技寻求解决之道。例如:上海利用"案例数据+算法"等科技手段研发的"刑事案件智能辅助办案系统",便是一项极富司法创新意义的勇敢尝试。这类系统能够根据行为人的量刑情节、犯罪行为特征以及社会危害程度等要素,快速为法官提供量刑建议。[①]

法条是运用自然语言来去表示它背后的抽象的法律规则的,往往是符合自然语言本身的特点的,但并不一定符合程序语言的特点。所以在转而用程序语言来表达的过程中,需要根据程序语言本身的规范进行调整,才能够更加充分地运用计算机的强大算力。

五、第三方库与标准库

Python 程序的一个基本特点是封装和模块化处理。模块化是一种将复杂系统分解为更好的可管理并经过封装的模块的方式,是解决一个复杂问题时自上向下逐层把系统划分成若干模块的过程。模块是将包含所有定义的函数和变量的文件,一般将同类功能的函数组合在一起,成为模块。模块需要导入后,在调用相应函数的基础上进行使用。因此,模块化开发的基础就是函数。函数是组织好、可重复使用的、用来实现相关功能的代码段。函数提高了代码的重复利用率和应用的模块性。

通过不断封装重复出现的内容,进行模块化的处理,生成自定义的函数,使代码变得简洁。通过调用函数名,编程者可以直接使用已经定义的函数,不需要重复编写程序。以受贿罪的量刑与贪污罪的量刑为例,前述内容中本教程已经确定了受贿罪的量刑问题如何用程序解决。而贪污罪与受贿罪的量刑规定适用同一法条,遵循相同的逻辑,因此在处理贪污罪的量刑问题时,可以利用函数避免重复编程。如果将上述受贿罪量刑的程序改写成某一个定义好的函数,编程者就可以直接调用该函数,将其适用到贪污罪的量刑程序中,避免重复编写同样的代码。在这个函数中,它的参数是具体的罪名,受贿罪与贪污罪就是不同的参数值。在调用该函数时,只需要给定参数值,即是受贿罪还是贪污罪,就可以控制函数运行后得到的输出值,即是受贿罪还是贪污罪的量刑结果。

Python 的模块,也称库,分为标准库和第三方库。当新建一个 Python 文件时,该文件在 Python 中就被认为是一个 module,即库,而不是一个简单的文件。这是因为 Python 认为已编写完成的程序不只是为了实现开发者的单一功能,还可以上传到分享平台上供其他编程者使用,可以被多次调用。模块设计背后有其特定的思想,

---

① 张玉洁.智能量刑算法的司法适用:逻辑、难题与程序法回应.东方法学,2021(3).

即随着大需求（比如说一个应用程序，或者一个服务器）逐步被切成很多个小需求，小的需求继续分解变成一个个类和函数。这一层层的需求分解的单元，本质上来讲都是模块。当需求相同时，某个模块就可以同时适用于其他大需求的搭建，在实践中被反复使用。模块思想的意义在于最大化地将设计的代码重复使用，以最少的模块、零部件，更快速地满足更多的个性化需求，节约工作量和时间，有力地促进知识的有效叠加和不断的迭代。

标准库是随解释器直接安装到操作系统中的功能模块。它不需要安装，是 Python 中自带的、直接可以使用的。例如接下来学习的 turtle 库就是标准库之一，是最基本的一种绘图的工具。第三方库是需要经过安装才能使用的功能模块。它是更加复杂、非 Python 自带的模块，往往由 Python 以外的研发人员研发供所有编程者使用。在使用第三方库之前，需要先下载并安装第三方库。标准库和第三方库共同构成 Python 的计算生态。这些库可用于文件读写、网络抓取和解析、数据连接、数据清洗转换、数据计算和统计分析、图像和视频处理、音频处理、数据挖掘、机器学习、深度学习、数据可视化、交互学习和集成开发以及其他 Python 协同数据工作工具。常见的标准库有 open 模块、string 模块、turtle 库等；常见的第三方库有 pandas、Requests、Scapy 等。Python 之所以可以成为最受欢迎的编程语言之一，是因为其兼容多个平台，使用者可以在其他人的模块基础上完成更为强大的创造。Python 的兼容效果为其带来了广泛的受众，也被人们称为超级语言。

以下进入 turtle 库的使用及实例学习。

turtle（海龟）库是 turtle 绘图体系的 Python 实现。turtle 绘图体系于 1969 年诞生，主要用于程序设计入门，在性质上属于 Python 语言的标准库之一，是一种入门级的图形绘制函数库。turtle 的绘图原理是：有一只海龟处于画布正中心，由程序控制在画布上游走；海龟会飞、会落下，会向前、向后、向上、向下、转圈走；海龟落下时走过的轨迹形成了绘制的图形；海龟由程序控制，可改变其大小，颜色等。

在调用 turtle 库的过程中需要用到 import 这一保留字，即 import turtle。import 是用于引入模块的保留字。import 引入模块有多种方式，既可以直接引用模块，也可以引入模块中的所有或部分函数。直接引用的格式为 import module_name。import turtle 的做法属于直接引用模块，以这种方式引入模块时，使用模块内的函数需要使用 turtle. 函数名的方式来调用函数，不能直接调用。另一种方法是引入模块中的所有或部分函数，其格式为 from package_name import module_name。以 random 模块为例，from random import * 是用来引入 random 模块中的所有函数，此时函数可以直接引用，不再需要 random. 函数名来使用。from random import random,randint 是指定引入的函数，即 random 库里的 random() 和 randint() 函数，其他函数不引入。

turtle 库中有一系列功能已定的库函数，在 import turtle 后，可以通过 turtle. 函数名（）的方式调用相应函数。表 2-2 为常见的 turtle 库函数及其功能。

表 2-2　常见 turtle 库函数及其功能

函数	参数	说明
turtle. pensize()	数字，用以表示画笔大小	设置画笔的宽度
turtle. pencolor()	可以是字符串如"green"，"red"，也可以是 RGB 三元组	设置画笔颜色
turtle. fd()	数字，单位为像素	向当前画笔方向移动所输入数值的像素长度
turtle. bd()	数字，单位为像素	向当前画笔相反方向移动所输入数值的像素长度
turtle. right()	数字，单位为°	顺时针移动所输入数值的角度
turtle. penup()		提起笔移动，不绘制图形，用于另起一个地方绘制
turtle. pendown()		落下画笔，移动时绘制图形
turtle. goto(x, y)	坐标	将画笔移动到坐标为(x，y)的位置

1. turtle 画布设置

画布就是 turtle 用于绘图区域，可以按照需求设置它的大小和初始位置。turtle. setup(width，height，startx，starty) 函数有四个参数。width 与 height 代表窗体的大小，当输入宽和高为整数时，表示像素值；当输入值为小数时，表示占据电脑屏幕的比例。startx 和 starty 这一组坐标表示矩形窗口左上角顶点的位置，如果为空，则窗口位于屏幕中心。各参数的示意详见图 2-17。

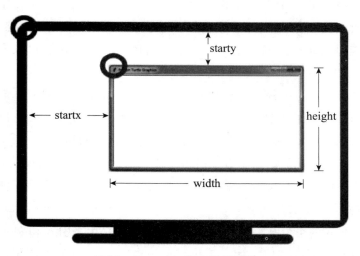

图 2-17　turtle 画布设置参数

2. turtle 的空间坐标体系

turtle 的空间坐标体系是指画布上的绝对坐标。在画布上，默认有一个坐标原点为画布中心的坐标轴，坐标原点上有一只面朝 x 轴正方向画笔。在描述画笔时需要使用两个词语：坐标原点（位置），面朝 x 轴正方向（方向）。turtle 绘图中，就是使用位置、方向描述画笔的状态。在用 turtle 绘画时，画笔的第一笔落笔点默认是在画布正中心，x 轴正方向向右，如图 2 - 18 所示。

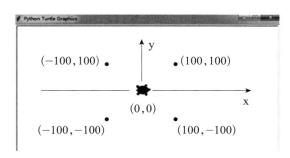

图 2 - 18 turtle 空间坐标体系

但是有时需要绘制一些不对称的图，画笔落在画布中心会使结果偏离中心或画出画布。所以需要移动画笔的初始落笔点，此时可以使用 turtle.goto(x，y) 函数。turtle 规定以中心为原点（0，0），而 turtle.goto(x，y) 表示将原点向右移动 x 个像素，向上移动 y 个像素。其中，x、y 可以为负数。turtle 库中控制画笔运动的函数都是基于画笔位置的相对运动。例如在默认状态下 turtle.fd(30) 表示将画笔向右移动 30 个像素。不过少数像 turtle.goto(x,y) 和 turtle.seth(angle) 等函数则是用的绝对坐标和绝对角度。

3. 绘图程序演示

以下为绘制横线的程序示例以及出现的绘制结果（图 2 - 19）。

```
import turtle ♯直接引入 turtle 库
turtle.setup(800,600,200,200) ♯设置长 800 像素宽 600 像素的画布,画布窗口左上角位于电脑桌面左上角(200 像素,200 像素)处
turtle.pensize(20) ♯画笔大小为 20
turtle.pencolor("red") ♯画笔颜色为红色
turtle.fd(100) ♯画笔向右移动 100 像素
turtle.right(90) ♯画笔方向向右旋转 90 度
turtle.fd(100) ♯画笔向下移动 100 像素
turtle.goto(0,0) ♯画笔移动至(0,0)
turtle.penup() ♯画笔提起,不绘制
turtle.goto(-100,-100) ♯画笔移动至画布坐标为(-100,-100)的点
```

```
turtle.pendown() #画笔放下,开始绘制
turtle.goto(100,100) #画笔移动至画面坐标为(100,100)的点
turtle.done()
```

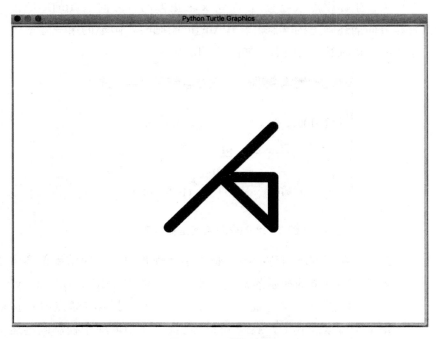

图 2 - 19　绘图结果

4. 示例解释

第一,在绘制之前需要设置画布。如果不设定,则系统采取默认值设定,默认大小是（400,300）,上述程序中出现的 turtle. setup(width, height, startx, starty) 函数用来确定画布的位置和大小,（800）,（600）用来确定画布的长与宽;（200）,（200）是画布左上角距离计算机屏幕左上角的横向、纵向距离,数值的单位是像素。像素是指在由一个数字序列表示的图像中的一个最小单位。简单来说,像素就是图像的点的数值,由点构成线,由线构成面。

第二,确定画笔的大小与颜色。如果不设定,则系统采取默认值设定。默认值是黑色,画笔大小默认为 1 像素。turtle. pensize(s) 中可以填写可变参数用来放大或缩小画笔的大小。turtle. pencolor("red") 是将画笔变成红色。

第三,给定海龟运行的方向和长度。turtle. fd(100) 是指画笔往前行走 100 像素,用于确定画笔行走的距离。由于 turtle. fd(d) 函数是指海龟按照当前方向向前走 d 的距离,所以画布上出现了向右的一条长度为 100 像素的横线。如果想要达到转向的效果,则可以运行 turtle. right(90) 函数。此处的 90 是指相对于目前的角度向右转 90 度,在此基础上添加画笔运行距离则会出现向下绘制的横线。见图 2 - 19

中竖直向下的直线。

第四，移动画笔的位置。turtle. goto（）用于从当前位置回到指定位置。当运行 turtle. goto(0,0) 时，画布上会出现现有画笔位置与原点的连接线。turtle. penup（）是让画笔抬起，即将画笔不留痕地移动到某个坐标位置，turtle. pendown（）是让画笔落下来，即将画笔设置为留痕。因此，上述程序组，画笔从（0，0）移动到（-100，-100）的痕迹并没有显示在画布上。当再次运行 turtle. pendown（）后，画笔移动的痕迹才会显示在画布上。

5. turtle 库在法学研究中的可能应用

在实证法学研究中，绘图发挥着重要作用，当前的绘图功能大多是用 stata、SPSS 等专业分析软件直接完成。但是 turtle 库仍然可以作为一个基础的绘图工具，发挥一些简单的分析作用，如使用 turtle 库绘制受贿罪中不同受贿金额所对应刑期的散点图。

## 第三章

Python 基本图形绘制

第一节　turtle 库与 for 循环

一、课程回顾

在之前的课程中，我们学习了 Python 基本语法元素中的语句和函数。在程序中，语句能够表达一个完整的意思，完成一个独立的功能。我们学习了赋值语句、分支语句这两类语句。赋值语句就是通过"＝"将等号右侧的计算结果赋给左侧变量。分支语句是控制程序运行的一类重要语句，它的重要作用是根据判断条件选择程序执行路径。我们也学习了两个函数，从直观上看函数和保留字最大的区别便是"()"及"()"里面的参数，因此切记带上小括号。我们学习了 input() 函数、eval() 函数和 print() 函数。input() 函数从控制台获得用户输入，无论用户在控制台输入什么内容，input() 函数都以字符串类型返回结果；eval(〈字符串〉) 的作用便是去掉字符串外部的双引号，将输入的字符串变成 Python 内部可进行数学运算的数值。print(〈待输出字符串〉) 能够输出字符信息。

利用函数库编程是 Python 语言最重要的特点，也是 Python 编程生态环境的意义所在。Python 函数库分为 Python 环境中默认支持的函数库（又称标准函数库或内置函数库），和第三方提供需要进行安装的函数库。Python 的 turtle 库便是一个标准数据库，它是一个直观有趣的图形绘制函数库。turtle 图形绘制的概念诞生于1969 年，并被成功应用于 LOGO 编程语言。由于 turtle 图形绘制概念十分直观且非常流行，Python 接受了这个概念，形成了一个 Python 的 turtle 库，并成为标准库之一。在上一章中，同学们初步接触了 Python 图形绘制程序。在利用 turtle 库绘制图形程序的过程中，我们首先学习了如何调用该函数库。需要用到 import 这一保留字，即 import turtle，此时程序可以调用库名中的所有函数，使用库中函数的格式如下：〈库名〉.〈函数名〉(〈函数参数〉)，例如：turtle. fd(100)。同时，import 还可以和 as 结合使用实现类型转换，如"import turtle as t"表示将 turtle 库给予别名

t，则对 turtle 库中函数调用采用更简洁的形式，turtle. fd() 即可简化为 t. fd()。此外，还有一种可以省略库名的调用方法："from turtle import ＊"。其次，我们对 turtle 库的基本功能进行了初步演练。与初始设置相关的函数有：turtle. penup()，turtle. pendown()，turtle. pensize()，turtle. pencolor()，turtle. goto()。控制方向的函数有：turtle. seth()，turtle. right()，turtle. left()。控制长度的函数：turtle. fd()，turtle. circle() 等。

在之前较早的课程中，同学们还详细学习了汇率转换实例 10 行代码。回顾两个实例，可以看到两个显著的不同：第一，Python 正方形绘制程序中没有使用显式的用户输入输出，即没有 input() 函数和 print() 函数；第二，Python 绘制程序中没有赋值语句，取而代之的是 〈a〉.〈b〉() 形式的代码行。〈a〉.〈b〉() 是 Python 编程的一种典型表达形式，表示调用一个函数库 〈a〉 中的函数 〈b〉()。例如，turtle. fd() 表示调用 turtle 库中的 fd() 函数。这种通过使用函数库并利用库中函数进行编程的方法是 Python 语言最重要的特点，称为"模块编程"。

下面我们将继续结合一系列实例，介绍 turtle 库的引入方式，分析 turtle 库语法元素，包括绘图窗体、绘图坐标体系（空间坐标体系、角度坐标体系），画笔控制函数和形状绘制函数等。同时，我们还将学习另外一种具有特殊结构的多行语句：for 循环语句。它能够实现循环的功能，使代码变得更加简洁、思路更加清晰明了。

二、turtle 库语法元素分析

（一）turtle 库的绘图窗体

turtle 库窗体设置依靠 turtle. setup(width, height, startx, starty) 函数实现，作用是设置主窗体的大小和位置。需要说明的是，turtle 库窗体的形状不是 setup() 函数的参数之一，turtle 库窗体默认是长方形。该函数各参数的关系如图 3 - 1 所示。

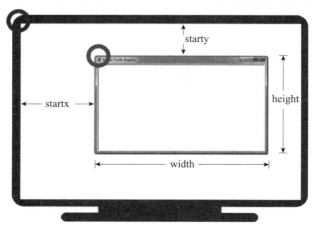

图 3 - 1　turtle 库窗体参数

width：窗口宽度，如果值是整数，表示像素值；如果值是小数，表示窗口宽度与屏幕的比例。

height：窗口高度，如果值是整数，表示像素值；如果值是小数，表示窗口高度与屏幕的比例。

startx：窗口左侧与屏幕左侧的像素距离，如果值是 None，窗口位于屏幕水平中央。

starty：窗口顶部与屏幕顶部的像素距离，如果值是 None，窗口位于屏幕垂直中央。

（startx，starty）是表示矩形窗口左上角顶点位置的坐标，这一坐标是相对于以电脑屏幕左上角为零点（0,0）延伸所形成的坐标轴而言的，该坐标轴的纵轴是它的高，横轴是它的宽。但从严格意义来看，startx 及 starty 两个参数分别表示的是与屏幕左侧和屏幕顶部的像素距离，一定是正值，并不是完全意义上的坐标概念，不要与坐标体系搞混。startx 及 starty 两个参数可以选填，如果该坐标为空（即不设置），则表示该窗口位于屏幕中心。width 和 height 函数有默认值，也可以选填。width 指窗口宽度，height 指窗口高度，二者之间的大小关系并不确定，切记不要与长方形的长和宽的概念搞混。

示例：

（1）设计一个覆盖整个屏幕的窗体（默认电脑屏幕像素为 1 600 ∗ 1 200）

```
turtle. setup(1600,1200,0,0)
```

（2）设计一个覆盖屏幕右半部分的窗体（默认电脑屏幕像素为 1 600 ∗ 1 200）

```
turtle. setup(800,600,800,0)
```

注意：宽度和高度的单位是像素。像素，通俗地讲，是指把一块屏幕等分为若干块。1 600 像素表示将宽度等分为 1 600 份，1 200 像素表示将高度等分为 1 200份。宽度和高度是相对概念，窗体的大小是相对于屏幕的大小确定的，其默认值为（1600，1200），并且可以更改。在示例（2）中，startx 的值为 800，即表示该坐标在横轴上距离屏幕左上角零点的距离为 800 像素。

（二）turtle 库的绘图坐标体系

1. turtle 空间坐标体系 turtle. goto(x，y)

如图 3 - 2 所示是 turtle 库的空间坐标体系，供 turtle. fd（distance）、turtle. bk（distance）、turtle. goto（x,y）等函数使用。空间坐标体系用于控制画笔应该落在哪个位置，笔怎么运动，走到哪里等。刚开始绘制的时候，小海龟位于画布正中央，此处坐标（0,0），行进方向为水平右方，是小海龟初始爬行位置和初始爬行方向。turtle 库空间坐标体系中，横向坐标绝对值的最大值是画布宽度的一半，纵向坐标绝对值的最大值是画布高度的一半。因此画布左上角的坐标是（－width/2，height/2），画布右上角的坐标是（width/2，height/2），画布左下角的坐标是（－width/2，－height/2），画布右下角的坐标是（width/2，－height/2）。实数范围内的数均可用来表示空间坐标，如整数、小数等。在该空间坐标体系中，横轴与纵轴将窗体分为四等份，左上角的坐标值为（负，正），左下角的坐标值为（负，负），右上角的坐标值为（正，正），右下角的坐标值为（正，负）。

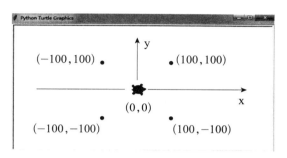

图 3－2　turtle 空间坐标体系

在这个空间坐标体系中每一个点都有它唯一对应的坐标，即为"绝对坐标"。该坐标的形成并不是相对于电脑屏幕本身的坐标体系，而是根据我们所设置的窗体形成的一个空间坐标系。"相对坐标"则是在考虑现有的位置上行进后形成的坐标，主要运用到函数 turtle.fd(d) 和 turtle.bk(d)。fd 函数表示在现有位置上往前走，bk函数表示在现有位置上往后走。在记忆时，可借助这两个函数的英文名即 forward（向前）和 backward(向后) 进行记忆。

2. turtle 角度坐标体系 turtle.seth(angle)

如图 3－3 所示是 turtle 库的角度坐标体系，可以用来控制海龟的转弯、向前走、向后走等方向性操作，但不行进。在 turtle.seth(angle) 中，angle 为绝对度数。turtle 库的角度坐标体系以正东向为绝对 0 度，这也是小海龟的初始爬行方向，正西向为绝对 180 度。具体而言，绝对坐标的 x 正轴表示 0 度或 360 度，y 正轴表示 90 度或－270 度，x 负轴表示 180 度或－180 度，y 负轴表示 270 度或－90 度。这些半轴表示的两种不同度数是根据旋转角度而定的，为了让小海龟从 x 正轴坐标转到 y 正轴方向，若向左旋转，则为正向旋转 90 度（正 90 度）；若向右旋转，则是逆向旋转 270 度（负 270 度）。这个角度坐标体系是方向的绝对坐标体系，与小海龟当前爬行方向无关。因此，可以利用这个绝对坐标体系随时安排海龟前往任意一个绝对的角度，而不必考虑当前的位置。

示例：小海龟当下的朝向为绝对 90 度（和 y 正轴方向一致），如何让它的朝向变成和 y 负轴方向一致？

答案：turtle.seth(－90)或者 turtle.seth(270)。

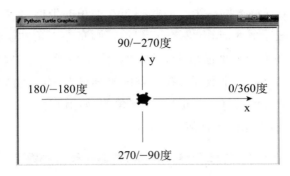

图 3 - 3 turtle 角度坐标体系

与绝对角度相对应的概念是相对角度，也即在考虑当前位置的基础上再进行转向操作。相对与绝对之差异即在于，是否以小海龟的当前位置作为参考依据。需要用到函数 turtle. right(angle)[①] 和 turtle. left(angle)。turtle. right 函数是指在现有的位置向右转动固定度数，turtle. left 函数是指在现有的位置向左转动固定度数。需要注意的是，一定要留意小海龟的起始位置和起始角度，相对角度一定是根据当前角度再进行转向。

示例：小海龟当下的朝向为绝对 90 度（和 y 正轴方向一致），如何让它在当前位置的基础上向右旋转 60 度？旋转后的绝对角度是多少？

答案：turtle. right(60)；旋转后的绝对角度为 30 度或−330 度。

3. turtle 库的 RGB 颜色体系

RGB 颜色诞生于 19 世纪中期、计算机产生之前，理论表明，RGB 颜色能够形成人眼感知的所有颜色。RGB 颜色是计算机系统最常用的颜色体系之一，它采用 R（红色）、G（绿色）、B(蓝色) 三种基本颜色及它们的叠加组成各式各样的颜色，构成颜色体系。具体来说，RGB 颜色采用（r,g,b），其中每个颜色采用 8 bit 表示，取值范围是 ［2，255］。在这个取值范围内可以选择想要加的颜色的浓度和大小，如果 RGB 所有颜色全都不加进来，则构成黑色，此时对应的 RGB 为最小值（0,0,0）。相反，如果所有颜色全都加入，则构成白色，此时对应的 RGB 为最大值（255,255,255）。这三种颜色添加的程度不同，就组成了不同的颜色体系，RGB 颜色一共可以表示 256^3（16 M，约 1 678 万）种颜色。

RGB 颜色体系可以以字符串（英文）的方式被计算机识别。我们可以直接在函数后输入 red，blue，yellow 等单词，例如：turtle. pencolor("red")，这可以直接被电脑识别为对应的颜色。在专业绘画领域中，还可以使用自然数或者小数来表示对应的颜色，从而更准确地显示出色彩。但此时，需要先将该库的 color mode 从默认的英文型修改为数值型，即调用函数 turtle. colormode(255)，使程序变更为使用数

---

① 使用 import turtle as t 的代码进行转换后，在后面引用函数时即可用 t 代替 turtle。

值色彩体系来表示颜色，原英文模式随即停用。一般情况下我们只需要使用字符串来表示颜色体系即可，专业领域才需涉及用数值来表示。表 3 - 1 是 turtle 库中一些常用的 RGB 色彩。

表 3 - 1　常用 RGB 色彩

英文名称	RGB 整数值	RGB 小数值	中文名称
white	255,255,255	1,1,1	白色
yellow	255,255,0	1,1,0	黄色
magenta	255,0,255	1,0,1	洋红
cyan	0,255,255	0,1,1	青色
blue	0,0,255	0,0,1	蓝色
black	0,0,0	0,0,0	黑色
seashell	255,245,238	1,0.96,0.93	海贝色
gold	255,215,0	1,0.84,0	金色
pink	255,192,203	1,0.75,0.80	粉红色
brown	165,42,42	0.65,0.16,0.16	棕色
purple	160,32,240	0.63,0.13,0.94	紫色
tomato	255,99,71	1,0.39,0.28	番茄色

（三）画笔控制函数

1. turtle. penup( ) 和 turtle. pendown( ) 函数

turtle. penup( ) 函数，作用是抬起画笔，之后移动画笔不绘制形状，无参数。turtle. pendown( ) 函数，作用是落下画笔，之后移动画笔将绘制形状，无参数。

2. turtle. pensize( ) 函数

turtle. pensize(width) 函数用来设置画笔尺寸，作用是设置画笔宽度，当无参数输入时即为当前画笔宽度。width 是设置的画笔线条宽度，如果为 None 或者为空，则函数返回当前画笔宽度。如图 3 - 4 所示，当引入 turtle 库并设置窗体的大小和位置后，turtle 默认的画笔宽度为 1 像素，turtle. pensize( ) 函数返回当前画笔宽度为 1；当设置画笔宽度为 5 像素后，turtle. pensize( ) 函数返回当前画笔宽度为 5。

3. turtle. pencolor( ) 函数

turtle. pencolor( ) 函数给画笔设置颜色，作用是设置画笔颜色，当无参数输入时返回当前画笔颜色。turtle. pencolor( ) 函数的参数可以为 colorstring 也可以是

```
In  [4]:  import turtle as t

In  [5]:  t.setup(600, 600, 0, 0)

In  [6]:  t.pensize()
Out[6]:  1

In  [7]:  t.pensize(5)

In  [9]:  t.pensize()
Out[9]:  5
```

图 3 - 4　turtle. pensize( ) 函数示例

(r,g,b)，即 turtle. pencolor(" colorstring") 或者 turtle. pencolor((r,g,b))。color-string 是表示颜色的字符串，例如"purple"、"red"、"blue"等；(r,g,b) 是颜色对应的 RBG 值，例如 (50,204,140)，取值范围是 [0, 255]。很多 RGB 颜色都有固定的英文名字，这些英文名字可以作为 colorstring 输入 turtle. pencolor( ) 函数中，也可以采用 (r,g,b) 形式直接输入颜色值。几种典型的 RGB 颜色如表 3 - 1 所示。

（四）形状绘制函数

1. turtle. fd(d) 函数

turtle. fd(d) 别名 turtle. forward(distance)，作用是向小海龟当前行进方向前进 distance 距离。distance 参数为行进距离的像素值，当值为负数时，表示向相反方向前进。

2. turtle. bk(d) 函数

turtle. bk(d) 别名 turtle. backward(distance)，作用是向小海龟当前行进方向后退 distance 距离。distance 参数为行进距离的像素值。

3. turtle. goto(x,y) 函数

turtle. goto(x,y) 的作用是无论海龟此时处于何种位置，都移动到 (x,y) 位置。

4. turtle. right(angle) 函数

turtle. right(angle) 的作用是使海龟顺时针转动一定度数。

5. turtle. left(angle) 函数

turtle. left(angle) 的作用是使海龟逆时针转动一定度数。

6. turtle. seth(angle) 函数

turtle. seth(angle) 的作用是设置小海龟当前行进方向为 angle(角度的整数值)，该角度是绝对方向角度值。

总结以上 6 个函数：

turtle.fd(d) 函数和 turtle.bk(d) 的作用是向小海龟当前行进方向前进/后退 distance 距离，这个前进/后退的距离是相对于小海龟当前位置而言的。

turtle.right(angle) 函数和 turtle.left(angle) 函数的作用是使海龟顺时针/逆时针转动特定度数，这个顺时针/逆时针转动的度数是相对于小海龟当前爬行方向而言的。

turtle.goto(x，y) 函数的作用是无论海龟此时处于何种位置，都移动到（x，y）位置，这个位置与小海龟的当前位置是无关的。

turtle.seth(angle) 作用是设置小海龟当前行进方向为 angle(角度的整数值)，该角度是绝对方向角度值，与小海龟当前的爬行方向无关。

7. turtle.circle(r,angle) 函数

turtle.circle(r,angle) 函数用来绘制一个弧形，作用为根据半径 r(radius) 绘制角度为 angle 的弧形。circle 函数的两个参数，一个是圆的半径 r，另一个是弧形的角度 angle。如果要画一个圆，angle 为 360 度；画半个圆，angle 则为 180 度。需注意的是，circle 函数并非以小海龟所在的位置为圆心画弧形（即类似圆规作图，小海龟作为圆心），而是小海龟绕着圆心、在圆形的边上行进，它所走过的地方即呈现为我们想要的弧形。一般情况下，圆心位于与小海龟所在方向垂直的左侧，二者之间的距离为半径 r。当 r 或 angle 的值为正数时，圆心在小海龟左侧；当值为负数时，圆心在小海龟右侧。也即，半径或角度为正值的情况下是向左画圆，为负值的情况下向右画圆。当不设置 angle 的参数或参数设置为 None 时，绘制整个圆形。

示例（1）：绘制一个方形的数字"8"（即两个正方形竖向叠加）。

```
＃调用 turtle 库
import turtle as t
＃设置宽度为 600 像素、高度为 800 像素，画布左侧与屏幕左侧距离 800 像素、画布顶部与屏幕顶部距离 0 像素的画布
t.setup(600,800,800,0)
＃设置画笔尺寸为 2 像素
t.pensize(2)
＃设置画笔颜色为蓝色
t.pencolor("blue")
＃前进 100 像素
t.fd(100)
＃将画笔转至－90 度
t.seth(－90)
＃前进 100 像素
```

```
t.fd(100)
#将画笔转至-180度
t.seth(-180)
#前进100像素
t.fd(100)
#将画笔转至90度
t.seth(90)
#前进200像素
t.fd(200)
#在现有位置的基础上将画笔向右转90度
t.right(90)
#前进100像素
t.fd(100)
#在现有位置的基础上将画笔向右转90度
t.right(90)
#前进100像素
t.fd(100)
#停止画笔绘制,但绘图窗体不关闭
t.done()
```

绘制效果如图 3-5 所示:

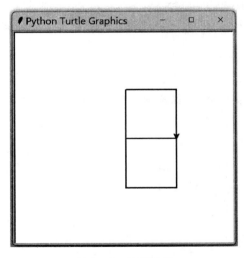

图 3-5　绘图结果

该程序可以用于构造显示灯牌上的时间码,使得数字时间自动显示,不同线条高亮将形成对应的数字时间。

示例(2):绘制圆形、弧形。

```
# 调用 turtle 库
import turtle as t
# 设置宽度为 1000 像素、高度为 600 像素，画布左侧与屏幕左侧距离 0 像素、画布顶部与屏幕顶
部距离 0 像素的画布
t.setup(1000,600,0,0)
# 设置画笔尺寸为 3 像素
t.pensize(3)
# 设置画笔颜色为绿色
t.pencolor("green")
# 抬起画笔
t.penup()
# 将画笔移动到坐标(−400,0)的位置
t.goto(−400,0)
# 落下画笔
t.pendown()
# 绘制一个半径 100 像素(半径在小海龟左侧)，角度 120°的弧形
t.circle(100,120)
# 抬起画笔
t.penup()
# 将画笔移动到坐标(−400,0)的位置
t.goto(−200,0)
# 落下画笔
t.pendown()
# 绘制一个半径 100 像素(半径在小海龟右侧)，角度 120°的弧形
t.circle(−100,120)
# 抬起画笔
t.penup()
# 将画笔移动到坐标(0,0)的位置
t.goto(0,0)
# 落下画笔
t.pendown()
# 绘制一个半径 100 像素的圆形
t.circle(100)
# 抬起画笔
t.penup()
# 将画笔移动到坐标(200,0)的位置
t.goto(200,0)
```

```
#落下画笔 t.pendown()
#绘制一个半径 100 像素的圆形
t.circle(100,None)
#停止画笔绘制,但绘图窗体不关闭
t.done()
```

绘制效果如图 3-6 所示：

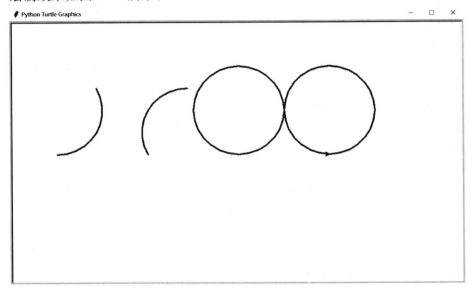

图 3-6 绘图结果

课后习题：运用 turtle 库绘制自己的名字。

三、for 循环语句

根据循环执行次数的确定性，循环可以分为确定次数循环和非确定次数循环。确定次数循环指循环体对循环次数有明确的定义，这类循环在 Python 中被称为"遍历循环"，其中，循环次数采用遍历结构中的元素个数来体现，具体采用 for 语句实现，基本使用方法如下：

```
for〈循环变量〉in〈循环结构〉:
    〈语句块〉
```

之所以称其为"遍历循环"，是因为 for 语句的循环执行次数是根据遍历结构中的元素个数确定的。遍历循环可以理解为从遍历结构中逐一提取元素，放在循环变量中，对于所提取的每个元素执行一次语句块。在本节中，我们只介绍遍历结构为 range() 函数的 for 语句，即：

```
for i in range(〈循环次数〉):
    〈语句块 1〉
```

range() 是一个函数，for i in range() 就是给 i 赋值，使用方法为 range(start，stop [，step])，参数含义分别是起始、终止和步长（默认是 1），举例如下：

range(3)，从 0 到 3，不包含 3，即 0、1、2。

range(1,3)，从 1 到 3，不包含 3，即 1、2。

range(1,3,2)，从 1 到 3，每次增加 2，并且不包含 3，即 1。

range(1,5,2)，从 1 到 5，每次增加 2，并且不包含 5，即 1、3。

实际上，for 循环是一个次数循环，for 循环下的语句将按照顺序不断地被计算机执行。其每一次操作的具体过程如下（以图 3-7 中的代码为例）：

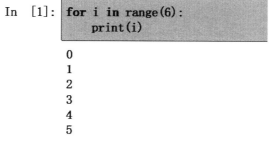

图 3-7　for 循环示例

当计算机在第一行中读取到 for 时，会处于暂停状态，整个语句要等到 range 函数被取完所有值后才会结束。在第一行语句中，i 取第一个值，为 0；接着下一行语句 print(i) 即被执行（此处 i 不参与运算）。执行完毕后，程序会回到第一行语句中让 i 继续去取第二个值，也即 1，然后接着执行第二行语句 print(i)。直到 i 取完最后一个值，也即 5，for 循环语句才会停止继续往前为 i 寻找新的值，并开始转入对后续语句的执行。

四、for 循环语句在绘图中的应用

（一）绘制正方形

```
♯调用 turtle 库
import turtle as t
♯设置宽度为 400 像素、高度为 400 像素,画布左侧与屏幕左侧距离 50 像素、画布顶部与屏幕顶部距离 50 像素的画布
t.setup(400,400,50,50)
```

```
#设置画笔颜色为绿色
t.pencolor("green")
#设置画笔尺寸为 5 像素
t.pensize(5)
#抬起画笔
t.penup()
#将画笔移动到坐标(-50,50)的位置,以使绘制的正方形位于画布中央
t.goto(-50,50)
#落下画笔
t.pendown()
t.fd(100)
t.right(90)
t.fd(100)
t.right(90)
#绘制正方形
t.fd(100)
t.right(90)
t.fd(100)
t.right(90)
#停止画笔绘制,但绘图窗体不关闭
t.done()
```

上述代码运行结果如图 3-8 所示:

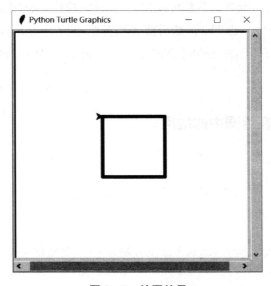

图 3-8　绘图结果

如果使用 for 循环语句实现正方形的绘制，我们可以将四个 t. fd（100）和四个（或三个）t. right(90) 代码包装为 for 循环语句，即：

```
for i in range(4):
    t. fd(100)
    t. right(90)
```

在这段程序中，使用了保留字 for、in 及函数 range()产生了一个次数为 4 的循环。range()函数本质上是在不断地依次提取 i 的不同值。range()函数产生的值是从零开始的，所以第一次提取 i 时，i 等于 0；第二次提取 i 时，i 等于 1；第三次提取 i 时，i 等于 2。请注意 i 在 range()函数里参与 for 循环时是有值的。如果我们希望这个值参与运算，就可以直接把它纳入运算中；如果只是希望它做计数用，那么它不参与运算。实际上，此处 range 函数的运行结果是产生一个在 4 范围内的有序整数序列。如果将其抽象为 range(n)，其实就是产生 0 到 n−1 的有序整数序列。这也就意味着，对于有序整数序列，我们可以采取类似之前所学的字符串的索引、切片的操作，也即可以隔不同的步长取值，或者取一个范围内的值。

概言之，range()函数可以产生一个次数 n，i 可以从中依次取不同的值来控制这一循环的数量。上面这段程序就是表示将 0、1、2、3 依次赋值给 i，并对每个 i 执行一次 t. fd(100) 和 t. right(90) 语句块。

（二）绘制圆

如前所述，turtle. circle(r,angle) 函数用来绘制一个弧形，作用为根据半径 r 绘制 angle 角度的弧形。由此，我们以下列代码实现同切圆[①]的绘制。

```
# 调用 turtle 库
import turtle as t
# 设置宽度为 500 像素、高度为 500 像素,画布左侧与屏幕左侧距离 20 像素、画布顶部与屏幕顶部距离 20 像素的画布
t. setup(500,500,20,20)
# 设置画笔尺寸为 5 像素
t. pensize(5)
# 设置画笔颜色为紫色
t. pencolor("purple")
# 绘制第一组同切圆:刚开始绘制时,小海龟位于画布正中央,此处坐标为(0,0),行进方向为水平右方,使用 turtle. circle() 绘制的第一组同切圆的圆心位于小海龟行进方向的左侧,体现在画布上就是"上方"。绘制完毕 5 个半径依次为 20、40、60、80、100 像素的同切圆后,小海龟回到(0,0),画笔绘制方向仍为水平右方
```

---

① 同切圆是指半径不同但相交于同一个切点的一系列圆。

```
t.circle(20,360)
t.circle(40,360)
t.circle(60,360)
t.circle(80,360)
t.circle(100,360)
```

#绘制第二组同切圆:第一组同切圆绘制完毕,需要改变海龟的行进方向为竖直上方,可通过turtle.seth(90)实现,该 90°是绝对方向角度值,此时第二组同切圆的圆心位于小海龟行进方向的左侧,体现在画布上就是"左方"。绘制完毕 5 个半径依次为 20、40、60、80、100 像素的同切圆后,小海龟回到(0,0),画笔绘制方向仍为竖直上方

```
t.seth(90)
t.circle(20,360)
t.circle(40,360)
t.circle(60,360)
t.circle(80,360)
t.circle(100,360)
```

#绘制第三组同切圆:第二组同切圆绘制完毕,需要改变海龟的行进方向为水平左方,可通过turtle.seth(180)实现,该 180°是绝对方向角度值。此时第三组同切圆的圆心位于小海龟行进方向的左侧,体现在画布上就是"下方"。绘制完毕 5 个半径依次为 20、40、60、80、100 像素的同切圆后,小海龟回到(0,0),画笔绘制方向仍为水平左方

```
t.seth(180)
t.circle(20,360)
t.circle(40,360)
t.circle(60,360)
t.circle(80,360)
t.circle(100,360)
```

#绘制第三组同切圆:第三组同切圆绘制完毕,需要改变海龟的行进方向为竖直下方,可通过turtle.seth(270)实现,该 270°是绝对方向角度值。此时第四组同切圆的圆心位于小海龟行进方向的左侧,体现在画布上就是"右方"。绘制完毕 5 个半径依次为 20、40、60、80、100 像素的同切圆后,小海龟回到(0,0),画笔绘制方向仍为竖直下方

```
t.seth(270)
t.circle(20,360)
t.circle(40,360)
t.circle(60,360)
t.circle(80,360)
t.circle(100,360)
```

#停止画笔绘制,但绘图窗体不关闭
```
t.done()
```

上述代码运行结果如图 3-9 所示:

观察上述实现四组同切圆绘制代码,可以发现:

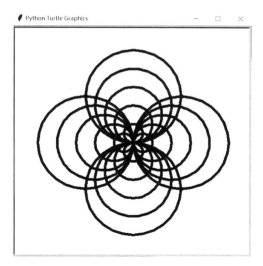

图 3-9　绘图结果

（1）绘制四组同切圆时，海龟行进方向不同；

（2）绘制每一组同切圆时，同切圆的半径不同。

欲将上述绘制同切圆的 23 行代码包装为 for 循环语句，回顾前述遍历结构为 range() 函数的 for 语句，我们可以确定两层循环，代码修改如下：

```
# 调用 turtle 库
import turtle as t
# 设置宽度为 500 像素、高度为 500 像素,画布左侧与屏幕左侧距离 20 像素、画布顶部与屏幕顶部距离 20 像素的画布
t.setup(500,500,20,20)
# 设置画笔尺寸为 5 像素
t.pensize(5)
# 设置画笔颜色为紫色
t.pencolor("purple")
# 确定两层循环,第一层为"方向循环",第二层为"半径循环"。"方向循环"中,循环次数为 4,即
i＝0、1、2、3,循环语句为 t.seth(90 * i),即 t.seth(0)、t.seth(90)、t.seth(180)、t.seth(270)。
"半径循环"中,循环次数为 5,即 j＝0、1、2、3、4,循环语句为 t.circle(20 * (j＋1),360),即
t.circle(20,360)、t.circle(40,360)、t.circle(60,360)、t.circle(80,360)、t.circle(100,360)
for i in range(4):
    t.seth(90 * i)
    for j in range(5):
    t.circle(20 * (j＋1),360)
# 停止画笔绘制,但绘图窗体不关闭
t.done()
```

（三）绘制五瓣花朵

在绘制之前，同学们应先构思清楚其中的循环逻辑。首先，思考被循环的语句是什么，一朵"花瓣"也即一个圆的绘制语句。其次，对于该圆，应考虑清楚它的起始位置和中心点何在，可以把花朵的中心点设置为与窗体的中心点一致，确保先将这个圆绘制成功。再次，思考循环的次数，由于五朵花瓣在空间布局上平分360°，因此每朵花瓣占据 72°，由此可确定循环次数为 5。最后，将逻辑厘清之后，借助保留字 for，in 及函数 range 进行五次循环，从而绘制出五瓣花朵。

利用 turtle 库绘制五瓣花朵的具体操作如下：

```
#调用 turtle 库
import turtle as t
#设置宽度为 400 像素、高度为 600 像素,画布左侧与屏幕左侧距离 700 像素、画布顶部与屏幕
顶部距离 0 像素的画布
t.setup(400,600,700,0)
#设置画笔颜色为紫色
t.pencolor("purple")
#设置画笔尺寸为 5 像素
t.pensize(5)
#抬起画笔
t.penup()
#将画笔移动到坐标(−50,50)的位置,以使绘制的正方形位于画布中央
t.goto(−50,50)
#落下画笔
t.pendown()
#绘制五朵花瓣:五朵花瓣的半径大小相等,但圆心位置不同。在空间布局上,五朵花瓣平分
360°,因此每朵花瓣是 72°。由此可确定循环次数为 5,循环语句为 t.circle(80,360)和 t.right
(72)
for i in range(5):
    t.circle(80,360)
    t.right(72)
#停止画笔绘制,但绘图窗体不关闭
t.done()
```

上述代码运行结果如图 3−10 所示。

五、turtle 库在法学研究中的应用

绘图在法学研究当中十分重要。

图 3 - 10　绘图结果

　　早在几个世纪之前，人们就开始对数据进行量化分析并为之绘制表格。科技的进步使收集和存储数据变得轻而易举，而互联网则让我们摆脱了时间和空间的束缚。运用得当，数据的"财富"能够提供丰富的信息，帮助人们更明智地制定决策、更清楚地传达理念，而且能让我们从更为客观的角度去审视自己对世界和自身的看法。

　　随着社会产生数据的大量增加，对数据的理解、解释与决策的需求也不断增长。在 2009 年年中，美国政府数据公开化进程发生了一次重大转变：data. gov 网站上线。这是一套综合的数据目录系统，由各级联邦政府机构提供，表现出各组织及官方提高透明度的责任感，打破此前美国政府给人的"黑箱"之感；该网站上的数据都有着统一的格式，便于人们进行分析和可视化。除 data. gov 之外，联合国也发布了类似的网站 undata，英国很快也发布了 data. gov. uk，纽约、旧金山、伦敦等全球许多城市也都参与到数据公开这一潮流中来。

　　正所谓"一图胜千言"，对于数量、规模与复杂性不断增加的数据，优秀的数据可视化也变得愈加重要。数据可视化可以说是数据分析中的一个特殊部分。

　　《美国统计摘要》（*The Statistical Abstract of the United Stated*）含有数百个数据表格，但没有任何图示。我国国家统计局网站发布的统计年鉴（1999 年至 2023年）（http：//www. stats. gov. cn/sj/ndsj/）也是如此，摘取几例见图 3 - 11、图

3-12、图 3-13：

24-9　人民检察院办理刑事抗诉案件情况（2020年）

案件类别	提出抗诉	审判结果合计	改判		维持原判	发回重审
	（件）	（件）	（件）	（人）	（件）	（件）
合 计	8903	6099	2811	4546	2030	1258
贪污贿赂案件	357	347	152	186	118	77
渎职侵权案件	79	83	31	37	30	22
其他刑事案件	8467	5669	2628	4323	1882	1159

图 3-11　统计年鉴截图 1

24-9　人民检察院办理刑事抗诉案件情况（2019年）

案件类别	提出抗诉	审判结果合计	改判		维持原判	发回重审
	（件）	（件）	（件）	（人）	（件）	（件）
合 计	8302	6499	3010	4653	2135	1354
贪污贿赂案件	453	445	198	252	166	81
渎职侵权案件	101	133	35	53	57	41
其他刑事案件	7748	5921	2777	4348	1912	1232

图 3-12　统计年鉴截图 2

24-10　人民检察院办理刑事抗诉案件情况（2018年）

案件类别	提出抗诉	审判结果合计	改判		维持原判	发回重审
	（件）	（件）	（件）	（人）	（件）	（件）
合 计	8504	7194	3684	5316	1950	1560
二审小计	7128	6325	3067	4547	1840	1418
贪污贿赂案件	574	656	292	367	204	160
渎职侵权案件	189	182	60	86	71	51
刑事案件	6365	5487	2715	4094	1565	1207
再审小计	1376	869	617	769	110	142
贪污贿赂案件	114	88	51	52	23	14
渎职侵权案件	26	10	6	9	3	1
刑事案件	1236	771	560	708	84	127

图 3-13　统计年鉴截图 3

事实上,我们想要分析的某一个问题所依赖的数据往往都是免费公开的,尽管找到这些数据并不是那么轻而易举,但它们确实就在某个地方听候我们差遣。我们通常无法从这些数字表面获得许多想要的答案,因此我们需要在此基础上进行加工,以展现某一问题的概貌。

数字法学作为近年来兴起的数字技术和法学理论交叉的新领域,不仅是科技和法学的深度融合,而且是跨文理学科的新研究范式和新法治实践的全面整合。数字法学在法律实践领域对智慧法院、智慧检务等司法数字化应用的积极探索,提升了数字时代的司法效能。[①]

法律数据分析对于新文科课程体系来说是基础内容,也是法学+计算机课程体系的核心内容,旨在使学生能够将具有法学理论和实践意义的问题转化为可以通过计算机处理或协助处理的问题,然后运用现有的计算机技术和能力加以解决,或者在现有的计算机能力或平台基础上培养、研发能够解决法律问题的计算机能力。

(一)绘图在计算机科学和法学研究中的作用及发展

计算机绘图是指应用绘图软件和计算机硬件,实现图形显示、辅助绘图与设计的一项技术。计算机绘图技术是当今时代每个工程设计人员不可缺少的应用技术手段。由于现代科学及生产技术的发展对绘图的精度和速度都提出了较高的要求,加上所绘图样越来越复杂,手工制图在绘图精度、绘图速度以及与此相关的产品的更新换代的速度上,都相形见绌。而计算机、绘图机的相继问世,以及相关软件技术的发展,恰好适应了这些要求。计算机绘图的应用使得现代绘图技术水平达到了一个前所未有的高度。

Python 是一门免费、开源的高级编程语言,有着简洁、易读、易维护和模块化的优良特性,并且可以轻松地与其他编程语言及软件集成。同时,Python 有着丰富的第三方工具库,其中的可视化工具既有简单的 turtle 模块,基础的 Matplotlib(MATLAB+Plot+Library,即模仿 MATLAB 的绘图库,其绘图风格与 MATLAB 类似,绘图风格偏古典),也有复杂的 seaborn(本质上是对 Matplotlib 的封装,绘图效果更符合现代人的审美观),这些工具的使用非常简便,代码可复用、可交互,是实现可视化的强大助力。

1. 对比 Excel

Python 绘图无须按照步骤手工一步一步地操作,而是像用记事本软件写文章一样,只需要输入几行代码,便可以调用数据,生成各式图表,并且可以复用。Py-

---

① 胡铭. 数字法学:定位、范畴与方法:兼论面向数智未来的法学教育. 政法论坛,2022(3):117.

thon 作为一门编程语言，其绘图更灵活、更自由，可以画出 Excel 不具备的图表及各种特殊效果，比如自定义的可视化交互、动画、颜色渲染等。Python 擅长科学计算，因此更适合对大量数据进行处理和可视化，生成图形的效率也更高，同时，其简洁、清晰的代码风格也使得修改和定位错误更加容易。

2. 对比 R 语言

R 语言是一种用于统计分析和绘图的语言，该语言的语法在表面上类似于 C 语言，但在语义上是函数设计语言的变种。相比 Python，R 语言更适合科研绘图，其更专业也更难学习。而 Python 是一种代表简单主义思想的语言，其安装配置步骤简单，对于普通人来说，更容易学习和使用。学习 Python 绘图，只需要熟悉 Python 的一些基础知识，就能生成各种数据统计图表，并不需要太高的学习成本。

3. 对比 SAS 软件

SAS 是由美国北卡罗来纳州立大学于 1996 年开发的统计分析软件，其将数据存取、管理、分析和展现有机地融为一体。SAS 现在作为一个专业的商业软件，功能强大，统计方法齐、全、新，但是它的安装步骤复杂、价格昂贵，同时也需要用户具备一定的编程基础。对于不需要太复杂的统计分析，只要求对数据进行计算处理并生成常用数据统计图的普通用户来说，使用 SAS 软件的代价实在太高。而 Python 小巧、免费、灵活、多功能，更能符合普通用户的需求。

我们本节学习的 turtle 模块是 Python 标准库自带的模块，可用来绘制二维图形。该模块封装了底层的数据处理逻辑，向外提供更符合手工绘图习惯的接口函数，适用于绘制对质量、精度要求不高的图形。

（二）turtle 库的应用示例：绘制简单的量刑与贪污或受贿金额关系的散点图

1. 问题简述

根据《刑法》第 383 条和最高人民法院、最高人民检察院《关于办理贪污贿赂刑事案件适用法律若干问题的解释》的规定，贪污或者受贿数额在 3 万元以上不满 20 万元的，处 3 年以下有期徒刑或者拘役，并处罚金；贪污或者受贿数额在 20 万元以上不满 300 万元的，处 3 年以上 10 年以下有期徒刑，并处罚金或者没收财产；贪污或者受贿数额在 300 万元以上的，处 10 年以上有期徒刑或者无期徒刑，并处罚金或者没收财产；数额特别巨大，并使国家和人民利益遭受特别重大损失的，处无期徒刑或者死刑，并处没收财产。

简单理解上述规定，可得到表 3 - 2：

表3-2　数额刑期对应表

贪污或受贿数额（万元）	对应的有期徒刑刑期（月）
3	6
20	36
300	120

若绘制简单的量刑与贪污或受贿金额关系的散点图，贪污或受贿数额是自变量，对应的有期徒刑刑期是因变量，体现在坐标系中，则一个点的横坐标是贪污或受贿数额，纵坐标是对应的有期徒刑刑期。

2. 问题分析，确定 IPO

（1）画直角坐标系；

（2）画散点的代码；

（3）确定散点坐标的代码。

注意：

画直角坐标系的方法：利用相关函数绘制出相互垂直的 x 轴和 y 轴。

画点的方法：在绘制点时，要先使用 t. penup() 函数抬起画笔，在到达指定位置后再使用 t. pendown() 函数使画笔落下，便可形成一个点。

画散点的思路：首先，构造两个列表：list1＝[3,10,20,100,200,300]，作为 x 轴的坐标，表示受贿金额的大小；list2＝[6,18,36,70,100,120]，作为 y 轴的坐标，表示与金额相对应的刑期。

其次，明确目的：设计程序让它分别提取列表中的各个元素，进而绘制与这两个列表相对应的点。

最后，可能的编写方法有两种：第一种，使用 for 循环语句和 range() 函数。用 for 循环语句遍历列表 list1，range() 函数的遍历次数为列表 list1 中元素的个数。令 i 等于 list1 中的每一个元素，然后确定它的 x 值和 y 值。在 i 确定了取值之后，在 list2 中设置 a 值，让 a 值作为下角标不断变化。第二种，构造 i 和 j，让 i 从 list1 中取值，j 从 list2 中取值，分别让 i 和 j 所取的值作为 x 和 y。

如何从列表里提取元素在上一节中已经学过。提取 list1 的第一个元素的方法为：list1 [0] ＝3。提取 list1 的第三至五个元素的方法为：list 1 [2：4] ＝[20，100，200]。

3. 编写 IPO，调试程序

```
# 调用 turtle 库
import turtle as t
# 设置宽度为 820 像素、高度为 620 像素,画布左侧与屏幕左侧距离 0 像素、画布顶部与屏幕顶部距离 0 像素的画布
```

```
t.setup(820,620,0,0)
#设置画笔尺寸为3像素
t.pensize(3)
#设置画笔颜色为黑色
t.pencolor("black")
#抬起画笔
t.penup()
#将画笔移动到坐标(-400,0)的位置,开始绘制坐标轴横轴
t.goto(-400,0)
#落下画笔
t.pendown()
#向小海龟当前行进方向前进800像素,坐标轴横轴绘制完毕
t.fd(800)
#开始绘制横轴箭头,将画笔移动到坐标(390,7)的位置
t.goto(390,7)
#抬起画笔
t.penup()
#继续绘制横轴箭头,将画笔移动到坐标(390,-7)的位置
t.goto(390,-7)
#落下画笔
t.pendown()
#将画笔移动到坐标(400,0)的位置,横轴箭头绘制完毕
t.goto(400,0)
#抬起画笔 t.penup()
#将画笔移动到坐标(0,-200)的位置,开始绘制坐标轴纵轴
t.goto(0,-200)
#落下画笔
t.pendown()
#海龟逆时针转动90°
t.left(90)
#向小海龟当前行进方向前进400像素,坐标轴纵轴绘制完毕
t.fd(400)
#开始绘制纵轴箭头,将画笔移动到坐标(-7,190)的位置
t.goto(-7,190)
#抬起画笔
t.penup()
#继续绘制纵轴箭头,将画笔移动到坐标(7,190)的位置
t.goto(7,190)
#落下画笔
```

```
t.pendown()
#将画笔移动到坐标(0,200)的位置,纵轴箭头绘制完毕
t.goto(0,200)
#创建列表 list1
list1=[3,10,20,100,200,300]
#创建列表 list2
list2=[6,18,36,70,100,120]
#定义变量 a,并赋值 0
a=0
#绘制散点图。使用 for 循环语句遍历列表 list1,遍历次数为列表 list1 中元素的个数。对于
每个列表 list1 中的元素,执行循环语句:(1)抬起画笔;(2)将画笔移动到横坐标为列表 list1
第 i 个元素、纵坐标为列表 list2 第 a 个元素的位置;(3)落下画笔;(4)将画笔移动到横坐标为
列表 list1 第 i 个元素、纵坐标为列表 list2 第 a 个元素的位置;(5)将 a+1 赋值给 a。从执行
效果上来讲,每一次循环 a 的值都等于 i 的值,实现列表 list1 和列表 list2 元素的一一对应。
for i in list1:
    t.penup()
    t.goto(i,list2[a])
    t.pendown()
    t.goto(i,list2[a])
    a+=1
#停止画笔绘制,但绘图窗体不关闭
t.done()
```

上述代码运行结果如图 3 - 14 所示:

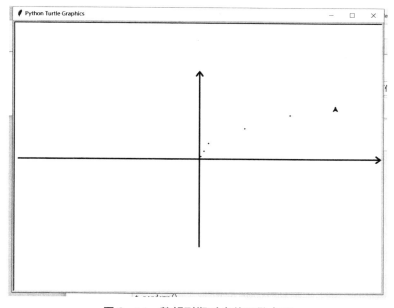

图 3 - 14　数额刑期对应关系散点图

4. 拓展分析

如果要绘制更多的点，处理多达 4 万行的量刑与受贿金额的数据，该怎么办？

第二节　turtle 库的应用与练习

一、前节回顾

上一节介绍了 Python 语言自带的标准库之一——turtle 库的使用，内容包括其引入、画布设置、空间坐标体系、角度坐标体系、颜色体系、常用画笔运动轨迹控制函数等，并以正方形、同心圆和花朵图案为例，演示了如何使用 turtle 库函数结合 for 循环语句设计代码进行画图操作。

在前述的绘制图案示例中，特别强调的一点是在代码撰写中设计循环的时候必须先理清楚其连贯的逻辑：上一次循环从哪里开始、到哪里结束将会影响下一次循环的开始，而下一次循环结束时程序运行到哪里、它们之间如何连贯、整个循环结束时停留在什么位置，也都是在运用 for 循环时需要仔细考虑的问题。回归到计算机语言的编程思路，即是首先理清 IPO，然后编写程序，最后进行调试。本章将在此基础上进一步探讨 turtle 库和更多函数及模块在法学研究中的应用，并辅以示例帮助理解。

二、turtle 库在法学研究中的应用

计算机语言中的函数在法学研究中有着重要的应用。在实践中，不论是通过 stata 工具的辅助还是直接使用 Python 语言都能够达成建模目的，关键是要理解为什么绘图与建模有关以及 turtle 库绘图是如何帮助建模的。turtle 库作为基本的常用的绘图工具，在法学研究中有着重要的应用，这主要体现为绘图在法学研究中的作用。

绘图在法学实证研究中随着统计学方法的广泛应用而被频繁使用。在既有的法律实证研究中，以研究方法的类别为划分，主要有描述性统计分析和相关性分析两种。[1] 描述性统计分析类型的法律实证研究关注事实发现。以唐应茂对司法公开及其决定因素的研究为例[2]，其基于中国裁判文书网的数据绘制"2016 年各省人均 GDP 和裁判文书上网率散点图"，配合"人均 GDP -上网率关系"拟合线，呈现了人均 GDP 与上网率之间接近正向相关的关系。相关性分析类型的法律实证研究关注引起某一现象的原因，试图建立自变量与因变量之间统计学意义上的相关性。[3] 以

---

① 徐文鸣.法学实证研究之反思：以因果性分析范式为视角.比较法研究，2022（2）：177-206.
② 唐应茂.司法公开及其决定因素：基于中国裁判文书网的数据分析.清华法学，2018（4）：35-47.
③ 周翔.作为法学研究方法的大数据技术.法学家，2021（6）：60-74.

白建军对犯罪率社会成因的研究为例①，其通过绘制"毛被害率-毛加害率-重罪被害率-重罪加害率"复合折线图直观反映中国 20 年间的犯罪率数量规模和质量特征变化趋势，并由此引出犯罪社会归因的研究主题，继而通过相关系数、多元线性回归来研究犯罪率的社会成因。以李本森关于速裁程序的研究为例②，其在样本数据抽样中通过绘制柱状图，呈现符合条件的速裁案件裁判文书的全样本分布，并根据区域分布的案例数量和区域各年度上网案例所占比重进行两次顺序取样，以达到样本的时间和空间分布均衡，最后通过复合柱状图再次呈现了实际抽取样本的区域和时间分布样态，随后确定了以诉讼效率、量刑均衡和诉讼权利作为其关心的因变量，采用多元线性回归模型进行相关性研究。可以说，法学实证研究的各个步骤中都存在着计算机绘图应用的身影。

1. 用 stata 工具展示绘图在研究中的作用

如上所述，绘图可以帮助发现法学研究中不同变量之间的关系。比如对 42 000 多份受贿罪判决书进行数据分析处理，提取具有审判时间、被告人性别、审级以及地区等要素的信息，如图 3 – 15 所示。

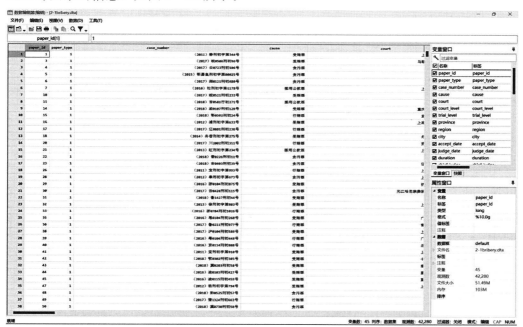

图 3 – 15　受贿罪判决书包含的数据类型

图 3 – 15 左边部分是 42 000 多份受贿罪判决书的部分信息，右边部分显示的是

①　白建军. 从中国犯罪率数据看罪因、罪行与刑罚的关系. 中国社会科学，2010（2）：144 – 159.
②　李本森. 刑事速裁程序试点实效检验：基于 12666 份速裁案件裁判文书的实证分析. 法学研究，2017（5）171 – 191.

变量窗口，变量窗口中变量的名称/标签如表 3-3 所示。

表 3-3　变量的名称/标签

序号	名称/标签	序号	名称/标签	序号	名称/标签
1	paper _ id	16	jurors	31	age
2	paper _ type	17	full _ court	32	tribe
3	case _ number	18	clerk	33	is _ minor
4	cause	19	litigants	34	educated
5	court	20	is _ delayed	35	job
6	court _ level	21	is _ designated	36	is _ plus _ investigated
7	trial _ level	22	is _ simple _ procedure	37	is leifan
8	province	23	prosecution	38	is zishou
9	region	24	crime _ law _ version	39	is tanbai
10	city	25	prosecutors	40	is ligong
11	accept _ date	26	prosecute _ number	41	have _ social _ effect
12	judge _ date	27	name	42	amounts _ sure
13	duration	28	is _ name _ covered	43	amounts _ unsure
14	chief _ judge	29	sex	44	tuxing
15	judges	30	birth	45	year

（1）示例一：刑期的分布

如图 3-16 所示，在 stata 中导入数据表，在命令窗口键入命令行 histogram tuxing，得到图 3-17 关于刑期的分布图。

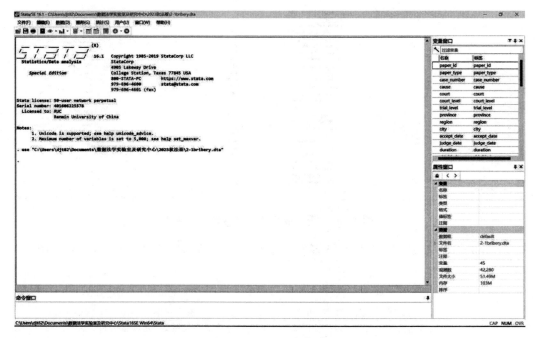

图 3-16　导入数据表

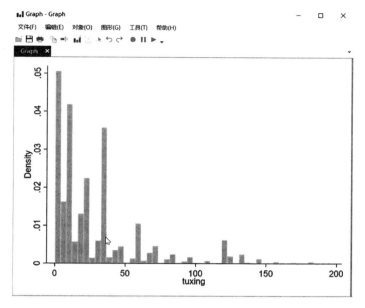

图 3 - 17　刑期分布图

观察此图，发现刑期集中分布在 50 个月以下，少部分分布在 50 至 100 个月之间，极少部分分布在 150 个月以上。

（2）示例二：受贿金额的分布

如图 3 - 18 所示，在 stata 中导入数据表，在命令窗口键入命令行 histogram amount，得到图 3 - 19 所示关于受贿金额的分布图。

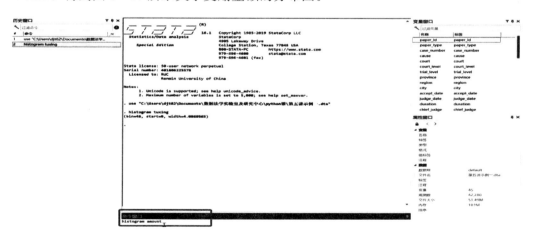

图 3 - 18　导入数据表

由于受贿金额的极大值（异常值）使得整个坐标轴的横轴被拉长，受贿金额的较小值显得较为拥挤，我们在 stata 中导入数据表，在命令窗口键入命令行 histogram amounts_sure if amounts_sure〈1 000，得到另一幅关于受贿金额的分布图（图3 - 20）。

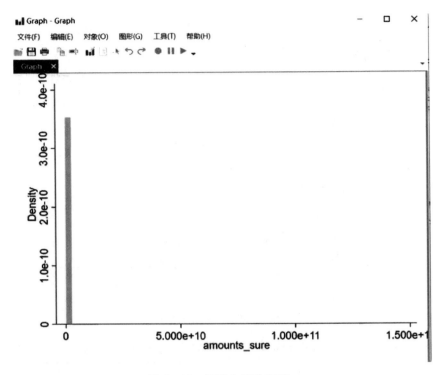

图 3 - 19　受贿金额分布图一

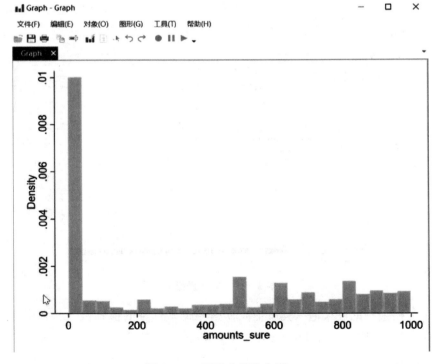

图 3 - 20　受贿金额分布图二

观察图 3-20，发现受贿金额集中分布在 40 万元以下，少部分分布在 480 万元以上，极少部分分布在 40 万至 480 万元之间。

此外，stata 还可以用来进行更多复杂的绘图和数据分析。stata 是目前世界上最著名的统计软件之一，它是一套提供数据分析、数据管理以及绘制专业图表的整合性统计软件，其主要功能有数据管理、统计功能、作图功能、矩阵运算、程序设计。stata 可以实现数据输入、数据保存、数据编辑、数据描述以及数据图示等操作，其中 stata 对数据的描述性统计包括观测数、均值、方差、频率等统计值的输出，stata 对数据的图示可以直观展示数据分布及数据间的关系。

在法律实证研究中，stata 可以用来处理大量数据，进行多种模型的建立和检验，也可以用来进行可视化分析。对于数据处理：stata 可以用来进行数据收集、清理、汇总、分析和图表绘制；对于模型建立，stata 可以用来建立线性回归模型、Logistic 回归模型、多元线性回归模型等，还可以进行多元统计分析，如因子分析、主成分分析、多元聚类分析等；对于模型检验，stata 可以用来检验模型的准确性和可靠性，可以进行残差非正态性检验、多重共线性检验、异方差检验等；对于可视化分析，stata 可以创建复杂的图表，如柱状图、折线图、饼图等，帮助在法律实证研究中更好地探索法律问题的发生规律。例如前述的基于中国裁判文书网的数据绘制的"2016 年各省人均 GDP 和裁判文书上网率散点图"配合人均 GDP-上网率关系拟合线，就可以通过 stata 中的"twoway(scatter 因变量 自变量)（lift 因变量 自变量）"命令来绘制。又例如前述的白建军、李本森等人通过相关性分析所作的法学实证研究，则可以通过 stata 的"regress 因变量 自变量 1 自变量 2…"等命令，对其所关心的自变量和因变量实现多元线性回归分析，并对变量之间的相关性进行检验。

2. 绘图对建模的作用

如前段对 stata 工具应用所呈现的，绘图可以直观地展示不同变量之间的关系，以便于快速地判断该组变量是否满足某一模型所反映的特定关系。以量刑与金额之间的关系为例，以判决书中收集的数据为样本，对于受贿金额对量刑结果的影响进行理论假设，并根据假设选择合适的模型类型，确定模型中的输入、输出变量，并确定表示输入、输出变量之间关系的算式。为了确定符合某个理论假设的模型是否能够满足该对变量之间的关系，可以通过绘制分别以金额和刑期为横、纵坐标的散点图，直观地判断刑期与金额之间是否呈现线性关系，从而决定能否通过多元线性回归模型来对金额-刑期这两个变量之间的关系进行模拟。

接下来将以线性回归模型的构建为例展开，对常见的模型原理和绘图帮助建模的过程进行详细的解释。

（1）线性回归模型

绘图一般来说会在几何平面也就是最常见的二维平面上呈现，实践中有时也会用到三维立体模型，甚至是非常复杂的多维模型。在法学实证研究中比较常用的一种绘图模型是线性回归模型。

1）线性回归模型结构（见图 3 - 21）

$$y = f(x)$$
$$= w^{\mathrm{T}}x + b$$
$$= w_1 x_1 + w_2 x_2 + \cdots + w_n x_n + b$$

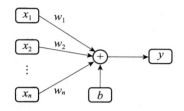

图 3 - 21　线性回归模型结构

当一次函数中只有一个变量时（例如 $y = ax + b$），所绘图形呈现为一条直线。若将其中的 y 也作为一个输出变量（或称因变量、测量变量、结果变量），这个模型也可以变成多元的线性回归。

2）线性回归模型中的因变量

在实证研究中应用线性回归模型时，需要准确理解输出变量所得到的值是受什么影响的。以受贿罪为例，需要厘清的是受到什么影响可以得到入罪的结果、受到什么影响犯罪嫌疑人被判处监禁刑，以及受到什么影响犯罪嫌疑人被判处 3 年或 10 年有期徒刑。上述问题涉及法条适用，这对于具体案件的实践有着非常重要的意义，因而备受关注。具体而言，在法律实证研究的模型应用中关注的是：基于一个具体的受贿事实得到量刑结果为何为有期徒刑 3 年，而基于另一个具体的受贿事实得到的量刑结果为何为有期徒刑 2 年 6 个月，是什么因素导致了量刑结果之间的差异，这正是需要被观察、分析和厘清的。在对应的线性回归模型中，代表量刑结果的 y 受其他变量影响而发生变化，因而叫做"因变量"，也叫做结果变量和观察变量，亦即输出值。

3）线性回归模型中的自变量

在线性回归模型中，输出值 y 可能受到多个因素的影响，因此模型中可能不止出现一个 x 变量，而是存在着 x_1，x_2，$\cdots$，x_n 数个变量，而这数个变量对于输出值的影响程度不同，体现在模型中即变量的权重有所不同。以受贿罪的量刑为例，有一些因素起到了关键作用或决定性作用，对应数学中的表达，某个因素影响作用大小对应着相关变量的系数大小。在约束条件"$w_1 + w_2 + \cdots + w_n = 100\%$"成立的前提下，某个变量 x 的系数 w 即代表其权重占比，权重占比越高则该变量对应因素起到的影响作用越关键。与因变量 y 相对应地，变量 x 至少不会受到 y 变量影响而发生变化，因而被认为是自我变化的变量即"自变量"，亦即输入值。影响自变量 x 的通常是外部变量，例如用户输入。

4）线性回归模型的表达式及现实意义

线性回归模型中可以有多种函数表达，比如 sin 函数、cos 函数，可以有二元或多元变量，也可以有二次项或多次项。在实践中应用线性回归模型前，需要厘清的就是因变量 y 和自变量 x 之间的关系，而当因变量 y 跟随自变量 x 的变化而变化的关系规律被抽象到理论层面，对应的就是千变万化的现实世界中不变的规律。当某种规律被提炼出来成为理论，就可以在未来的场景中起到指导作用，帮助预测与未来现实所对应的输出结果，也就是通常所说的"理论的指导作用"。前述线性回归模型中所列 y 和 x 的函数式表达的也是一个理论。只是在现实中，由于难以通过数学表达来解释人文社会领域的意义，法学理论大多难以直接通过 y 和 x 之间的表达式来进行呈现。这里所提到的数学表达与人文社会解释之间的鸿沟，包括人类固有的直觉、在许多情境下无法用数字衡量的公平正义等等。由此，建模理论指导的意义在于，在无法量化的因素之外，寻找稳定存在的因变量与自变量之间的关系，并根据新的自变量预测相对应的因变量。在法律实证研究中，经常表现为寻找出稳定的司法审判经验，帮助更好地进行定罪和量刑。

（2）绘图对构建线性回归模型的作用

在统计学中，线性回归（linear regression）是利用称为线性回归方程的最小平方函数对一个或多个自变量和因变量之间关系进行建模的一种回归分析，是从输入变量映射到输出变量之间的函数。从定义上可以清楚看到，线形回归模型的研究对象是数值型变量，且必须是输入与输出变量之间具有线性或近似线性的关系时才能使用。如果两者之间明显不是线性关系仍使用线性回归模型去描述，其解释力就会非常小，也很难进行后续一系列的数据分析工作。因此，为了构建线性回归模型，首先需要验证目标变量单个变量的内部分布情况，以及两个变量之间的相关关系，以确定这些变量是否符合线性回归模型应用的条件。

具体来说，首先需要确认单个目标变量的内部分布是否符合正态分布，例如在已有的受贿罪判决书样本中，对于受贿金额、量刑、犯罪人年龄、损害金额等变量，可以通过变量值-样本数的分布图绘制直观判断该变量是否符合正态分布。

接下来，需要考虑两个自变量之间的相关关系如何，并确定目标自变量是否是内生变量。如前所述，不会受到因变量影响而发生变化，因而被认为是自我变化的变量即"自变量"，通常也就是模型构建中的输入值。然而我们还需要进一步确认某个因变量是否为内生变量。在因果模型或者因果系统中，如果一个变量能够被该系统中的其他变量所决定或影响，就称这个变量为内生变量；如果一个变量独立于系统中其他所有变量，其他变量的变化不对该变量造成影响，就称该变量为外生变量，该系统的外生变量可能由系统外的因素所决定，从统计学角度上讲，外生变量线性独立于其他自变量。

最后，需要验证因变量和自变量之间是否大致呈现线性相关关系。

然而，在法律实证研究中，要从海量的数据中直接找出前段提及的变量内部分布、自变量间相关关系、自变量—因变量关系规律及其所对应的函数式，从理论层面直接进行分析是很困难的。以受贿罪中金额—刑期的关系为例，在初始阶段并不能直接确定其变化规律对应的是 sin 函数、线性变化还是某一种椭圆曲线。在此前提下，为了直观、高效地确定某个具体问题所涉及的变化关系及函数式，绘图成为一种重要的辅助方法。

在理想状态下，可以论述和证明贪污受贿金额与刑期之间应该在理论层面、应然层面满足线性递增的关系，即：贪污受贿金额越高，对于公权力廉洁性的侵犯越大，刑事危害性也越大，因此应该承担更严重的刑事责任、受到更严格的刑罚。然而在实践中，虽然贪污受贿金额与量刑之间是递增关系显而易见，但若要从刑法理论层面证实其为线性递增关系则非常困难。此外，在我们国家对于量刑还设有临界点——受贿金额可以无限增加，但是量刑刑期不会无限增加，10～15 年即为有期徒刑的最高档，继续升格则为无期徒刑。因此，很难简单地从理论上论证贪污受贿罪中金额—量刑之间的关系是"线性关系"。

因此，收集司法审判数据，通过绘图的方式直观地显示判决书当中所体现的刑期和金额之间的关系是什么样子的，对于帮助确定和论证建模所应用的函数关系式有着重要的作用。

三、绘图分析与函数建模法学研究实例练习

总结司法审判经验，收集审判数据，通过绘制散点图来梳理相关判决书中变量之间的关系，若呈现的经验曲线符合线性变化规律，将有助于帮助确认对应的模拟函数，以便下一步建立模型。

例如，在获取充足的受贿罪司法审判判决书样本后，以刑期为横轴、受贿金额为纵轴，根据判决书样本数据确定每个样本点对应的横纵坐标，若散点图整体呈现出直线的分布样态，说明横纵轴所代表的两个变量之间的关系是沿着直线来发生变化的，也就是其相关关系呈线性样态。在此基础上，可以初步推定两个变量之间的大致关系规律，选择一个合适的函数表达式来试图模拟表达变量之间的相关关系。接下来，将函数表达式的模拟绘图与判决书样本的经验绘图作对比，以检验模拟曲线与经验曲线之间的重合度，并对函数表达式作出相应的调整，以获得最贴近经验样本绘图规律的模拟函数表达式。得出最贴近判决书样本数据变化规律的模拟函数表达式后，便可以继续推进模型的建立。

前文已经以较为简单的受贿罪的"金额—刑期"关系为例演示使用 turtle 库绘

图建模的过程。随着数据样本增多，通过绘图可以逐渐发现金额－刑期之间的关系并非简单的线性关系，而是更接近抛物线样态。这是因为，在我国司法实践中，随着贪污受贿金额增大，有期徒刑的刑期并不会无限增加，最高刑期为 15 年（180 个月），也就是说在金额－刑期散点图中样本数据的纵坐标值最大不会超过 180。在上述示例中，运用 for 循环语句 for i in range(n) 对数据样本进行遍历是最重要的一步。数据样本容量可以无限增加，若每一个数据样本点都通过人力进行描绘，工作量是十分庞大的。因此，在计算机语言的法学应用中，为了应对海量的司法实践案例样本数据，学习掌握循环函数和条件分支语句十分重要，只有充分运用这些工具，才能真正利用计算机强大的算力，从而将人解放出来。

1. 运用 Matplot 库、NumPy 库、pandas 库绘制大数据量散点图

上述简单绘图示例中数据样本共包含六个散点，在法学应用实践中，若以收集到的贪污受贿罪判决为样本，绘制金额－刑期散点图，样本文件中可包含多达数万行的数据，对应数万个散点。此时手动输入量刑及金额数据作为散点的横纵坐标是不现实的，因而需要利用更强大的工具从样本文件中自动读取数据。本章将简单介绍 Python 语言图形绘制中比较常见的 Matplot 库、NumPy 库以及 pandas 库。

（1）Matplotlib 库、NumPy 库及 pandas 库简要介绍

1）Matplotlib 库

Matplotlib 是 Python 的 2D 绘图库，它以各种硬拷贝格式和跨平台的交互式环境生成出版质量级别的图形，可以绘制线图、散点图、等高线图、条形图、柱状图、3D 图形、图形动画等等。使用 Matplotlib 库，用户可以在数据挖掘等项目中轻松完成图形化及可视化。

调用指令：import matplotlib. pyplot as plt

2）NumPy 库

NumPy 是一个功能强大的 Python 科学计算库，主要用于多维数组计算。NumPy 这个词来源于两个单词——Numerical 和 Python。其提供了大量的库函数和操作，可以帮助程序员轻松地进行数值计算，在数据分析和机器学习领域被广泛使用，支持常见的数组及矩阵的操作，对于同样的计算任务有着比 Python 更简洁的指令和更高效的算法。

调用指令：import numpy as np

3）pandas 库

pandas 是一个非常强大的 Python 数据分析库，提供了高性能易用的数据类型，以及大量能够快速便捷地处理数据的函数和方法。pandas 的核心数据结构有两种，包括一维数组的 Series 对象和二维表格型的 DataFrame 对象，数据分析相关的所有事务都是围绕这两种对象进行的。pandas 基于 NumPy 实现，常与 NumPy 和 Matplotlib 一同使用。运用 pandas 可以进行基本操作、运算操作、特征类操作（提取数据特征）、关联类操作（挖掘数据关联关系）。

调用指令：import pandas as pd

（2）问题1

1）简述

根据判决书样本集 csv 表格（见图 3-22）中的帮助信息网络犯罪活动罪（简称帮信罪）主客观恶性和监禁刑严重程度、罚金刑严重程度数据，绘制大数据量的主客观恶性－监禁刑/罚金刑严重程度散点图。其中主客观恶性是自变量，监禁刑/罚金刑严重程度是因变量，体现在坐标系中即以主观恶性为横坐标、客观恶性为纵坐标，最后两列作为这个点的颜色 RGB 的值，由颜色表示对应刑罚的严重程度。

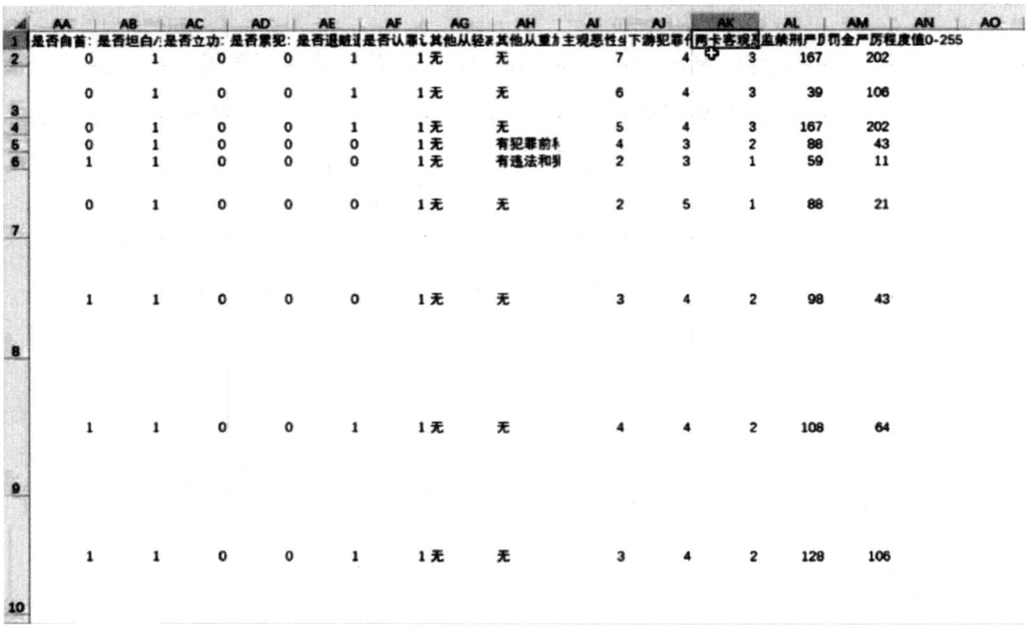

图 3-22　判决书样本集 csv 表格

2）问题分析，确定 IPO

a. 读取 csv 表格数据的代码；

b. 将 csv 表格中主观恶性和客观恶性数据转换为散点坐标的代码；

c. 绘制和储存散点图的代码。

3）编写 IPO，调试程序

使用 Matplotlib 库及 pandas 库绘制大数据量帮信罪主客观恶性散点图的代码如下：

```
#调用 Matplotlib 库,简写为 plt
import matplotlib.pyplot as plt
#调用 NumPy 库,简写为 np
import numpy as np
```

```
#调用 pandas 库,简写为 pd
import pandas as pd
#调用 Matplotlib 绘图时,直接在 Python Console 内生成图像
% matplotlib inline
#使用 pandas 库读取 csv 文件中的数据,存入变量 data 中
data=pd.read_csv("6-帮信罪.csv")
#显示 csv 表格各列表头信息及数据类型
data.dtypes
#创建横坐标列表
x=[]
#创建纵坐标列表
y=[]
colors_y=[]
colors_z=D
#用 for 循环语句遍历 csv 表格中的每一行
for idx,row in data.iterrows():
    if(rom["主观恶性坐标 0-10"]in["备注:只犯了盗窃罪,没犯帮信罪","备注:未犯帮信
罪","备注:非两卡类帮信罪,而是技术支持"]):
continue
#将主观恶性数据添加到横坐标列表 x
x.append(int(row["主观恶性坐标值 0-10"]))
#将客观恶性数据添加到纵坐标列表 y
y.append(row["下游犯代表客观恶性值 0-5"]+row["两卡客观恶性值 0-5"])
colors_y.append(row["监禁刑严厉程度 0-255"])
colors_z.append(row["罚金严厉程度 0-255"])
#colors=np.array(arrays)/255.0
#将序列 x 转换为 NumPy 数组
x=np.array(x)
#将序列 y 转换为 NumPy 数组
y=np.array(y)
#使用 Matplotlib 库绘制散点图,并指定点的颜色,设置颜色数据的最小和最大值
plt.scatter(x,y,c=colors_z,vmin=0,vmax=255)
plt.colorbar()
plt.savefig("figure_1-1.png",dpi=300)
#设定颜色条
plt.scatter(x,y,c=colors_y,vmin=0,vmax=255)
plt.colorbar()
#储存散点图文件,设置文件名及图片像素
plt.savefig("figure_1-2.png",dpi=300)
```

运行上述代码后分别得散点图 3-23、图 3-24：

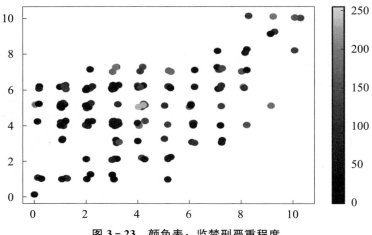

图 3-23　颜色表：监禁刑严重程度

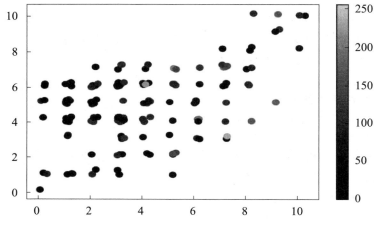

图 3-24　颜色表：罚金刑严重程度

（3）问题 2

1）简述

根据判决书样本集 csv 表格（见图 3-25）中的贪污、受贿罪金额（amount）和刑期（tuxing）数据，绘制大数据量的金额－刑期散点图。其中贪污或受贿金额是自变量，刑期是因变量，体现在坐标系中即以金额为横坐标、以刑期为纵坐标，坐标系中每一个散点的横坐标代表金额值，纵坐标代表该金额值对应的刑期值。

2）问题分析，确定 IPO

a. 读取 csv 表格数据的代码；

b. 将 csv 表格中金额和量刑数据转换为散点坐标的代码；

c. 绘制和储存散点图的代码。

3）编写 IPO，调试程序

使用 Matplotlib 库及 pandas 库绘制大数据量金额－刑期散点图的代码如下：

	birth	age	tribe	is_minor	educated	job	is_plus_inve	is_leifan	is_zishou	is_tanbai	is_ligong	have_social	amounts_un	amounts_su	tuxing	year
2	None		汉族	0	None	None	0	0	0	1	0		540000	540000	123	2011
3	9/15/1964	53	汉族	0	None	5	0	0	1	0	0		157000	157000	12	2017
4	4/19/1980	37	汉族	0	4	通达乡社会	0	0	0	0	0		40000	40000	0	2017
5	12/5/1952	64	汉族	0	None	None	0	0	0	1	0		15000000	15000000	36	2016
6	2/26/1962	55	汉族	0	2	黄花镇鱼塘	0	0	1	1	0		150000	150000	15	2017
7	12/4/1957	54	汉族	0	3	上海市邮政	0	0	1	1	0		950	950	30	2011
8	10/9/1966	52	汉族	0	4	None	0	0	0	1	0		166000	166000	9	2018
9	4/14/1958	60	汉族	0	4	None	0	0	0	1	0		951300	951300	36	2018
10	None		汉族	0	None	None	0	0	1	1	0		91500	91500	6	2018
11	9/5/1969	49	汉族	0	2	None	0	0	1	1	1		58000	58000	15	2012
12	None		汉族	0	None	None	0	0	1	1	0		43000	43000	15	2012
13	11/25/1965	52	汉族	0	2	None	0	0	1	1	0		70000	70000	12	2017
14	2/11/1969	45	汉族	0	5	武汉大通公	0	0	0	0	0		470000	470000	126	2014
15	6/15/1970	47	汉族	0	1	None	0	0	1	0	0		1426868	1426868	12	2017
16	None		汉族	0	None	None	0	0	1	1	0		0	0	30	2013
17	7/8/1963	55	汉族	0	2	None	0	0	1	0	0		108800	108800	17	2018
18	8/14/1961	57	汉族	0	2	吉林省东辽	0	0	0	1	1		121000	121000	18	2018
19	None		汉族	0	None	None	0	0	1	1	0		40000	40000	24	2011
20	3/3/1963	50	回族	1	6	某大学化学	0	0	1	1	0		82241	82241	36	2013
21	None		汉族	0	None	None	0	0	1	1	0		5453000	5453000	132	2017
22	11/2/1969	48	傣族	1	3	元江哈尼族	0	0	1	1	1		32200	32200	6	2017
23	8/13/1965	53	汉族	0	3	山东省夏津	0	0	1	0	0		68423	68423	0	2018
24	None		汉族	0	5	None	0	0	0	0	0		1000000	1000000	132	2013
25	11/11/1980	36	汉族	0	4	None	0	0	1	1	0				36	2016
26	7/7/1966	50	汉族	0	5	广州市规划	0	0	1	1	1		2320000	2320000	38	2016
27	7/3/1960	57	汉族	0	3	None	0	0	1	1	1		165000	165000	10	2017
28	6/29/1963	54	汉族	0	None	None	0	0	1	1	0		1400000	1400000	54	2017
29	6/6/1945	71	汉族	0	3	None	0	0	0	0	0		440000	440000	30	2016
30	None		汉族	0	None	None	0	0	0	0	0		130000	130000	6	2016
31	None		汉族	0	None	None	0	0	1	1	0		40000	40000	0	2011

图 3 - 25　判决书样本集 csv 表格

```python
# 调用 Matplotlib 库,简写为 plt
import matplotlib.pyplot as plt
# 调用 NumPy 库,简写为 np
import numpy as np
# 调用 pandas 库,简写为 pd
import pandas as pd
# 调用 Matplotlib 绘图时,直接在 Python Console 内生成图像
% matplotlib inline
# 使用 pandas 库读取 csv 文件中的数据,存入变量 data 中
data=pd.read_csv("6—受贿罪数据.csv")
# 显示 csv 表格各列表头信息及数据类型
data.dtypes
# 创建横坐标列表
x=[]
# 创建纵坐标列表
y=[]
# 用 for 循环语句遍历 csv 表格中的每一行
for idx,row in data.iterrows():
# 将金额数据添加到横坐标列表 x
    x.append(row["amounts_sure"])
# 将量刑数据添加到纵坐标列表 y
    y.append(row["tuxing"])
# 使用 Matplotlib 库绘制散点图
```

```
plt.scatter(x,y)
#设定颜色条
plt.colorbar()
#储存散点图文件,设置文件名及图片像素
plt.savefig("figure_1-3.png",dpi=300)
```

运行上述代码后得到散点图如图 3-26 所示。

4）拓展

如果想要使用同一个 csv 表格的数据绘制"金额－刑期"散点图,要如何编写代码呢?

2. 小结

通过以上两个绘图分析与函数建模法学研究实例的演示,可以看出,绘图分析是为了帮助确定建模所要采用的函数,在法学研究应用中有着重要的作用。

在绘图分析阶段,通常是通过所需要的输出来筛选输入的数据,比如为了绘制金额－刑期散点图,需要在样本数据文件中筛选出表示量刑和金额的数据;而在模型建立阶段,则通常是通过函数及参数的输入来确定模型建立后的输出。明确这两个环节思路的区别,对于在法学研究中顺利地进行绘图分析及函数建模有着至关重要的意义。

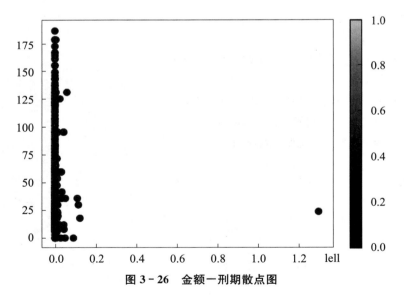

图 3-26　金额－刑期散点图

第一节　数字类型及操作

一、数字类型概述

数字类型用于存储数学意义上的数值。数字类型是数据类型的一种，此外数据类型还包括字符串类型和组合数据类型。数字类型的特点首先是它可以直接参与数字运算，不同于字符串类型在操作运算中需要先进行转换，例如去掉双引号。其次，数字类型是不可变类型。所谓不可变类型，指的是类型的值一旦发生了变化，那么它就变成了一个全新的对象。例如数字 1 和 2 分别代表两个不同的对象，对变量重新赋值一个数字类型，便会新建一个数字对象。数字类型在表现形式上有整数（int）、浮点数（float）以及复数（complex）三大类。整数类型、浮点数类型、复数类型分别与数学中的整数、实数、复数类似。

（一）整数

整数与数学中的整数概念一致，没有小数也没有取值范围限制，可以是正数或负数。首先，关于整数的构造方法。最简便的方法为，直接命名一个变量，如 n＝123，该变量的值即为整数类型。此外，还可以用 int() 函数来表示，当 int() 的参数为字符串类型的整数时，该函数便可以将其转换为不带引号的整数类型；当 int() 的参数为带有小数的浮点数时，便可以将其转换为去除小数位的整数。

其次，整数类型有四种进制表示：十进制、二进制、八进制和十六进制。进制，也就是进位计数制，是人为定义的带进位的计数方法。对于任何一种进制——X 进制，就表示每一位上的数运算时都是逢 X 进一位。例如，十进制是逢十进一，十六进制是逢十六进一，二进制就是逢二进一。在默认情况下，整数采用十进制，其他进制需要增加引导符号——二进制以 0b 或 0B 开头，八进制以 0o 或 0O 开头，十六进制以 0x 或 0X 开头。此处的 "0" 的意义在于，正常情形下 "0" 位于首位时会被去除，故当"0"出现在一串数字的首位时则表明其具有特殊意义；而 B、O、X 是用来提示计算机后面所接的数字的具体进制。如表 4-1 所示。

表 4-1　四种进制

进制类型	引导符号	描述
十进制	无	默认情况，例如：1010，－1010
二进制	0b 或 0B	由字符 0 和 1 组成，例如：0b1010，0B1010
八进制	0o 或 0O	由字符 0 到 7 组成，例如：0o1010，0O1010
十六进制	0x 或 0X	由字符 0 到 9，a 到 f 或 A 到 F 组成，例如 0x1010

使用 int 函数可以将各类进制转换为十进制，例如：int(0b11)＝3；int(0o11)＝9；int(0x11)＝17。

此外，整数在取值范围上没有限制，但是过大的数值可能会导致计算的速度变缓。指数函数的幂运算是使整数数值变得非常大的方式之一。此处介绍一个常见的指数函数，pow(a，b)。该函数有两个参数，其中 a 表示函数的基数，b 表示函数幂运算的次数，该函数用以表示 a^b，即有 b 个 a 进行乘法运算。例如，pow(3，2) 代表 $3^2＝9$。如果参数 b 为负数，则代表开方运算，例如 pow(3，－2)＝$\sqrt{3}$。

整数在计算机科学中有着广泛的应用，是非常重要的一种数据类型。计算机程序中使用整数来表示各种数据，例如计算、计数、索引等。整数还可以用于各种算法，例如排序、搜索、加密等。计算机科学中的整数还包括各种整数类型，例如有符号整数、无符号整数、长整数等。

（二）浮点数

浮点数即实数，是带有小数点及小数的数，分为整数部分和小数部分。Python语言中的浮点数类型必须带有小数部分，小数部分可以是".0"例如：1010 是整数，1010.0 是浮点数。除直接使用小数点构造浮点数外，在 Python 中还可以使用函数 float() 来表示浮点数，当函数的参数为整数时，便可以将其转换成浮点数，一般默认的小数位数是一位。

在浮点数运算中值得注意的一个问题是浮点数的小尾数。在计算机中所有的数字都是采用二进制表示的，但是计算机十进制和二进制之间不存在严格的对等关系。因此，当 0.1 在用二进制表示的时候，它是一个无限的小数。即：0.1 表示为0.0001100110011001100110011……若在 Python 中输入"0.1＋0.2＝＝0.3"会被判断为 False。这也被称作"小尾数现象"。具体来说，在 Python 中采用 53 位二进制来表示一个浮点数的小数部分时，计算机只能截取其中的 53 位，使其无限地接近 0.1，但它并不是真正地等于 0.1。因此经过二进制的转换与计算，再经过反向转换成十进制小数的时候，结果会无限接近 0.1，由此便出现了一个不确定的尾数。

浮点数的尾数不是计算机的 bug，而是因为在表示小数的底层的逻辑上始终无法用二进制准确表示，只能无限地接近。在二战时期，科学家曾运用计算机计算发射爱国者导弹的角度和时间，但是积累了一段时间之后出现了偏差。事后科学家们发现需要不断地纠正计算机的偏差，一次或两次的叠加往往看不出存在的问题，但是当次数足够多且对于精确度要求高时，就会产生突出的问题。Python 浮点数类型的数值范围和小数精度受不同计算机系统的限制，对除高精度科学计算外的绝大部分运算来说，浮点数类型的数值范围和小数精度足够"可靠"，在普通的常规运算中不会产生影响。

解决小尾数问题的办法是 round（a，b）函数，可以帮助我们比较浮点数的数值。其中，参数 a 表示浮点数，参数 b 表示保留的小数位数，对浮点数进行四舍五入保留 b 位小数。

例如：round(0.1＋0.2，3)＝＝0.3　返回结果为 True。

该函数将浮点数"0.1＋0.2"的值保留了 3 位小数，从而使此前被判断为 False 的代码变为 True。因此，在比较浮点数大小时必须运用 round() 函数进行处理，否则即使是两个相同的浮点数，因为尾数存在，计算机仍然会返回数值不同的结论。

另外，浮点数的取值范围是有限制的，不同于整数的无限取值范围。浮点数的取值范围数量级约－1e307 至 1e308，精度数量级 1e－16。此处使用的是科学计数法的表示方法，其中 e 表示 10，307、308 以及－16 表示次幂数。科学计数法可以将计算机中特别大或者特别小的数表述成相对简单、可读的形式。该方法以字母 e 为分割点，e 前面的数字以原本形式参与运算，e 后面的数字代表 10 的几次幂。例如 4.5e10 表示 $4.5 * 10^{10}$，4.5e－3 值为 0.004 5。

浮点数在实际应用的时候，由于存在精度损失会导致加法的结果和预期不同。所以，一般在实践应用中，对于需要精确数值的，比如银行存款、电商交易，往往会使用定点数或者整数类型。浮点数更适合运用在不需要非常精确的计算结果的情况。在真实的物理世界里，很多数值本来就不是精确的，只需要有限范围内的精度即可，例如在导航时测量与目的地之间的距离，可以精确到千米、米，甚至厘米，但是既没有必要、也没有可能去精确到微米乃至纳米。

（三）复数

复数对应于数学上面复数的概念，是指除实数之外还存在虚数。虚数是假设中构建的数，指平方是负数的或根号内是负数的数。虚数的名词由 17 世纪著名数学家笛卡儿创立，因为当时的观念认为这是不真实存在的数字。j 是虚数，$j=\sqrt{-1}$，以此为基础，构建数学体系。$a+bj$ 被称为复数，其中，a 是实部，b 是虚部。b 本身是实数，但是由于 b 与虚数 j 进行了乘法运算，则变成了虚数。

在 Python 中，复数用 complex() 函数表示，可以将整数转换成复数，即虚部为 0 的复数；浮点数也可以用类似逻辑转换成复数。由于复数是由实部和虚部组成的，所以可以使用 z. real 和 z. imag 两个对象函数获取复数的实部与虚部。之所以称之为对象函数，是因为该函数在使用时需要配合其处理的对象 z。例如，z＝1.11e－4＋3.6e8j，z. real 获得实部 0.000 111，z. imag 获得虚部 360 000 000.0。

复数在计算机科学与工程以及科学计算中无处不在，包括用于信号处理的快速傅里叶变换、电路仿真以及用于图形和其他各种领域的分形。用于图像处理时，计算机生成的每个复数都会为屏幕上的每个像素提供一个值，迭代次数越多，得到的图像质量越好。

二、数值运算操作符

在前面介绍的三种数字类型之间，存在一种逐渐"扩展"或"变宽"的关系：整数是最窄的数字类型，浮点数由于具有小数部分所以更宽，复数由于具有虚部因而比浮点数还更宽。换言之，可理解为整数是浮点数的特殊形式（无小数部分），浮点数是复数的特殊形式（虚部为 0）。

在 Python 中，整数、浮点数和复数之间可以混合运算，运算过程实际上是逐渐扩宽的过程，最终生成一个"最宽"的数据类型结果。例如：54＋ 4.0＝58.0（整数＋浮点数＝浮点数）；12 * 4.5＝54.0（整数 * 浮点数＝浮点数）。

（一）运算操作符

以上三种数字类型都可以运用数值运算操作符进行运算。表 4－2 列举了 Python 中常用的操作符以及其描述。

表 4－2　Python 常用操作符

操作符及使用	描述
x＋y	加，x 与 y 之和
x － y	减，x 与 y 之差
x * y	乘，x 与 y 之积
x/y	除，x 与 y 之商，10/3 结果是 3.333 333 333 333 333 5
x // y	商运算，x 与 y 之整数商，10//3 结果是 3
x%y	模运算，x 除以 y 之余数，10%3 结果是 1
x ** y	幂运算，x 的 y 次幂，x^y
	当 y 是小数时，开方运算，4 ** 0.5 结果为 $\sqrt{4}$，即为 2

下列实例具体地展示了 Python 数值运算操作符的功能：

```
a＝5
b＝3
#print 用于打印结果
print(a＋b)
print(a－b)
print(a＊b)
print(a / b)
print(a // b)
print(a％b)
print(a＊＊b)
```

打印的结果依次是：

```
8
2
15
1.666 666 666 666 666 7
1
2
125
```

除上述二元操作符外，Python 中还存在对二元操作符的一种增强型的赋值操作符。其基本功能为对两个数进行运算，而后更改其中一个数。例如 x＋＝y，实际上表示的是 x＝x＋y，即将计算出的 x＋y 的值储存在 x 上。此时的 x 可以被认为是累计变量，如果在循环语句中，x 将被不断叠加 y 的值，而整个赋值过程可以被理解为增强赋值。如果我们需要设计一个循环，使得每次循环后 x 的值都减 1，则可以用 x－＝1 来表示。二元增强操作符的使用情况如表 4－3 所示。

表 4－3　二元增强操作符

二元增强操作符及使用	描述
x op＝y	即 x＝x op y，其中，op 为二元操作符
	再如：x＝x＋y 就可以表示成 x＋＝y，x＝x－y 就可以表示成 x－＝y，x＝x＊y 就可以表示成 x＊＝y，x＝x/y 就可以表示成 x/＝y，x＝x//y 就可以表示成 x//＝y，x＝x％y 就可以表示成 x％＝y，x＝x＊＊y 就可以表示成 x＊＊＝y

二元增强赋值操作符的应用实例如：

```
a＝12
a//＝4
print(a)
```

得到返回值为 3。

（二）数值运算函数

上文中已经介绍了整数、浮点数以及复数的数值运算函数。pow（a，b）和 int（x）适用于整数运算，前者表示 a^b，后者可以用来转换整数类型。round（a，b）和 float（x）用于浮点数运算，前者对浮点数 a 进行四舍五入保留 b 位小数，后者可以用来转换浮点数类型。complex（x）用于复数运算，用来转换复数数字类型。

除此之外，Python 中还存在许多数值运算函数。abs（）函数是计算绝对值的函数，同数学中的绝对值是同一个含义，如：｜20｜＝｜－20｜＝20。对于复数来说，abs（）是求模函数，同数学内的求模相同，如 $|3+4j| = \sqrt{3^2+4^2} = 5$。在使用 abs（）函数时，需求绝对值或者求模的变量或者表达式放入括号内，语法如下：abs(n)。

divmod（）函数是计算商与余数的函数，语法如下：divmod(m，n)。该函数是计算 m 与 n 的整数商和余数，并且通过元组形式返回整数商和余数。在 divmod（）返回的元组中，第一个是整数商，第二个是余数，通常我们会把这两个值赋给两个不同的变量，如：a，b＝divmod(m，n)，a 就是 m 和 n 的整数商，相当于：a＝m // n；b 就是 m 和 n 的余数，相当于 b＝m％n。

max（）函数是计算任意多个数字里面的最大值，而 min（）函数是计算任意多个数字里面的最小值。只有可以进行数值比较的数才可以成为该函数的参数，只有整数、浮点数在实数部分进行比较才可以进行运算。如以下实例所示：

```
S＝ [1, 3, 8, 9, 25, 66, 87, 20, 2099]
print(max(S))
print(min(S))
```

返回结果为：

```
2099
1
```

三、受贿金额对量刑的累积影响计算实例

在前面的章节中我们已经简要介绍过如何通过编写程序来确定受贿罪量刑刑期，如下所示：

```
amount＝input('请输入受贿金额是较大、巨大、特别巨大:') #输入受贿金额
qingjie＝input('请输入受贿情节是较重、严重、特别严重:') #输入受贿情节
if amount＝＝'较大' or qingjie＝＝'较重':
```

```
    sentence='三年以下或拘役'
    fine="并处罚金"  #该分支结构用于判断当受贿金额为较大或者受贿情节为较重时,返回
相应的人身刑与财产刑
elif amount=='巨大' or qingjie=='严重':
    sentence='三年到十年'
    fine='并处罚金或没收财产'  #该分支结构用于判断当受贿金额为巨大或者受贿情节为严
重时,返回相应的人身刑与财产刑
elif amount=='特别巨大' or qingjie=='特别严重':
    sentence='十年到无期'
    fine="并处罚金或没收财产"  #该分支结构用于判断当受贿金额为特别巨大或者受贿情
节特别严重时,返回相应的人身刑与财产刑
print(sentence,fine)    #输出人身刑与财产刑
```

运行程序后:

```
请输入受贿金额是较大、巨大、特别巨大:【若输入较大】
请输入受贿情节是较重、严重、特别严重:【若输入较重】
```

点击 enter 后程序返回结果:

```
三年以下或拘役,并处罚金
```

在此基础上,本节旨在对前述数字类型以及数值运算符号进行实际运用,通过所学内容来编写程序计算受贿金额对量刑的累积影响。

（1）提出问题:计算受贿金额对量刑的累积影响

（2）分析问题

如果每增加1万元受贿金额,量刑就增加1%,那么当受贿金额增加300万元时,量刑会增加多少?

根据题设,假设初始量刑是1个月,受贿金额为3万元。按照上述规则,如果此时受贿金额达到了4万元,所对应的刑期应当是$1\times(1+1\%)$。同样的思路可以进一步回答受贿金额增加300万元时,量刑的对应增量。我们发现每增加1万元就需要进行一次乘法运算,那么增加300万元时,刑期应当是$1\times(1+1\%)^{300}$个月。

如果每减少1万元受贿金额,量刑就减少1%,那么当受贿金额减少300万元时,量刑会减少多少?

假设受贿金额为300万元时,刑期为120个月。同上思路,如果受贿金额减少300万元时,此时的刑期应当是$120\times(1-1\%)^{300}$个月。

（3）确定 IPO

1）输入:增加的数额,单位数额的影响。

2）处理:在上述分析后,发现可以运用 pow（） 函数表示上述刑期。$1\times$

$(1+1\%)^{300}$ 可以由 pow（1.01，300）表示；$120\times(1-1\%)^{300}$ 可以用 120 * pow（0.99，300）表示。

3）输出：最终的量刑增加量

上述规则若改为每增加 1 万元受贿金额量，刑期增加 1 个月，便是一种等额增长的方式，是按照绝对数额等量增加，而前述规则是按照相同比例进行等比例增加。例如生活中贷款的还款方式也有两类：一类是本金等额，另一类是利息等额。因此，在进行等比例增长时，所遵循的计算思路应当与等比例增长有所不同。

根据等额增长的题设，假设初始量刑是 1 个月，受贿金额为 3 万元。如果此时受贿金额达到了 4 万元，所对应的刑期应当是较 3 万元的增加了 1 万元对应的 1 个月刑期，因而为 2 个月即 [1+(4-3)×1] 个月。若受贿金额增加了 300 万元，则刑期是（1+300×1）个月，即 301 个月。

四、受贿金额对量刑的累积影响计算拓展

（一）改变单位影响量

参考第三部分的实例，假设初始量刑是 1 个月，受贿金额为 3 万元。若此时改变规则，将每增长 1 万元受贿金额的单位影响量改为 5%、8%、0.1%，该如何快速解决上述问题呢？

我们可以设计变量储存增加与减少的单位影响量，或者通过 input() 函数获得用户的单位影响量。可以参考以下实例展示：

```
#等比例增加
factor=eval(input("请输入单位量刑影响量:"))   #由 input 函数获取用户输入的单位量刑影响量，并储存在 factor 中
bribeup=pow(1+factor,300)#根据公式计算刑期，pow()函数是计算幂运算的比例函数
print("增加 300 万元后累积影响量为 {:.3f}".format(bribeup))   #用 print 函数输出刑期，并运用 format()函数保留三位小数
```

运行情况如下：

```
请输入单位量刑影响量:【待输入】
增加 300 万元后累计影响量为:【输出结果】
```

若此时改变规则，将每增长 1 万元受贿金额的单位影响改为等额增长 1 个月、0.5 个月、1.2 个月，该如何快速解决上述问题呢？

我们同样可以设计变量储存增加与减少的单位影响量，或者通过 input() 函数获得用户的单位影响量。可以参考以下实例展示：

```
♯等额增减
♯等额增加
factor＝eval(input("请输入单位量刑影响量:"))　♯由 input 函数获取用户输入的单位量刑
影响量,并储存在 factor 中
bribeup＝factor＊300＋1♯根据公式计算刑期
print("增加 300 万元后累积影响量为｛:.3f｝".format(bribeup))♯用 print 函数输出刑期,
并运用 format()函数保留三位小数
```

运行情况如下:

```
请输入单位量刑影响量:【待输入】
增加 300 万元后累计影响量为:【输出结果】
```

(二)不同档中单位影响量不同

根据我国刑法的规定, 不同的受贿金额区间对应着不同的刑期幅度。《刑法》第 386 条规定了受贿罪的处罚:"对犯受贿罪的, 根据受贿所得数额及情节, 依照本法第三百八十三条的规定处罚。索贿的从重处罚。"

《刑法》第 383 条第 1 款规定:"对犯贪污罪的, 根据情节轻重, 分别依照下列规定处罚:(一) 贪污数额较大或者有其他较重情节的, 处三年以下有期徒刑或者拘役, 并处罚金。(二) 贪污数额巨大或者有其他严重情节的, 处三年以上十年以下有期徒刑, 并处罚金或者没收财产。(三) 贪污数额特别巨大或者有其他特别严重情节的, 处十年以上有期徒刑或者无期徒刑, 并处罚金或者没收财产; 数额特别巨大, 并使国家和人民利益遭受特别重大损失的, 处无期徒刑或者死刑, 并处没收财产。"

最高人民法院、最高人民检察院《关于办理贪污贿赂刑事案件适用法律若干问题的解释》第 1 条至第 3 条详细规定了数额较大、数额巨大以及数额特别巨大的对应金额:"贪污或者受贿数额在三万元以上不满二十万元的, 应当认定为刑法第三百八十三条第一款规定的'数额较大', 依法判处三年以下有期徒刑或者拘役, 并处罚金。""贪污或者受贿数额在二十万元以上不满三百万元的, 应当认定为刑法第三百八十三条第一款规定的'数额巨大', 依法判处三年以上十年以下有期徒刑, 并处罚金或者没收财产。""贪污或者受贿数额在三百万元以上的, 应当认定为刑法第三百八十三条第一款规定的'数额特别巨大', 依法判处十年以上有期徒刑、无期徒刑或者死刑, 并处罚金或者没收财产。"

根据法律以及司法解释的规定, 可以观察到一般情形下, 三档受贿金额的分档标准分别为 3 万元～20 万元, 20 万元～300 万元, 以及 300 万元以上, 在有列举的情节时会降低入档的受贿金额标准。

为了简便起见，仅考虑一般情形下的分档受贿金额标准，据此编写程序，解决问题。假设在三个档次中受贿金额数量的增加与所获刑期长度的增加之间呈现线性变化关系，那么可以将法律规定抽象为如下程序：

```
bribe＝eval(input("请输入受贿金额数字(万元为单位):"))
if bribe＞3 and bribe＜＝20：
    sentence＝3/(20－3)*(bribe－3)
elif bribe＜＝3：
    sentence＝0
elif bribe＞20 and bribe＜＝300：
    sentence＝(10－3)/(300－20)*(bribe－20)＋3
elif bribe＞300 and bribe＜＝1000：
    sentence＝(15－10)/(1000－300)*(bribe－300)＋10
print(round(sentence,2))
else：
    print("输入不在判断范围")
```

运行程序后：

请输入受贿金额数字（万元为单位）：【若输入 15】

点击 enter 后程序返回结果：

2.12

在前述程序中有多段重复性代码，试思考：如何用变量与参数替代前述代码中重复性的代码，使得该段程序更加简洁，并且可以同时服务于各个档次内的线性变化规则？

参考思路：假设前 20 万元每增加 1 万元，量刑增加 a％，后 21 万～300 万元，单位量刑增加 b％（a 与 b 的值由输入给定）。在此情况下，受贿金额由初始金额增加了 300 万元该如何设计程序？可以参考以下实例展示：

```
＃分档等比例增加
factor1＝eval(input("请输入第一档单位量刑影响量:"))＃由 input 函数获取用户输入的第
一档单位量刑影响量,并储存在 factor1 中
factor2＝eval(input("请输入第二档单位量刑影响量:"))＃由 input 函数获取用户输入的第
二档单位量刑影响量,并储存在 factor2 中
bribefinal＝1 * pow(1＋factor1,17)*pow(1＋factor2,280)＃两档对于刑期的影响以乘法形式
累积,第一档由 3 万元到 20 万元,跨度 17 万元;第二档由 21 万元到 301 万元,跨度 280 万元。
print("分档增加 300 万元后累积影响量为 {:.3f}".format(bribefinal))＃用 print 函数输
出刑期,并运用 format()函数保留三位小数
```

运行程序后：

```
请输入第一档单位量刑影响量:【待输入】
请输入第二档单位量刑影响量:【待输入】
分档增加 300 万元后累积影响量为:【输出结果】
```

以等额增长的思路改变题设，假设前 20 万元每增加 1 万元，量刑增加 a 个月，后 21 万~300 万元，单位量刑增加 b 个月（a 与 b 的值由输入给定）。在此情况下，受贿金额由初始金额增加了 300 万元该如何设计程序？可以参考以下实例展示：

```
♯分档等额增加
factor1＝eval(input("请输入第一档单位量刑影响量:"))♯由 input 函数获取用户输入的第
一档单位量刑影响量,并储存在 factor1 中
factor2＝eval(input("请输入第二档单位量刑影响量:"))♯由 input 函数获取用户输入的第
二档单位量刑影响量,并储存在 factor2 中
bribefinal＝1＋factor1 * 17＋factor2 * 280♯两档对于刑期的影响以加法形式累积,第一档
由 3 万元到 20 万元,跨度 17 万元;第二档由 21 万元到 301 万元,跨度 280 万元。
print("分档增加 300 万元后累积影响量为 {:.3f}".format(bribefinal))♯用 print 函数输
出刑期,并运用 format()函数保留三位小数
```

运行程序后：

```
请输入第一档单位量刑影响量：【待输入】
请输入第二档单位量刑影响量：【待输入】
分档增加 300 万元后累积影响量为：【输出结果】
```

（三）等额增长的单位影响量与循环

问题：假设每 10 万元中前 8 万元单位量刑增加 a 天，后 2 万元单位量刑减少 b 天，到 300 万元时对量刑的累积影响多少？a 与 b 的值由输入给定。

可以参考下列两个实例，所达到的效果相同。在解决上述问题之前，需要了解 Python 中循环的相关知识。循环语句是对一个语句或语句组进行多次执行的语句。循环语句可以使得一段代码反复执行，让代码运行更高效，从而减少代码的书写量。Python 常见的循环结构主要是 for 循环和 while 循环。其中 for 循环格式在 Python 中最为常见，使用极为广泛。其格式为："for 参数 in 循环体:"。for 循环中可以做循环体的内容有很多，包括元组、列表、字符串等，只要是可遍历的内容均可作为循环体存在。其中的参数主要是用来存放每次循环体送来的单个元素，实现循环的作用。在实际使用中，for 循环常和 if 判断语句联合使用，并且主要用于迭代序列，即列表、元组、字典、集合或字符串的迭代。以下是 for 循环运用的具体实例。

1. 实例一

实例一的设计思路是运用循环进行累积赋值，从而达到题设的目标。结合题目的要求，每增加 10 万元受贿金额将出现量刑的先增后减，则 300 万元的累积过程中将包含 30 次增减的过程。一般而言，我们可以编写 30 段刑期变化的代码，但是循环的使用可以帮助省去烦琐的过程。由于每 10 万元的增减模式一致，我们可以通过循环来完成 30 次增减，并且在循环内设置相应的增减规则。

因此，在设计代码时需要将循环的次数确定为 30 次，每个循环内部代表着增加 10 万元受贿金额的量刑变化情况。

```
#循环累积影响 1
factor1＝eval(input("单位影响天数 1:"))
factor2＝eval(input("单位影响天数 2:"))
bribefinal＝1
for i in range(30):#将循环设定为 30 次,每次处理 10 万元的增幅
bribefinal＝1＋factor1 * 8－factor2 * 2#每次循环根据前 8 万元的增加刑期与后两万元的减
少天数对 bribefinal 进行累积赋值
print(bribefinal)
```

运行程序后：

```
单位影响天数 1:【待输入】
单位影响天数 2:【待输入】
【输出刑期结果】
```

2. 实例二

实例二是在实例一的基础上融合了二元增强赋值与模运算，将循环变得更加直接。用代码表示题设要求时，即每增加 10 万元受贿金额，前 8 万元刑期增加 a 天，后 2 万元刑期减少 b 天，可以利用模运算区分增加到 x 万元时应当对刑期进行增加还是减少。例如，受贿金额增加到 21 万元时，应当为增加；受贿金额为 29 万元时，应当为减少。通过进一步分析不难得出，当受贿金额增加数额的末尾数为 0 或 9 时，应当对刑期进行减法运算；当受贿金额增加数额的末尾数为 1～8 时，应当对刑期进行加法运算。

因此，在设计代码时，我们可以将循环设置为 300 次，对于每 1 万元受贿金额的增加进行单独判断；若末尾数为 0 或 9，则将刑期减少；反之则增加。

```
#循环累积影响 2 模运算与二元增强赋值
factor1＝eval(input("单位影响天数 1:"))
factor2＝eval(input("单位影响天数 2:"))
```

```
bribefinal＝1
for i in range(300):#将循环设定为 300 次
    if i % 10 in [0,9]:#i进行模运算,若结果位数是 0 或 9 则符合条件
        bribefinal－＝factor2#对于符合条件的 i 进行二元增强赋值,bribefinal 减去 fac-
tor2 的值并重新赋值 bribefinal
    else:
        bribefinal＋－factor1#对于不符合条件的 i 进行二元增强赋值,bribefinal 加上
factor1 的值并重新赋值 bribefinal
print(bribefinal)
```

运行程序后：

```
单位影响天数 1:【待输入】
单位影响天数 2:【待输入】
【输出刑期结果】
```

第二节　字符串类型及操作

一、字符串类型的定义与表示

字符串是字符的序列表示，由若干字符有序组成。这些字符被认为是字符串中的元素。字符串是一种基本的数据类型，用于处理文本。字符串的基本特性包括（1）不可变性。Python 中的字符串是不可变的，这意味着一旦创建了一个字符串，你就不能更改它的内容。例如，尝试更改字符串中的一个字符将会导致错误。(2)索引和切片。可以通过索引来访问字符串中的单个字符。Python 中的索引从 0 开始。字符串也支持切片，这意味着你可以获取字符串的子集。例如，s[1:5] 将返回字符串 s 的第 2 个到第 5 个字符。

字符串的表示可以由一对单引号（'）、双引号（"）或三引号（'''）构成。其中，单引号和双引号都可以表示单行字符串，两者作用相同。使用单引号时，双引号可以作为字符串的一部分；使用双引号时，单引号可以作为字符串的一部分。而三引号则可以表示单行或者多行字符串，三种表示方式及结果分别如下：

```
>>>print('Gaius Julius Caesar once said:"Veni! Vedi! Vici!"')
Gaius Julius Caesar once said:"Veni! Vedi! Vici!"
>>>print("Gaius Julius Caesar once said:'Veni! Vedi! Vici!'")
Gaius Julius Caesar once said:'Veni! Vedi! Vici!'
```

```
>>>print("""Gaius Julius Caesar once said:
    Veni!
    Vedi!
    Vici!""")
Gaius Julius Caesar once said:
Veni!
Vedi!
Vici!
```

需要注意的是：虽然 Python 只会将外层的单引号或双引号看作字符串的标识，并将内层的单引号或双引号看作字符串的一部分。但是，在不使用转义字符"\"及三引号的前提下，内层引号和外层引号不能同时使用单引号或者双引号，即当外层使用单引号时内层就只能使用双引号，当外层使用双引号时内层就只能使用单引号。否则，程序会报错。

反斜杠"\"也被称为转义字符，顾名思义，就是可以转换字符意思的字符，英文为 escape character。反斜杠有两种作用：一是将特殊字符转为普通字符，二是将普通字符转为特殊字符。

1. 将特殊字符转为普通字符

使用转义字符"\"将特殊字符转为普通字符时，能够实现字符串内部双引号及单引号的输出，如下所示：

```
#将具有特殊意义的字符串标识转为普通字符
print("\"自由\"\"平等\"\"公正\"\"法治\"")
print('\'自由'\'平等'\'公正'\'法治')
```

```
"自由""平等""公正""法治"
'自由'平等'公正'法治'
```

2. 将普通字符转为特殊字符

使用转义字符"\"将普通字符转为特殊字符时，字符串中可以增加特殊的格式化控制字符，用来输出特殊效果。特殊字符在 Python 中是 1 个长度单位的字符，但是不会被 Python 程序所打印。常用控制字符如表 4-4 所示。

表 4-4 常用控制字符

常用控制字符	描述
\ a	蜂鸣，响铃

续表

常用控制字符	描述
\ b	回退，向后退一格
\ f	换页
\ n	换行，光标移动到下行行首。n 的英文含义为 newline
\ r	回车，光标移动到本行行首。r 的英文含义为 return
\ t	水平制表
\ v	垂直制表
\ 0	NULL，什么都不做

在这里首先介绍一下"回车"（carriage return，\ r）和"换行"（line feed，\ n）这两个概念的来历和区别。在计算机还没有出现之前，有一种叫做 Teletype Model 33 的机械打字机，每秒钟可以打 10 个字符。但是它有一个问题：打完一行换行的时候要用去 0.2 秒，要是在这 0.2 秒时间里面有新的字符传过来，那么这两个字符将丢失。于是，研制人员想了个办法解决这个问题，就是在每行后面加两个表示结束的字符。一个叫做"回车"，告诉打字机把打印头定位在左边界；另一个叫做"换行"，告诉打字机把纸向下移一行。这就是"换行"和"回车"的来历。后来这两个概念被应用于计算机。

转义符在字符串中起着特殊的作用。在编程中，转义符通常是一个反斜杠 \ ，后面跟着一个字符，共同组成一个有特殊含义的字符组合。转义符用于在字符串中插入那些无法直接键入或具有特殊含义的字符。\ r 和 \ n 都是常见的转义字符，用于表示不同的控制字符：

\ n：代表换行符（Line Feed，LF）。在文本中，它用于开始一个新的行。在大多数现代操作系统（如 UNIX、Linux、macOS）中，\ n 被用作行结束符。在文本文件中，每当你看到新的一行开始，就是 \ n 发挥了作用。

\ r：代表回车符（Carriage Return，CR）。在早期打字机和某些操作系统（如旧版的 Mac OS）中，\ r 被用于将光标移回行首，而不向下移动到新的一行。在现代编程中，\ r 的使用已经相对少见。

二者功能上的区别在于 \ n 主要用于控制文本的垂直位置，即移动到下一行的开头；\ r 主要用于控制水平位置，即移动到当前行的开头。

将控制字符串放到字符串中，显示效果如下：

```
#向后退一格
print("法科生\bPython 语言入门")
```

```
法科 Python 语言入门【输出结果】
```

```
#向后退两格
print("法科生\b\bPython 语言入门")
```

法 Python 语言入门【输出结果】

```
#换行,光标移动到下行行首,效果为重起一行
print("法科生\nPython 语言入门")
```

法科生
Python 语言入门　　【输出结果】

```
#回车,光标移动到本行行首,效果为删除\r 之前的字符
print("法科生\rPython 语言入门")
```

Python 语言入门【输出结果】

```
print("姓名\t性别\t年龄")
print("张三\t男\t25")
print("李四\t女\t30")
print("王五\t男\t28")
```

以上代码输出结果如下：

```
姓名      性别     年龄
张三      男       25
李四      女       30
王五      男       28
```

```
#垂直制表
print("法科生\vPython 语言\v 入门")
```

法科生
Python 语言　　【输出结果】
入门

```
# NULL,什么都不做
print("法科生\0Python 语言\0 入门")
```

法科生 Python 语言入门【输出结果】

二、基本的字符串操作符

Python 中基本的字符串操作符如表 4-5 所示：

表 4－5　字符串操作符

操作符	描述
x＋y	连接两个字符串 x 与 y，x 和 y 首尾有序连接
x＊n 或 n＊x	复制 n 次字符串 x
x in y	如果 x 是 y 的字子串，返回 True，否则返回 False

示例代码及输出结果如下：

```
s="2022 年 10 月 26 日"
t="11 时 27 分 13 秒"
print(s+t)
```

```
2022 年 10 月 26 日 11 时 27 分 13 秒【输出结果】
```

```
print(s＊3)
```

```
2022 年 10 月 26 日 2022 年 10 月 26 日 2022 年 10 月 26 日【输出结果】
```

```
t in s
```

```
False【输出结果】
```

```
"2022 年" in s
```

```
True【输出结果】
```

字符串没有"－"操作符，不可将两个字符串相减，因为"－"需要考虑序号及内容，所以情况复杂许多。在 Python 中将两个字符串相减，程序会报错如图4－1所示：

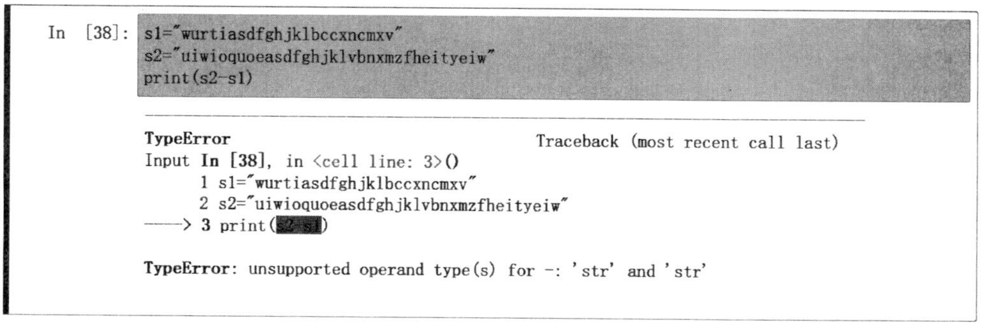

```
In [38]: s1="wurtiasdfghjklbccxncmxv"
         s2="uiwioquoeasdfghjklvbnxmzfheityeiw"
         print(s2-s1)

TypeError                              Traceback (most recent call last)
Input In [38], in <cell line: 3>()
      1 s1="wurtiasdfghjklbccxncmxv"
      2 s2="uiwioquoeasdfghjklvbnxmzfheityeiw"
----> 3 print(s2-s1)

TypeError: unsupported operand type(s) for -: 'str' and 'str'
```

图 4－1　程序报错示例

可通过循环实现字符串在某种程度上的交集。

```
s1="dafdasgvadsfsd"
s2="dagdsbsfadf"
a=""
#在第一次循环中 i=d，在第二次循环中 i=a，以此类推……
#在第一次循环中 i=d，判断 i 是否在 s2 中；在第二次循环中 i=a，判断 i 是否在 s2 中
```

```
for i in s1:
#如果 i 在 s2 中，则将此循环中的 a 与 i 连接，形成新的字符串
    if i in s2:
        a=a+i
#否则 i 不在 s2 中，则此循环中的 a 字符串不变
    else:
        a=a
print(a)
```

```
dafdasgadsfsd    【输出结果：a 不完全等于 s2】
```

可通过循环实现字符串在某种程度上的"相减"。

```
s1="dafdasgvadsfsd"
s2="dagdsbsfadf"
a=""
#在第一次循环中 i=d，在第二次循环中 i=a，以此类推……
#在第一次循环中 i=d，判断 i 是否在 s2 中；在第二次循环中 i=a，判断 i 是否在 s2 中
for i in s1:
#如果 i 在 s2 中，则此循环中的 a 字符串不变
    if i in s2:
        a=a
#否则 i 不在 s2 中，则将此循环中的 a 与 i 连接，形成新的字符串
    else:
        a=a+i
print(a)
```

```
v【输出结果】
```

三、字符串的索引与切片

字符串是字符的序列，可以按照单个字符或字符片段索引。字符串包括两种序

号体系：正向递增序号和反向递减序号，如图4-2所示。如果字符串的长度为L，正向递增以最左侧字符序号为0，向右依次递增，最右侧字符序号为L-1；反向递减序号以最右侧字符序号为-1，向左依次递减，最左侧字符序号为-L。这两种索引字符的方法可以同时使用。

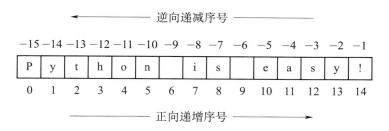

图4-2 字符串序号体系

Python字符串也提供区间访问方式，采用［N：M］格式，表示字符串中从N到M（不包含M的子字符串），其中，N和M为字符串的索引序号，可以混合使用正向递增序号和反向递减序号。如果表示中M或N索引缺失，则表示字符串把开始或结束索引值设为默认值。须注意的是：字符串以Unicode编码存储，因此字符串的英文字符和中文字符都算作1个字符。另外，使用切片方法时，还可设置步长，采用［N：M：K］格式，当步长为正值时，表示从左向右从字符串中每K个字符取一个字符，当步长为负值时，表示从右向左每-K个字符选取一个字符。以本课程名称"法科生Python语言入门为例"：

```
Name="法科生 Python 语言入门"
```

```
Name［3］
```

```
'p'【输出结果】
```

```
Name［-3］
```

```
'言'【输出结果】
```

```
Name［3：-1］
```

```
'Python 语言入'【输出结果】
```

```
Name［：-2］
```

```
'法科生 Python 语言'【输出结果】
```

```
Name［1：］
```

```
'科生 Python 语言入门'【输出结果】
```

```
Name［：］
```

'法科生 Python 语言入门'【输出结果】

Name［::2］

'法生 yhn 言门'【输出结果】

此外，通过把开始或结束索引值设为默认值，将步长设置为－1，可以实现字符串的翻转。

Name［::－1］

'门入言语 nohtyP 生科法'【输出结果】

Name［::－2］

'门言 nhy 生法'【输出结果】

四、练习

1. 问题描述

将以下罪名与序号对应，实现输入序号则输出相应的罪名：贪污罪、受贿罪、行贿罪、走私罪、渎职罪、诈骗罪、盗窃罪、抢劫罪。

2. 输入、输出的确定

对一个问题可计算部分的确定是确定输入和输出的思维前提。经分析，在这个问题中，序号是需要输入的内容；对应罪名则是需要输出的内容。

3. 处理算法的确定

处理算法的确定有赖于使用何种数据类型达到输入内容与输出内容一一对应。

我们曾介绍整数类型、浮点数类型和复数类型，这种表示单一数据的类型称为基本数据类型，这些类型仅能表示一个数据，然而实际计算中存在大量同时处理多个数据的情况，这需要将多个数据有效组织起来并统一表示，这种能够表示多个数据的类型称为组合数据类型。组合数据类型能够将多个同类型或者不同类型的数据组织起来，通过单一的表示使数据操作更有序、更容易。根据数据之间的关系，组合数据类型可以分为三类：序列类型、集合类型和映射类型。此处仅介绍序列类型。

序列类型是一个元素向量，元素之间存在先后关系，通过序号访问，元素之间不排他。Python 语言中有很多数据类型都是序列类型，其中比较重要的是 str(字符串)、tuple(元组) 和 list(列表)。它们都使用相同的索引体系，即正向递增序号和反向递减序号，如图 4-3 所示。

4. 编写程序、调试程序

方法一：字符串。

图 4-3 序列索引体系

#将字符串"贪污罪受贿罪行贿罪走私罪渎职罪诈骗罪盗窃罪抢劫罪"赋值给字符串 ZUI
ZUI＝"贪污罪受贿罪行贿罪走私罪渎职罪诈骗罪盗窃罪抢劫罪"
#将用户输入的数值赋值给变量 M
M＝eval(input("请输入罪名对应的序号"))
#将(M－1)*3 的值赋值给变量 pos
pos＝(M－1)*3
#对字符串变量 ZUI 进行切片,返回索引第 pos 到第 pos＋3 的子串,其中不包含 pos＋3,输出
print(ZUI[pos:pos＋3])

请输入罪名对应的序号:【输入 6,M＝6,则 pos＝(M－1)*3＝15,打印内容为 ZUI[15:18]),即索引为 15、16、17 的子串】
诈骗罪【即"诈骗罪"】

方法二①：列表。

#使用 def 保留字定义一个函数名为 name、参数列表为 num 的函数。
def name(num):
#将列表["贪污罪","受贿罪","行贿罪","走私罪","渎职罪","诈骗罪","盗窃罪","抢劫罪"]
赋值给列表 x
    x＝["贪污罪","受贿罪","行贿罪","走私罪","渎职罪","诈骗罪","盗窃罪","抢劫罪"]
#返回列表中索引序号为 num－1 的元素
调用函数 name, num＝eval(input("请输入罪名对应的序号:")), 并打印
    return x[num－1]
print(name(eval(input("请输入罪名对应的序号:"))))

请输入罪名对应的序号:【输入 5,num＝5,num－1＝4】
渎职罪【返回列表 x 中索引序号为 4 的元素:"渎职罪"】

① 由中国人民大学法学院欧阳远同学编写。

第三节　字符串类型的函数、方法与格式化

一、前文回顾

前文介绍了 Python 中函数的定义和调用过程，并进行了相应的练习。通过受贿金额对量刑的累积影响计算实例展示了自定义函数与 while 语句的应用。

到目前为止本教材已经介绍过的循环有两类：for 循环和 while 循环。其中 for 循环是遍历循环，用于遍历给定的元素、集合、变量、列表、字符串或是遍历指定的次数；而 while 循环是条件循环，在满足给定的条件时不断执行命令，直到循环条件不满足或是满足结束循环的条件。

另外，前文还介绍了 Python 中字符串类型的定义、表示、使用、转义符、操作符和处理函数。字符串类型是由有序的字符构成的数据类型，根据需要可以对其进行索引或按照一定的步长进行切片。关于字符串的表示方式，比较特别的是转义符"＼"，转义符可以将特殊字符转为普通字符或者将普通字符转为特殊字符，例如常用的控制字符＼n(换行符)、＼r(回车符)等。通过基本的操作符还可以对字符串进行连接、复制等操作。基于 Unicode 编码，Python 提供一系列内置函数，其中与字符串处理相关的函数包括 len(s)、str(x)、hex(x)、oct(x)、chr(x)、ord(s)，前文还针对此进行了相应的练习。

字符串的操作符回顾练习

1. 问题描述

将以下罪名与序号对应，实现输入序号则输出相应的罪名：贪污罪、受贿罪、行贿罪、走私罪、渎职罪、诈骗罪、盗窃罪、抢劫罪（即输入"1"，则返回"贪污罪"；输入"2"，则返回"受贿罪"）。

2. 输入、输出的确定

对一个问题可计算部分的确定是确定输入和输出的思维前提。经分析，在这个问题中，序号是需要输入的内容；对应罪名则是需要输出的内容。

3. 处理算法的确定

为了实现输入序号则输出相应罪名，可以利用字符串有序的性质，构造一个按一定顺序排列的罪名字符串序列。为了使字符串简洁，将"罪"字省略避免冗余。在此练习中，为了简化难度，选择了具有相同字数的罪名，因此将输入的罪名序号减 1 乘以 2 作为输出字符串的开始序号，将输入罪名序号乘以 2 作为输出字符串的结束序号（字符串切片序号包首不包尾），即可得到相应的罪名切片。为了使输出的

罪名完整，还可以在输出时加上"罪"字。

4. 编写程序

思路一：

```
#将字符串"贪污罪受贿罪行贿罪走私罪渎职罪诈骗罪盗窃罪抢劫罪"赋值给字符串 s1
s1="贪污罪受贿罪行贿罪走私罪渎职罪诈骗罪盗窃罪抢劫罪"
#将用户输入的值赋值给变量 n
```

```
n=eval(input("请输入罪名对应的序号 1—8:"))
#对字符串 s1 进行切片,返回索引第 2*(n—1)到第 2*n 的子串,其中不包含 2*n,输出
print(s1[2*(n—1):2*n]+"罪")
```

```
请输入罪名对应的序号 1—8:【输入 1,n=1,则打印内容为 s1[0:2]+"罪",即索引为 0、1 的子
串+"罪"】
贪污罪【输出结果为"贪污罪"】
```

思路二：

```
#将字符串"受贿罪贪污罪行贿罪走私罪渎职罪诈骗盗窃罪抢劫罪"赋值给字符串 a
a=" 受贿罪贪污罪行贿罪走私罪渎职罪诈骗盗窃罪抢劫罪"
#将用户输入的数值赋值给变量 b;
int 函数使用用户所输入数值的数字类型转化为整数
b=int(input("请输入序号:"))
```

```
请输入序号:【输入 2】
```

```
#首先,a[3*(b—1):3*(b—1)+3]是对字符串 a 进行切片,返回索引第 3*(b—1)到第 3*(b
—1)+3 的子串,其中不包含 3*(b—1)+3;(该代码实则是用 b 替代原来的索引值,使之可根据
用户输入序号的不同而返回不同的元素)。其次,print 函数将索引到的子字符串输出
print(a[3*(b—1):3*(b—1)+3])
```

```
贪污罪　【当输入 b=2 时,则 3*(b—1)=3,打印内容为 a[3:6]),即索引值为 3、4、5 的字符
串】
```

二、字符串的处理函数

在计算机的世界，所有的信息都是 0/1 组合的二进制序列，计算机是无法直接识别和存储字符的。因此，字符必须经过编码才能被计算机处理。即每个字符串在

计算机中可以表示为一个数字，称为编码，字符串则以编码序列方式存储在计算机中。在介绍 Python 内置的字符串处理函数之前，须介绍 Python 处理字符串所使用的编码方法。

1. ASCII 编码

目前，计算机系统使用的一个重要编码是 ASCII（American Standard Code for Information Interchange，美国信息互换标准代码）编码。ASCII 编码是一套基于拉丁字母的字符编码，收录了 256 个单字节字符。ASCII 规范编码于 1967 年第一次发布，最后一次更新是在 1986 年。

ASCII 编码范围是 0～255，可分为三个部分：ASCII 非打印控制字符（ASCII control characters）、ASCII 打印字符（ASCII printable characters）和扩展 ASCII 打印字符（Extended ASCII characters）。非打印控制字符是指具有某些特殊功能但是无法打印和显示的字符，共有 33 个，1～31 及 127；多数控制字符已陈废，至今仍较常为人们所使用的有：0 空字符、8 退格、10 换行、13 回车、127 删除等。ASCII 打印字符共 95 个，32～126，其中 48～57 为 0 到 9 十个阿拉伯数字；65～90 为 26 个大写英文字母，97～122 号为 26 个小写英文字母，其余为一些标点符号、运算符号等。扩展 ASCII 打印字符共 128 个，128～255，涵盖了部分西方语言字符。

2. GB2312 编码、GBK 编码及 GB18030 编码

随着计算机进入中国，中国人民面临着如何在计算机中保存自己的文字的问题。1981 年 5 月 1 日，中国人民通过对 ASCII 编码的中文扩充改造产生了 GB2312 编码，GB2312 编码一共收录了 7 445 个字符，包括 6 763 个简体版汉字和 682 个其他基本图形字符。1995 年 12 月，中国人民通过对 GB2312 编码的继续扩充改造产生了 GBK 编码，GBK 编码收录了 21 886 个符号，分为汉字区和图形符号区，汉字区包括 21 003 个字符（包含简体中文和繁体中文及日韩汉字）。中国是个多民族国家，各个民族几乎都有自己独立的语言系统。2000 年 3 月 17 日，GB18030 编码应运而生，2022 年发布了新国标。新版不仅收录了 87 887 个汉字，并涵盖了藏文、蒙文、维吾尔文等主要的少数民族文字。GB2312 字符集、GBK 字符集采用双字节编码，GB18030 字符集采用单字节、双字节和四字节三种方式对字符编码，并兼容 GBK 字符集和 GB2312 字符集。

3. Unicode 编码

ASCII 编码针对英语字符及部分西欧语言字符设计，它没有覆盖其他语言存在的更广泛字符。GB2312 编码、GBK 编码及 GB18030 编码向下兼容 ASCII 编码，支持简体中文、繁体中文、希腊字母、俄语字母等字符。

如果每个国家都像美国、中国一样对自己的语言独立编码，那么编码方法的数量将多之又多。因此，现代计算机系统正逐步支持一个更大的编码标准 Unicode（全称是 Universal Multiple-Octet Coded Character Set），Unicode 编码是为了整合全世界的所有语言文字而诞生的，它支持几乎所有书写语言的字符，能够满足跨语言、跨平台的文本信息转换。

Python 字符串均使用 Unicode 编码表示并以 Unicode 字符为计数基础（Python 从 Python 2.2 才开始支持 Unicode 编码，在此之前，代码中出现中文时往往会出现许多问题），因此字符串中的英文字符和中文字符都是 1 个长度单位。

Python 提供的内置函数中，与字符串处理相关的 6 个函数如表 4-6 所示：

表 4-6　字符串处理函数

函数	描述
len(x)	返回字符串 x 的长度，也可返回其他组合数据类型元素个数
str(x)	返回任意类型 x 所对应的字符串形式
chr(x)	返回 Unicode 编码 x 对应的单字符
ord(x)	返回单字符 x 对应的 Unicode 编码
hex(x)	返回整数 x 对应的十六进制数的小写形式字符串
oct(x)	返回整数 x 对应的八进制数的小写形式字符串

示例：

```
#返回字符串"法科生 Python 语言入门"的长度
len("法科生 Python 语言入门")
```

```
13【返回结果为 13】
```

```
#返回插入控制字符\n 的字符串"法科生\nPython 语言入门"的长度
len("法科生\nPython 语言入门")
```

```
14【返回结果为 14,特殊字符\n 在 Python 中是 1 个长度单位的字符】
```

```
#返回插入控制字符\r 的字符串"法科生\rPython 语言入门"的长度
len("法科生\rPython 语言入门")
```

```
14【返回结果为 14，特殊字符 \ r 在 Python 中是 1 个长度单位的字符】
```

```
#返回插入控制字符\b 的字符串"法科生\bPython 语言入门"的长度
len("法科生\bPython 语言入门")
```

```
14【返回结果为 14，特殊字符 \ b 在 Python 中是 1 个长度单位的字符】
```

```
＃返回整数 100 所对应的字符串形式
str(100)
```

```
'100'【返回结果】
```

```
＃返回 Unicode 编码 10004 对应的单字符
chr(10004)
```

```
✓【返回结果】
```

```
＃返回单字符"法"对应的 Unicode 编码
ord("法")
```

```
27861【返回结果】
```

```
＃返回整数 36756 对应的十六进制数的小写形式字符串
hex(36756)
```

```
'0x8f94'【返回结果】
```

```
＃返回整数 36756 对应的八进制数的小写形式字符串
oct(36756)
```

```
'0o107624'【返回结果】
```

```
＃ 返 回 Unicode 编 码 9800、9801、9802、9803、9804、9805、9806、9807、9808、9809、
9810、9811 对应的单字符，并关闭换行
for i in range(12):
print(chr(9800＋i), end="")
```

♈♉♊♋♌♍♎♏♐♑♒♓【返回结果】

Unicode 编码的取值范围是 0～1 114 111（即十六进制数 0x10FFFF）。常见字符的 Unicode 编码范围为：（1）10 个阿拉伯数字：48～57；（2）26 个大写英文字母：65～90；（3）26 个小写英文字母：97～122；（4）20 902 个汉字：19968～40869。使用 for 语句打印效果如下：

```
for i in range(10):
    print(chr(48＋i),end="")
```

```
0123456789【返回结果】
```

```
for i in range(26):
    print(chr(65+i),end="")
```

```
ABCDEFGHIJKLMNOPQRSTUVWXYZ【返回结果】
```

```
for i in range(26):
    print(chr(97+i),end="")
```

```
abcdefghijklmnopqrstuvwxyz【输出结果】
```

```
for i in range(20902):
    print(chr(19968+i),end="")
```

【输出结果】

一丁丂七丄丅丆万丈三上下丌不与丏丐丑丒专且丕世丗丘丙业丛东丝丞丟丠両丢丣两严並丧丨丩个丫丬中丮丯丰丱串丳临丵丶丷丸丹为主丼丽举丿乀乁乂乃久乆乇么乊义乊乍乌乍乎乏乐乑乒乓乔乕乖乗乘乙乚乛乜九乞也习乡乣乤书乥书乧乨乩乪乫乬乭乮乯买乱乲乳乴乵乶乷乸乹乺乻乼乽乾乿亀亁亂亃亄亅了亇予亊争事二亍于亏亐云互亓五井亖亗亘亙亚些亜业亝亞亟一亡亢亣交亥亦产亨亩亪享亰京亲亳亴亵亶亷亸亹人亻亼亽亿什仁仂仃仄仅仆仇仈仉今介仌仍从仏仐仑仒仓仔仕他仗付仙仚仛仜仝仞仟仠仡仢代令以仦夹仨仩仪们仫们仭仮仯仰仱仲仳仴件价件价仸仹仺任份伀企伂企伄伅伆伇伈伉伊伋伌伍伎伏伐休伒伓伔伕伖众优伙会伛伜伝伞伟传伡伢伣伤伥伦伧伨仮伪伫仿伭伮伯估伱伲伳伴伵伶伷伸伹伺似伻佀但佂伾伿佁佂佄佅住佇佈佉何伾佌位余住佐佑佒体佔何佖佗佘余佚佛作佝佞佟你佡佢佣佤佥金佧佨佩佪佫佬佭佮佯佰佱佲佳併併佶佷佸佹佺佻佼佽佾使使侁侂侃侄侅來侇侈侉侊例侌侍侎侏侐侑侒侓侔侕侖侗侘侙供供侜依侞侟価価侢侣侤侥侦侧侨侩侪侫侬侭侮侯侰侱侲侳侴侵侶侷便侹侺侻係侽侾促俀俁係促俄俅俆俇俈俉俊俋俌俍俎俏俐俑俒俓俔俕俖俗俘俙俚俛俜保俞俟俠信俢俣俤俥俦俧俨俩俪俫俬俭修俯俰俱俲俳俴俵俶俷俸俹俺俻俼俽俾俿倀倁倂倃倄倅倆倇倈倉個個倌倍倎倏倐們倒倓倔倕倖倗倘候倚倛倜倝倞借倠倡倢倣値倥倦倧倨倩倪倫倬倭倮倯倰倱倲倳倴倵倶倷倸倹债倻值倽倾倿偀偁偂偃偄偅偆假偈偉偊偋偌偍偎偏偐偑偒偓偔偕偖偗偘偙做偛停偝偞偟偠偡偢偣偤健偦偧偨偩偪偫偬偭偮偯偰偱偲偳側偵
```

## 三、字符串的处理方法

### 1. Python 中方法的含义

　　Python 中的方法是一种特殊的函数，它们是类或对象的一部分，可以访问类或对象的内部数据，并可以更改它们。方法可以被称为"成员函数"，因为它们是类或对象的一部分。

　　Python 方法的定义非常简单，只需要使用 def 关键字，然后指定方法名称、参数列表以及方法体即可。例如，下面是一个简单的 Python 方法：

```
def my_method(param1,param2):
# Method body
    return result
```

　　在上面的例子中，my_method 是方法的名称，param1 和 param2 是参数，而
```

方法体是一个块，它定义了方法的行为。

    Python 方法可以被类或对象调用，也可以被其他函数调用。它们可以接受参数，并可以返回值。它们可以访问类或对象的内部数据，并可以更改它们。Python 方法是一种非常有用的工具，提供了一种在代码中封装逻辑和操作的方式，使代码易于维护和扩展。它们可以帮助我们更好地组织代码，更好地处理类和对象的内部数据，并且可以更好地处理参数和返回值。在 Python 中，方法的定义与函数的定义非常相似，唯一的区别是方法的第一个参数必须是实例本身。

2. 字符串处理方法的含义及作用

    字符串处理方法就是以字符串的整体作为处理对象，通过特定的方法函数，接受特定参数，访问字符串对象的内部数据，并对该字符串按照方法体所定义的方法进行更改操作，并返回值。如：切分字符串、使字符串全部大写/小写、使字符串首字母大写、替换特定字符、加入特定字符、对字符串作对齐处理等。

    通过字符串处理方法对字符串进行处理，可以高效、简洁地对字符串进行一系列常规的操作，使得代码更加易于维护和扩展、简洁明了。

3. 字符串处理方法的表示

    字符串的处理方法表示方式为〈a〉.〈b〉()。其中〈a〉表示处理方法的对象，〈b〉表示用于处理字符串的函数，()中则填入处理函数〈b〉的相关参数。通过〈a〉.〈b〉()的指令，函数〈b〉将会按照()中的参数对处理对象字符串〈a〉作出相关处理，得到对应的处理结果，从而强化对字符串的使用。

4. 常用的字符串处理方法与函数小结

    在 Python 中，常用的字符串处理方法及对应函数如表 4-7 所示：

表 4-7   常用字符串处理函数

函数表达式	处理方法	作用阐释
str. upper()	全部大写	使字符串所有字母大写
str. lower()	全部小写	使字符串所有字母小写
str. capitalize()	首字母大写	使字符串的第一个字母大写
str. title()	标题大小写	使字符串的每个单词首字母大写，其余字母小写
str. swapcase()	交换大小写	使字符串的每个字母大小写翻转
str. isupper()	判断大写	若字符串全部大写则返回 True，否则返回 False
str. islower()	判断小写	若字符串全部小写则返回 True，否则返回 False
str. istitle()	判断标题大小写	若字符串每个单词首字母大写其余字母小写返回 True，否则返回 False
s1. split(s2)	切分	以 s2 为节点对 s1 进行切分
s1. count(s2)	计数	计算 s1 中 s2 出现的次数

续表

函数表达式	处理方法	作用阐释
s1. replace(so，sn)	替换	用 sn 替换 s1 中的 so
s1. strip(s2)	首尾剔除	若 s1 首尾处有 s2 包含的字符则剔除； 若 s2 为空白则剔除 s1 首尾处空格和转义符
s1. lsrtip(s2)	首端剔除	若 s1 首端有 s2 包含的字符则剔除； 若 s2 为空白则剔除 s1 首端的空格和转义符
s1. rstrip(s2)	尾端剔除	若 s1 尾端有 s2 包含的字符则剔除； 若 s2 为空白则剔除 s1 尾端的空格和转义符
s2. join(s1)	加入	将 s2 加入 s1，在 s1 每个字符后面都加入 s2
s1. center(n, s2)	居中显示	以 n 为行长度，s2 为空白处填充，将 s1 居中显示
s1. ljust(n，s2)	左对齐	以 n 为行长度，s2 为空白处填充，将 s1 左对齐
s1. rjust(n，s2)	右对齐	以 n 为行长度，s2 为空白处填充，将 s2 右对齐
s1. startswith(s2)	判断开头	若字符串 s1 以 s2 开头，则返回 True，否则返回 False
s1. endswith(s2)	判断结尾	若字符串 s1 以 s2 结尾，则返回 True，否则返回 False
s1. index(s2)	返回位置	返回字符串 s2 在 s1 中第一次出现的下标位置

　　在上述字符串处理方法表达式中，str、s1、s2 都表示字符串，在代码中可以用""
表示，也可以将字符串存到某个变量中，再把该变量作为字符串处理方法的处理对象。

　　下面展示常用的字符串处理方法含义及使用：

　　（1）大写、小写

　　str. upper() 表示大写处理，可以使操作对象字符串变成大写。str. lower() 表
示小写处理，可以使操作对象字符串变成小写。对于中文字符串来说该处理方法无
意义，该处理主要应用于英文字符串。

　　str. capitalize() 表示首字母大写处理，可以使操作对象字符串的第一个字母变
成大写，需要注意的是，如果这个字符串是一个完整的句子，它不会将每个单词首
字母都大写而只会使第一个词的首字母大写。str. title() 表示标题大小写处理，可
以使字符串转换为每个单词的首字母大写，其余字母小写，一般在文章标题中比较
常用。str. swapcase() 表示交换大小写处理，可以翻转当前字符串的大小写。

　　str. isupper() 表示判断大写，若字符串中所有字母均为大写，则返回 True，
否则返回 False。str. islower() 表示判断小写，若字符串中所有字母均为小写，则
返回 True，否则返回 False。str. istitle() 表示判断标题大小写，若字符串中每个单
词首字母都是大写，其余字母都是小写，则返回 True，否则返回 False。

（2）切分

s1. split(s2) 表示切分处理，若 s1 中包含 s2，则以 s2 为节点对 s1 进行左右切割操作。输入代码及输出结果如下所示：

```
In [1]:  s1="dafdsabdsas"
         print(s1.split("a"))

         ['d', 'fds', 'bds', 's']
```

利用字符串的切分处理可以将字符串以特定的字符为标记进行切分，也可以将字符串中特定的部分删去。例如前面提到将罪名字符串简化，想要删去所有的"罪"字，就可以利用该处理方法，以"罪"为节点将罪名字符串进行切分，再将切分所得的字符串片段合并即可。

（3）计数

s1. count(s2) 表示计数处理，用于计算 s1 中 s2 出现的次数。输入代码及输出结果如下所示：

```
In [2]:  s1="dafdsabdsas"
         print(s1.count("a"))

         3
```

（4）替换

s1. replace(so，sn) 表示替换处理，将用 sn 字符串替换 s1 中的 so 片段。输入代码及输出结果如下所示：

```
In [3]:  s1="dafdsabdsas"
         print(s1.replace("a","y"))

         dyfdsybdsys
```

（5）首尾/首端/尾端剔除

s1. strip(s2)，s1. lstrip(s2)，s1. rstrip(s2) 分别表示首尾剔除、首端剔除、尾端剔除。具体来说，若 s1 首尾处/首端/尾端有 s2 包含的字符则剔除，若 s2 为空白则剔除 s1 首尾处/首端/尾端的空格和转义符。输入代码及输出结果如下所示：

```
In [5]:  s1="dafdsabdsas"
         print(s1.strip("ds"))

         afdsabdsa
```

```
In [6]:  s1="dafdsabdsas"
         print(s1.lstrip("ds"))

         afdsabdsas
```

```
In [7]:  s1="dafdsabdsas"
         print(s1.rstrip("ds"))

         dafdsabdsa
```

（6）加入

s2.join(s1) 表示加入处理，可以将 s2 加入 s1，使得 s1 每一个字符后面都加上字符串 s2。通常可以用于在字符之间加入空格或者逗号。输入代码及输出结果如下所示：

```
In [8]: s1="dafdsabdsas"
        s2="0"
        print(s2.join(s1))
```
d0a0f0d0s0a0b0d0s0a0s

（7）居中显示/左对齐/右对齐

s1.center(n，s2) 表示居中显示处理，n 表示该行长度，s2 用于填充该行中 s1 不占有的其他位置，若不填入 s2，则 s1 不占有的位置默认为空白。输入代码及输出结果如下所示：

```
In [9]: s1="dafdsabdsas"
        print(s1.center(50,"="))
```
===================dafdsabdsas===================

s1.ljust(n，s2) 表示左对齐显示处理，n 表示该行长度，s2 用于填充该行中 s1 不占有的其他位置，若不填入 s2，则 s1 不占有的位置默认为空白。输入代码及输出结果如下所示：

```
In [1]: s1="dafdsabdsas"
        print(s1.ljust(50,"="))
```
dafdsabdsas=======================================

s1.rjust(n，s2) 表示左对齐显示处理，n 表示该行长度，s2 用于填充该行中 s1 不占有的其他位置，若不填入 s2，则 s1 不占有的位置默认为空白。输入代码及输出结果如下所示：

```
In [2]: s1="dafdsabdsas"
        print(s1.rjust(50,"="))
```
=======================================dafdsabdsas

（8）判断开头、结尾

s1.startswith(s2) 表示判断开头，若字符串 s1 以 s2 开头，则返回 true，否则返回 false。s1.endswith(s2) 表示判断结尾，若字符串 s1 以 s2 结尾，则返回 true，否则返回 false。输入代码及输出结果如下所示：

```
In [4]: s1="dafdsabdsas"
        print(s1.startswith("da"))
```
True

```
In [5]: s1="dafdsabdsas"
        print(s1.endswith("da"))
```
False

（9）返回位置

s1.index(s2) 表示返回位置，可以返回字符串 s2 在 s1 中第一次出现的下标
位置。

```
In [6]:  s1="dafdsabdsas"
         print(s1.index("sa"))
         4
```

5. 字符串处理练习

（1）练习一

1）问题描述

运用处理函数及方法，统计给定刑法文本中的罪名数量。

2）输入、输出的确定

对一个问题可计算部分的确定是确定输入和输出的思维前提。经分析，在这个
问题中，字符串是需要输入的内容；刑法文本中罪名数量的数值则是需要输出的
内容。

3）处理算法的确定

首先，在刑法文本的字符串中寻找"罪"字出现的数量，借助字符串处理函数
s1.count(s2)；但是含有"罪"字的并非均为罪名，可能还包括"犯罪"之类不相
关的语词，故将此类语词删除，借助字符串处理函数 s1.replace(so，sn)。

4）编写程序

```
# 读取刑法文本,并将其赋值给字符串 f
f=open("刑法 .txt",'√'encoding="utf-8").read()
打印字符串 f
print(f)
# 计算字符串 f 中"罪"出现的次数
f.count("罪")
```

```
1166    【得到返回值 1166,表明"罪"字在刑法文本中出现 1166 次】
```

```
# 在字符串 f 中将"犯罪"替换为无内容;将替换后的字符串 f 赋值给字符串 f2
f2=f.replace("犯罪","")
# 计算字符串 f2 中"罪"出现的次数
f2.count("罪')
```

```
870    【得到返回值 870,表明"罪"字在删除"犯罪"字符后的刑法文本中出现 870 次】
```

需注意，此种统计依旧具有宽泛和模糊性，需要进一步细化代码使之得以统计

准确罪名的数量。同学们可以进一步思考。

（2）练习二

1）问题描述

运用处理函数及方法，删除一个字符串中所有后出现的与前面字符重复的字符。

2）输入、输出的确定

经分析，在这个问题中，字符串是需要输入的内容，去除重复字符后的新字符串则是需要输出的内容。

3）处理算法的确定

为了实现删除一个字符串中所有后出现的与前面字符重复的字符，即只保留字符串中同样字符最早出现的那一个，可以利用循环语句来达到该效果。

4）编写程序

输入代码示例及注释如下所示：

```python
#输入给定的处理对象字符串 str
str="we are the world,we are the children"
#创建空白字符串 list1
list1=""
#以从 0 到处理对象字符串的长度 len(str)为范围,进行循环
for i in range(len(str)):
#设定条件分支 a:假如字符串中的第 i 个字符已经存在于 list1 中,则 i=i+1,进入下一个循环;
    if str[i]in list1:
        i+=1
#设定条件分支 b:假如字符串中的第 i 个字符并未存在于 list1 中,则将该字符加入 list1 中
    else:
        list1+=str[i]
        i+=1
#循环结束,输出 list1
print(list1)
```

```
we arthold,cin    【去除重复字符后得到字符串"we arthold,cin"】
```

（3）练习三

1）问题描述

在给定文本中将无实际意义的字符去除。

2）输入、输出的确定

经分析，在这个问题中，字符串是需要输入的内容；去除无意义字符后的新字符串是需要输出的内容。

3）处理算法的确定

为了删除无意义字符，可以借助字符串处理函数 s1. replace(so，sn)，将无意义的字符替换为空集，从而实现删除的目的；同时，使用循环语句，将所有的无意义字符进行替换。

4）编写程序

程序代码有两种编写思路。思路一：

```
#打开刑法文本,读取刑法文本
f＝open('刑法 . txt','r',encoding＝'utf－8'). read()
#将无意义字符串集合赋值给列表 a
```

```
a＝["\n","\r",",","。","、","《","》",";",":","（","）","【","】",":","（","）","\u3000","的",""]
#构造新的字符串 f1,并将 f 赋值给 f1
f1＝f
#用 for 循环对字符串 f 中的每一个字符进行遍历
for i in a：
#若 i 与 a 中的字符相同,则将其替换为空集
    f1＝f1. replace(i,"")
#输出列表 f1
print(f1)
```

中华人民共和国刑……【此处省略，输出结果为去掉无意义字符后得到的新字符串】

思路二：

```
#打开刑法文本,读取刑法文本
f＝open('刑法 . txt','r',encoding＝'utf－8'). read()
#构造空字符串 f1
f1＝""
#用 for 循环对字符串 f 中的每一个字符进行遍历
for i in f
#如果 i 不在无意义字符串中,并且不在 f1 中（判断是否属于无意义字符，以及是否与其他字符重复）
    if i not in [" \n"," \r",",","。","、"," 《","》",";"," :"," （","）"," 【","】",":"," （","）"," \u3000"," 的",""] and i not in f1:
#则将 i 加进字符串 f1 中
        f1＝f1＋i
#输出列表 f1
print(f1)
```

中华人民共和国刑……【此处省略，输出结果为删去无意义字符及重复性字符后得到的新字符串】

（4）练习四

1）问题描述

找到一个字符串中出现次数最多的字符。

2）输入、输出的确定

经分析，在这个问题中，字符串是需要输入的内容，出现次数最多的字符是需要输出的内容。

3）处理算法的确定

为了找到一个字符串中出现次数最多的字符，由于字符串是有序字符序列，故可以用 count()函数计算其中每一个字符出现了多少次，将其出现次数依次存入一个列表中，使得字符串中字符的出现次数与字符之间形成一一对应关系。再比较列表中出现次数的数值大小，从而判断哪一字符出现次数最多。具体来说，通过 for循环和条件语句的应用，首先剔除掉对象字符串中无意义的空格，留下有意义的实词字符。然后构建一个列表 1，并以处理对象字符串中每一个字符出现的次数作为列表的元素。除此之外，还需要再构建一个列表 2，并以列表 1 中的"出现次数"元素在对象字符串中所对应的字符作为元素。在循环结束后，可以用 max()函数定位出现次数最多的字符及其出现次数。

4）编写程序

输入代码示例如下：

```
str="we are the world,we are the children"
l=[]
l2=[]
for i in str:
    if i!="":
        n=str.count(i)
        l.append(n)
    else:
        continue
for i in str:
    if str.count(i)==max(l) and i not in l2:
        l2.append(i)
print(l2)
```

'e'　　【输出结果为字符串中出现次数最多的字符 e】

（5）练习五

1）问题描述

在给定的刑法文本中，找到出现次数排名前十的字。

2）输入、输出的确定

经分析，在这个问题中，刑法文本是需要输入的内容，出现次数排名前十的字形成的字符串则是需要输出的内容。

3）处理算法的确定

为了实现在给定的刑法文本中，找到出现次数排名前十的字，该练习思路以前面练习的代码思路为基础，将字符范围限缩至中文字符后，通过 for 循环和条件语句的应用，将重复次数排名前十的字符及其出现次数存入新构建的列表中。

4）编写程序

代码示例及注释如下所示[①]：

```
f=open("刑法.txt","r",encoding="utf-8").read()
#读入刑法文本,将其存入变量 f
c=["\n","\r","，","。","、","《","》","（","）","；","：","，","（","）","【","】","："，"\u3000"," "]
#构造一个无意义字符、标点等的列表
for i in c:
    f=f.replace(i,"")
#通过 for 循环,逐一将列表中无意义的字符从 f 中去除。
```

```
l=[]
#构造空列表
for i in f:
    l.append(f.count(i))
#通过 for 循环,遍历 f 列表中的所有字,即刑法文本中有意义没有去除的字,逐一计算这些字
在刑法文本中的出现次数,将次数存到列表 l 中
print(max(l))
#获得列表中最大值,即刑法文本中出现次数最多的有意义的字的次数。
```

```
2839【输出结果】
```

```
for i in f:
    if f.count(i)==2839:
```

```
        print(i)
        break
#通过 for 循环,遍历 f 列表中的所有字,即刑法文本中有意义没有去除的字,将其中出现字数
等于最大值的字打印出来,即为"的"
```

```
的【输出结果】
```

---

① 由中国人民大学法学院谢晨同学编写。

```
l2＝set(l)
#将列表 l 变成集合,可以去掉其中重复的次数。
l3＝list(l2)
#将集合变成列表,就可以把 l 中的次数有序排列
l3.sort(reverse＝True)
#用 sort()函数将次数由大到小排列
#以下通过 for 循环,将出现次数前十多的字存到 s 中,打印出来,即为"的处以有者或刑罪年期
人",这些就是刑法文本中有意义字中出现次数前十的字。
s＝""
j＝0
for i in f:
    if f.count(i)＝＝l3[j] and j＜＝10:
        s＋＝i
        j＋＝1
print(s)
```

的处以有者或刑罪年期人【输出结果】

由于尚未介绍 Python 中关于分词的内容,目前在练习五中仅能返回字符。然而在实际应用中,真正具有实际语义的通常是词语,尤其是在汉语中,主要以词为单位表示其含义。因此在后续的学习中,结合分词的相关内容,通过本练习还可以达成更多的目标。

四、字符串类型的格式化

1. 字符串类型格式化的含义与功能

字符串类型的格式化是指在编程过程中,允许编码人员通过特殊的占位符,将相关对应的信息整合或提取成符合一定规则的字符串。通俗地说,字符串类型的格式化意为让字符串以操作者所期望的规范格式被显示出来。以微观视角观之,字符串格式化就是先创建一个空间,然后再在这个空间留几个位置,根据需要填入相应的内容,并使得填入的内容按照一定的格式规则显示。例如,假设需要输出:"A 罪的刑期中位数是 B 个月。"其中的 A 和 B 内容根据变量变化,通过字符串格式化的方式可以将变量 A 和 B 按照一定的规则在字符串中需要的位置规范、美观地显示,比如使得刑期 B 统一显示到小数点后两位。

在法律领域中,格式发挥着重要的作用,例如票据、合同等文书,都对格式有着较为严格的要求。而通过字符串类型的格式化,可以使其以编码者期望的方式统一输出,从而更加整齐、美观、规范,增强输出字符串的可读性,也便于对数据进

行后续的分析。常见的字符串格式化种类有很多，例如转换为十进制、八进制、十六进制的整数，转换为科学计数法的浮点数，指定对齐方式和宽度等。

在传统的 Python 及其他计算机语言中，格式化字符串一般使用以"％"为开头的转换说明符对各种类型的数据进行格式化输出。而自 Python2.6 开始，新增了一种格式化字符串的函数 str.format()，它增强了字符串格式化的功能，基本语法是用 {} 和：来代替以前的％。

2. 字符串类型格式化的使用方法

在 Python 中，实现字符串类型格式化的主要方法是借助 str.format() 函数，该函数的使用格式为：〈输出的字符串模版〉.format(s1，s2，s3…)。该格式以居中的"."为分界，可将前后两部分依次理解为"对象""方法"。其中，"〈输出的字符串模版〉"是编码者期望打印出来的输出模版，"format(s1，s2，s3…)"中的 s1 等元素是编码者期望添加进模版中（最终打印出来）的变量。整体而言，字符串的格式化就是用槽（也就是"{}"）的方法把变量安插到模版当中的对应位置，具体来说分为两个操作步骤。

第一步，用 {}（槽）来确定和设置变量输出时在模版中所处的具体位置。以"{} 罪对应的序号是 {}。".format(crime.serial) 为例：{} 所在的位置即是为待添加变量所预留的位置，在用 {} 确定之后，再将不同的输出对象 s1，s2，s3…按顺序依次放入对应的槽中，其中 s1，s2，s3…的顺序可更改。需注意的是，字符串类型格式化仅在槽的内部进行，也即槽内部的内容可以改变，而槽外部的内容不可改变，如前示例中的"罪对应的序号是"不能变动。

第二步，在槽内用内部控制符号对相应的 s1，s2，s3…进行格式化。主要的内部控制符号按顺序展示依次如下：

"{序号:填充内容<>^填充的长度,. 小数位数 bdoxc％eEf}".format(序号对应的变量)

在槽的内部，以"："为界可分为左右两部分，冒号左侧的部分是序号，用以确认将哪一变量放进此槽中，该序号可以不填，若不填则按照变量在打印模版中的默认顺序将其填入该槽；冒号右侧是具体的内部控制符。关于槽内部各符号的具体释义如下：

（1）"{}"为槽，默认的填充顺序是 format() 中变量出现的顺序；

（2）"："前为槽中变量序号，若"："前空白则默认其对应变量为 format() 中对应顺序出现的变量；

（3）"</>/^"分别表示靠左、靠右和居中对齐，符号左侧为填充内容，符号右侧为输出长度；

（4）","是千位数的表示符，主要用于使位数较多的数字读写方便；

（5）"."表示小数位数，".2"表示两位小数，".3"表示三位小数，以此类推；

（6）f 是浮点数数据类型，b 是二进制数，d 是十进制数，o 是八进制数，x 是十六进制数；

（7）c 是 character 的缩写，即返回统一编码对应字符；

（8）"％" 是取百分值；

（9）"e/E" 是科学计数法。

对此可以试做以下两个练习。

要求 1：把变量 b、c(b＝"处"，c＝1857) 打印到字符串"刑法文本中出现次数最多的有实义的字是：，它出现的次数是：。"中，并且使变量 c 居中显示，用等号（"＝"）填充，输出长度为 30 字符，保留两位小数，取百分值。

代码示例及结果如下：

```
In [7]:  b="处"
         c=1857
         print("刑法文本中出现次数最多的有实义的字是：{}，它出现的次数是：{:=^30.2%}。".format(b,c))

刑法文本中出现次数最多的有实义的字是：处，它出现的次数是：=======185700.00%=======。
```

要求 2：把变量 b、c(b＝"处"，c＝1857) 打印到字符串"刑法文本中出现次数最多的有实义的字是：，它出现的次数是：。"中，并且使变量 b 居右显示，用星号（"＊"）填充，输出长度为 40 字符。

代码示例及结果如下：

```
In [9]:  b="处"
         c=1857
         print("刑法文本中出现次数最多的有实义的字是：{:*<40}，它出现的次数是：{}。".format(b,c))

刑法文本中出现次数最多的有实义的字是：处***************************************，它出现的次数是：1857。
```

3. 字符串类型格式化的示例

（1）使用位置参数，按照位置顺序一一对应。

```
In [1]:  str="my name is {} and my age is {}".format("Amelia","18")
         print(str)

         my name is Amelia and my age is 18
```

（2）使用索引获取对应的值。

```
In [2]:  str="my name is {1} and my age is {0}".format("18","Amelia")
         print(str)

         my name is Amelia and my age is 18
```

（3）使用关键字参数或字典。

```
In [3]:  dict1={"name":"Amelia","age":18}
         str="my name is {name} and my age is {age}".format(**dict1)
         print(str)

         my name is Amelia and my age is 18
```

（4）通过变量赋值。

```
In [7]: name = "Amelia"
        age = 18
        print("my name is {name} and my age is {age}".format(name=name,age=age)

        my name is Amelia and my age is 18
```

（5）居中显示内容，长度设定为 30，用 "＝" 填充。

```
In [1]: s1="we are the world"
        "歌词是：{0:=^30}".format(s1)

Out[1]: '歌词是：=======we are the world======='
```

和前文中字符串处理函数的居中显示处理方法相比，使用 center() 函数进行居中显示操作时是先指定行长度再指定填充物，而使用 format() 函数进行居中显示操作时则是先指定填充物再指定长度。

```
In [9]: s1="dafdsabdsas"
        print(s1.center(50,"="))

        ===================dafdsabdsas===================
```

（6）给数字加上千位符，保留两位小数。

```
In [2]: s2=12232142332.3251
        "{0:*^30,.2f}".format(s2)

        '*****12,232,142,332.33******'
```

（7）在（6）的基础上以科学计数法显示。

```
In [3]: s2=12232142332.3251
        "{0:*^30,.2e}".format(s2)

        '***********1.22e+10**********'
```

（8）在（6）的基础上，以百分比的形式显示。

```
In [4]: s2=12232142332.3251
        "{0:*^30,.2%}".format(s2)

        '****1,223,214,233,232.51%*****'
```

第五章
time 库与时间戳

第一节　time 库的使用与练习

一、前章回顾

上一章中介绍了 Python 中字符串的处理函数及处理方法，详细学习了九种常用的字符串处理函数，并且借助五个字符串处理练习加强对所学知识的理解和运用。在这些小练习中，我们主要训练了针对给定字符串或文本，将其中的重复性字符、无意义字符删去，以及寻找其中出现次数最多或排名前十的字符等的程序设计思路和方法。

在练习中我们学习了寻找给定刑法文本中出现次数最多的字之代码设计，下面为另一种编程思路，请结合上章内容进行回顾并对两种思路加以比较：

```
＃打开刑法文本，读取刑法文本
f＝open('刑法．txt','r',encoding＝'utf－8').read()
＃构造空字符串 f1
f1=""
＃用 for 循环对字符串 f 中的每一个字符进行遍历
for i in f：
＃如果 i 不在无意义字符串中（判断 i 是否属于无意义字符）
    if i not in [" ＼n"," ＼r","，","。","、"，"《","》","；","："," （","）"," 【","】","："，"（","）"," ＼u3000"," 的",""]：
＃则将 i 加进字符串 f1 中
        f1＝f1＋i
＃输出列表 f1
print(f1)
```

输出结果为删去无意义字符得到的新字符串：

```
中华人民共和国刑……【此处省略】
```

```
#构造空列表 a
a=[]
#通过 for 循环在列表 a 的元素个数范围内遍历
for i in range(len(f1)):
#将 f1 中每一字符出现的次数赋值给 j
    j=f1.count(f1[i])
#将 j 所存储的单个字符出现次数添加到列表 a 中
    a.append(j)
#用 max 函数取列表 a 中的最大值
print(max(a))
```

输出结果为列表 a 中数值最大的值：

```
1857
```

```
#构造空白字符串 b
b=""
#通过 for 循环在字符串 f1 的元素个数范围内遍历
for i in range(len(f1)):
#如果字符串 f1 中某个字符出现的次数为 1857 且不重复,则将该字符存入字符串 b 中
    if f1.count(f1[i])==1857 and f1[i]not in b:
        b=b+f1[i]
#输出字符串 b
print(b)
```

输出结果为刑法文本中出现次数最多的字符：

```
处
```

上一章中还介绍了字符串类型的格式化，也即让字符串以操作者所期望的规范格式被打印出来，使之更加美观、规范。实现字符串格式化要借助 str.format() 函数，使用格式为：〈输出的字符串模版〉.format(s1，s2，s3…)。其中，"输出的字符串模版"即操作者希望变量通过格式化之后所呈现出的效果，这就需要借助 {} 槽和内部控制符，具体格式为："{序号：填充内容<>填充的长度，. 小数位数 bdoxc‰eEf}"。借此，我们可以对待输出变量进行位置变化、符号填充、增加小数位等格式化操作。

二、time 库概述及背景知识

在计算机系统中，为了简化问题，并考虑到计算机可以很好地适应大数字，人

们在开发 Unix 操作系统决定将所有时间标识为自 1970 年 1 月 1 日 UTC/GMT 午夜开始所经过的秒数（不包括闰秒）。这个从 1970 年 1 月 1 日 00：00：00 开始按秒计算的偏移量也就是通常所说的时间戳，该起始时间点也被称为 Unix 纪元，该时间系统被称为 Unix 时间。当今的大多数计算机系统（包括 Windows 系统）都使用 Unix 时间来表示内部时间。

　　time 库是 Python 中处理时间的标准库。Python 中包含若干个能够处理时间的库，而 time 库是最基本的一个，是 Python 中处理时间的标准库。time 库能够表达计算机时间，提供获取系统时间并格式化输出的方法，提供系统级精确计时功能。time 库最主要的功能是将时间戳转换成想要的时间格式，从而获取可读的时间。在此基础上，time 库被广泛运用于时间获取、程序计时的场景中。

　　时间戳，即计算机内部时间值，是从 1970 年 1 月 1 日（UTC/GMT 的午夜）开始所经过的秒数，不考虑闰秒。时间戳是浮点数，经过四舍五入之后可以得到整数秒的时间。通俗来讲，时间戳就是服务器给数据块加上时间的标记，并在当前数据块上用哈希值打上时间戳，然后发布在网络中，证明在标识的时间刻度下这个数据是真实存在的。它的提出主要是为用户提供一份电子证据，以证明用户的某些数据的产生时间。在实际应用上，它可以使用在包括电子商务、金融活动的各个方面，尤其可以用来支撑公开密钥基础设施的"不可否认"服务。

三、time 库的使用

　　time 库通过保留字 import 加以调用后就可以使用，不需要再另外安装。

　　调用 Python 标准库时有两种常见的调用方法。第一种方法是直接调用整个模块，常见格式为 import 模块名。例如 import time 为调用 time 库的所有函数，import turtle 为调用 turtle 库的所有函数。第二种方法是导入模块中的指定成员，常见格式为 from 模块名 import 成员名 1。以 random 模块为例，from random import * 是用来引入 random 模块中的所有函数，此时函数可以直接引用，不再需要 random 函数名来使用。from random import random，randint 是指定引入的函数，其他函数不引入。具体如下。

1. 获取时间戳

```
In [5]: import time
```

```
In [6]: time.time()
```
Out[6]: 1678335702.108872

2. 获取可读时间

ctime（）调用的是本计算机系统时间，以方便阅读的形式呈现。

```
In [7]: time.ctime()
```
Out[7]: 'Thu Mar 9 12:21:59 2023'

3. 获取结构化时间

```
In [8]: time.gmtime()
```
Out[8]: time.struct_time(tm_year=2023, tm_mon=3, tm_mday=9, tm_hour=4, tm_min=2
        2, tm_sec=13, tm_wday=3, tm_yday=68, tm_isdst=0)

使用 time.gmtime () 指令获得的是 GMT 0 时区的结构化时间，使用 time.localtime() 指令获得的是所在地时区的结构化时间。返回的各项时间元素分别含义如表 5-1 所示：

表 5-1　时间元素

时间元素	含义
tm _ year	当前年份
tm _ mon	当前月份
tm _ mday	当前日期（当日是本月第几天）
tm _ hour	当前时刻
tm _ min	当前分钟
tm _ sec	当前秒钟
tm _ wday	当日是本周第几天
tm _ yday	当日是本年第几天
tm _ isdst	是否夏令时，0 为否，1 为是

4. 简化 time 库名称

为了方便后续使用，可以给 time 库赋予别名 "t"，减少后续代码的冗余。

```
In [42]: import time as t
```

```
In [43]: t.time()
```
Out[43]: 1667366989.3203301

```
In [44]: t.ctime()
```
Out[44]: 'Wed Nov 2 13:29:49 2022'

5. 直接调用 time 库所有函数

更为方便的一种做法是，在调用 time 库时用 "from time import ∗" 指令直接调用其中的所有函数，后续编写代码时就不需要再写出 time 的库名。

此种方法虽然在调用 time 库函数时十分方便，但在一段复杂的程序中，很有可能此段代码中的函数名和此段以外的函数名发生重复，这种情况下系统无法识别编程者想要运行的到底是哪一个函数，从而出现报错，因此不建议在较为复杂的实践中使用，仅作为简单了解 time 库时的一种途径。

```
In [47]:  from time import *

In [48]:  time()
Out[48]:  1667367024.8075094

In [49]:  ctime()
Out[49]:  'Wed Nov  2 13:31:17 2022'
```

四、time 库中的时间类型

time 库中表示时间的类型有三种，分别为时间戳时间、结构化时间以及可读时间。与此相对应，在 time 库中有三种方法用来表示或者获取时间。

第一种为使用 time() 函数，获取时间戳时间。时间戳时间的缺点在于用户难以理解，进而无法直接读取到目前的时间。

第二种方法是使用 localtime() 或者 gmtime() 函数获取结构化时间，前者为所在地时区的时间，后者为 GMTO 时区的时间。localtime() 函数的示例代码如下：

```
#调用 time 库
import time
#默认以 time()函数获取的时间戳作为参数,输出当地时间
print(time.localtime())
```

输出结果依次为当地时间对应的：年、月、日、时、分、秒、星期几、该年的第多少天、夏令时/冬令时。

```
time.struct_time(tm_year=2023,tm_mon=1,tm_mday=13,tm_hour=13,tm_min=33,tm_sec=
31,tm_wday=4,tm_yday=13,tm_isdst=0)
```

gmtime() 函数的示例代码如下：

```
#调用 time 库
import time
#默认以 time()函数获取的时间戳作为参数,输出世界统一时间
print(time.gmtime())
```

输出结果依次为世界统一时间对应的：年、月、日、时、分、秒、星期几、该年的第多少天、夏令时/冬令时。

```
time.struct_time(tm_year=2023,tm_mon=1,tm_mday=13,tm_hour=5,tm_min=35,tm_sec=
3,tm_wday=4,tm_yday=13,tm_isdst=0)
```

第三种方法是使用 ctime() 函数获取可读时间，即获取当前时间并以可读方式表示出来，该函数返回的是字符串类型的数据。ctime() 函数用于将一个时间戳（以 s 为单位的浮点数）转换为"Sat Jan 13 21：56：34 2018"形式，中文含义为"星期 月份 当月号 时分秒 年份"。若该函数未设置参数，则默认以服务器当前时刻的时间戳，即 time.time() 的返回值作为参数。获取可读时间的函数示例代码如下：

```
# 调用 time 库
import time
# 默认以 time()函数获取的时间戳作为参数,输出所在地时间
print(time.ctime())
```

输出结果依次为当地时间对应的：星期几、月、日、时、分、秒、年。

```
Fri Jan 13 13:29:53 2023
```

第二节　Python 中的时间表示及任务解决

一、时间戳的法学相关知识和讨论

时间戳在法律意义上是指对电子文件或交易发生时间的独立、客观证明。它为电子文件和交易的真实性、合法性提供了有力的证据，有助于解决电子证据存在的合法性和真实性等问题。在中国法学界，时间戳的讨论主要集中在电子商务、电子政务和电子证据等领域。在电子商务中，时间戳可以用来证明订单、合同、交易等电子文件的生成时间、完成时间和有效性。时间戳的存在可以帮助企业更好地保护自己的商业机密，防范欺诈和纠纷，并且可以提高用户的信任度。在电子政务领域，时间戳可以用来证明政务文件的生成时间、完成时间和有效性。时间戳的存在可以帮助政府部门更好地管理电子证据，防范欺诈和纠纷，并且可以提高政府部门的信任度。

时间戳在法学上具有以下特点：第一，正确性。时间戳能够准确反映电子文件的生成时间，且不能被篡改。第二，可靠性。时间戳具有足够的可靠性，使得其在证明电子文件生成时间方面具有法律效力。第三，可证明性。时间戳可以证明其生成的真实性和有效性，且证明过程可以在法律诉讼中被证明。第四，可追溯性。时间戳可以追溯到电子文件的生成时间，使得其在证明电子文件生成时间方面具有法律效力。

然而，由于时间戳易受恶意修改或伪造的影响，法学界也十分关注时间戳的可靠性问题。为此，相关法律对时间戳的使用和管理规定了严格的规则和标准，以保证时间戳在法律诉讼中的可靠性。时间戳存在的问题主要有以下两点：第一，安全性问题。时间戳可能遭到恶意修改和伪造，影响其证明作用。第二，可靠性问题。

时间戳签发机构的可靠性和客观性存在问题，时间戳的证明效力受到影响。为了解决这些问题，有关部门采用了以下规制手段：首先，建立安全机制，要求时间戳签发机构采取安全技术，防止恶意修改和伪造。其次，提高时间戳签发机构的客观性，要求时间戳签发机构公正、独立，以保证时间戳证明效力。通过这些规制手段，可以使时间戳的证明效力得到保障，有助于解决电子证据存在的合法性和真实性问题。

在我国，许多规范性文件对时间戳相关问题进行了规制。《电子签名法》是中国最早颁布的电子签名法律，对电子证据存储和时间戳等问题作出了相关规定。《电子证据保全管理办法》是国家对电子证据保全管理的详细规定，对时间戳的技术要求和使用规则作出了明确规定。《电子签名证书管理规定》是国家对电子签名证书的管理规定，对时间戳签发机构的资格和要求作出了明确规定。《信息安全技术电子签名规范》是国家对电子签名技术的统一规范，对时间戳的安全技术和管理方式作出了详细规定。这些规范性文件是中国电子证据管理和时间戳使用的基本准则，对于保障电子证据的合法性和真实性具有重要作用。

时间戳在法学领域具有其不可或缺的应用价值，在电子证据中扮演着基础性的核心角色。从法律实践的视角来看，时间戳的重要价值体现在电子证据的证明力上。伴随着网络世界的普及，时间戳的实践价值将会更加凸显。时间戳作为电子数据时间效力证明的基础，可以运用到智能合约、电子证据、电子票据、电子档案、电子公证、证据保全等诸多领域。目前时间戳的司法应用多集中在电子合同、著作权权属证明、侵权证据保全等领域，相应的司法判决也逐渐增多。可以预见，随着时间戳概念以及应用的进一步普及，更多的司法应用场景也将逐渐出现。

时间戳是电子证据的起点。对于证据而言，只有证明了存在性，才能进一步讨论证据的内容是否真实、表达何种含义等问题。互联网时代几乎所有的信息都能电子化，诸如电子邮件、聊天记录、录音录像、文档文件等数据电文不可避免地在争议解决中成为证明案件事实的证据。而电子数据具有可复制、可修改、可随时创设的特点，要将电子数据作为证据使用，首要证明的便是所提交的电子数据是完整、未经修改的，时间戳的出现，便可以解决相应的电子数据存在的时间效力的问题，并与哈希值计算等完整性校验方法相结合，一起解决电子数据完整性、真实性的问题。[1] 在确认电子证据真实性时需要进行时间戳的验证。为了确保时间戳验证的准确性，时间戳服务中心应运而生。作为第三方服务机构，时间戳服务中心专门提供时间戳的生成与认证服务。申请人可以通过时间戳服务中心提供的软件、网页等通道将需要加盖时间戳的电子数据发送给时间戳服务中心，由时间戳服务中心对这些电子数据进行加盖时间戳、保密等处理，得到可靠的电子数据。

① 叶森. 电子证据 法律人应当了解的时间戳基础知识. [2023-01-10]. https：//victory. itslaw. com/victory/api/v1/articles/article/56064fda-8f4f-434d-bb82-a989535d0ca8? downloadLink=2&. source=ios.

二、通过 Python 加强对时间戳概念的理解

（一）通过 Python 生成时间戳

1. 问题的分析

time 库可以自动获取系统时间的时间戳，将时间戳转换为可读时间。相应地，我们也可以运用 time 库获取可读时间的时间戳。除了直接获得结构化时间，往往需要将某种格式的时间转换成计算机可以处理的结构化时间。此外，还需要将计算机给定的结构化时间按照任务所需的结构输出。这就涉及时间格式化的问题。

时间格式化是指，将某一时间按照操作者期望的格式呈现出来。实现时间格式化涉及两个函数，分别是 strftime(format，t) 函数和 strptime(timestr，format) 函数。其中 format 是格式化模板字符串，用来定义输出效果；t 是计算机内部时间类型变量；timestr 是字符串形式的时间值。strftime(format，t) 函数用于将一个元组时间或结构化时间按照自定义格式打印输出。例如，可将元组时间借助该函数转化为可读时间格式进而输出。在理解时，可以将其类比为字符串的格式化处理方法。strptime(timestr，format) 函数则与之相反，它用于将一个已有的时间转化并存储为元组时间格式，相当于构造了一个元组时间。例如，通过该函数将可读时间转化为元组时间格式并存储。

时间格式化需要借助时间格式符号来设置具体的格式。time 库中时间格式符号的功能和实例请参见表 5-2。

表 5-2　时间格式符号

格式化字符串	日期/时间说明	值范围和实例
%Y	年份	0000～9999，例如：1900
%m	月份	01～12，例如：10
%B	月份名称	January～December，例如：April
%b	月份名称缩写	Jan～Dec，例如：Apr
%d	日期	01～31，例如：25
%A	星期	Monday～Sunday，例如：Wednesday
%a	星期缩写	Mon～Sun，例如：Wed
%H	小时（24h 制）	00～23，例如：12
%h	小时（12h 制）	01～12，例如：7
%p	上/下午	AM, PM，例如：PM
%M	分	00～59，例如：26
%S	秒	00～59，例如：26

2. 确定输入、输出和处理过程

输入的内容为可读时间,并且按照一定的时间单位次序进行表示。输出的内容为时间戳时间。

处理的过程需要首先将可读时间转化为计算机内部的系统时间(元组时间格式),然后运用 mktime() 函数将该元组时间转换为时间戳。例如,在查询文件最后修改时间的场景中,用户查询到最后的修改时间为 2022 年 11 月 18 日,如果想要将其转化为计算机可处理的结构化时间,则需要借助 strptime() 函数。在此基础上,再运用 mktime() 获取该结构化时间对应的时间戳。

3. 编写程序、调试程序

(1) 获取时间

```
# 调用 time 库
import time
# 获取时间戳时间
print(time.time())
```

输出结果为该时刻的时间戳时间:

```
1670313609.7797089
```

```
# 获取可读的时间戳
print(time.ctime())
```

输出结果为该时刻的可读时间:

```
Tue Dec 6 16:00:10 2022
```

```
# 获取 0 时区元组时间
print(time.gmtime())
```

输出结果为该时刻的元组时间:

```
time.struct_time(tm_year=2022,tm_mon=12,tm_mday=6,tm_hour=8,tm_min=0,tm_sec=
12,tm_wday=1,tm_yday=340,tm_isdst=0)
```

(2) 获取以中文单位表示的时间

```
# 调用 time 库
import time
# 获取 0 时区元组时间,并赋值给变量 t
t=time.gmtime()
```

```
# 运用时间格式符号定义输出时间的格式
print(time.strftime("%Y年%m月%d日,%H时%M分%S秒",t))
```

输出结果如下：

```
2022 年 12 月 06 日,08 时 12 分 31 秒
```

（3）获得指定时间的时间戳

```
# 调用 time 库
import time
# 输入可读时间
t1="9月1日,8点0分0秒,2022年"
# 运用 strptime() 函数得到计算机内部系统时间。用时间格式符号对应输入可读时间的格
式,%代替数字。最终得到的 t2 是元组时间
t2=time. strptime(t1,"%m月%d日,%H点%M分%S秒,%Y年")
# 运用 mktime() 函数将元组时间转化为时间戳
t3=time. mktime(t2)
print (t3)
```

输出结果为对应的时间戳：

```
1661990400.0
```

（二）时间戳的可靠性

1. 时间戳的精准性

时间戳的精准性指的是时间戳在记录事件发生时间时，能够准确地反映事件发生的实际时间。时间戳扮演的是一个"证人"的角色，不受任何人为因素影响，比传统公信制度更可信。时间戳时间以浮点数的形式存在，精确到单位秒，在验证电子数据产生时间时具有较高的精度。但时间戳的精准性受到很多因素的影响，包括：时钟的精确度、网络延迟、系统繁忙程度等。因此，为了保证时间戳的精准性，通常采用专业的时间同步技术，如 NTP(网络时间协议)，以确保所有记录时间的设备和系统之间具有一致的时间。此外，时间戳也可以通过公证、数字签名等技术进行验证，以提高时间戳的可靠性。

2. 时间戳的难以篡改

时间戳的难以篡改指的是时间戳在记录事件发生时间时，其记录的时间信息不易被篡改。这对于保证事件发生的真实性和证明事件发生顺序具有重要意义。通常，时间戳的不可篡改性可以通过加密算法、数字签名等技术来实现。加密算法可以保证时间戳的安全性，防止其被篡改；数字签名可以证明时间戳的真实性，防止其被

伪造。因此，时间戳在电子商务、电子政务等领域中，通常需要经过严格的安全验证，以保证其难以篡改的特性。

时间戳在实践中的应用就是利用哈希函数和哈希值的特点，把要加盖时间戳的电子数据通过哈希函数运算，得到唯一的哈希值。在审查判定时，对提交的数据通过相同的算法计算其哈希值。经过两次哈希运算，如果得到的结果与之前的结果相同，那么这份电子数据就是在那个时间点存在的，而且是完整、未经修改的。如果经过了篡改便很容易发现两次运算的结果不一致。

3. 时间戳的可加密性

时间戳可以加密，这意味着在创建时间戳时可以对其内容进行加密。这样，在任何时候只有持有正确的密钥才能验证该时间戳。加密可以防止未经授权的用户篡改数字文件的时间戳，从而保证时间戳的完整性和可靠性。

时间戳加密的原理是利用加密算法对时间戳进行加密，以防止其被篡改。加密算法通常分为对称加密和非对称加密两种。对称加密算法，是指使用相同的密钥进行加密和解密，它适用于保密性要求不高的场合，如电子邮件加密。非对称加密算法，是指使用不同的密钥进行加密和解密，它适用于保密性要求较高的场合，如数字签名。当对时间戳加密时，通常采用非对称加密算法，以保证时间戳的安全性。加密后的时间戳不易被篡改，也不易被未经授权的人访问，这有助于保护其真实性。为了保证哈希值不被修改，时间戳服务中心通常会把最终的哈希值通过加密算法进行加密，没有时间戳服务中心提供的密匙系统是无法打开或者修改的，这样就保证了哈希值文件在未来验证时不被质疑是否还是原文件。

（三）时间戳的不可靠性

1. 时间戳源头的不可靠性

时间戳的可靠性受到时间戳源头的影响。如果时间戳源头不可靠，那么生成的时间戳也不可靠。不可靠的时间戳源头可能是缘于设备故障、人为错误或其他原因。此外，如果时间戳源头易受攻击，那么可能存在安全漏洞，进而导致时间戳的不可靠性。因此，在使用时间戳时，需要考虑时间戳源头的可靠性，确保生成的时间戳是准确的和可靠的。

日常生活中人们接触到的时间戳服务系统、可信时钟、时间戳证书在本质上就是获得来源于本地计算机系统的时间戳。然而，本地计算机的时间戳是可以被更改的，因此时间戳不等于可信时间。可信时间戳十分依赖时间来源，不能是可修改的本地计算机时间，而必须是来源于可信的时间，例如经过国家授时中心授权的时间来源。可信时间戳是一种符合法律法规要求的时间戳，通常由权威机构或第三方时间戳服务提供商提供。这种时间戳不仅提供了确定性的时间戳，而且提供了符合法律法规要求的可靠性、安全性和可证明性。可信时间戳通常需要使用安全的加密技术来保证其不可篡改，并通过多种方法证明其可靠性。

2. 时间戳获得、保存过程的不可靠性

时间戳获得和保存的过程可能存在不可靠性。例如，在获取时间戳的过程中，可能出现网络中断、计算机故障等，导致无法准确获取时间戳。在保存时间戳的过程中，可能出现数据损坏、系统故障等，导致无法准确保存时间戳。因此，要保证时间戳获得和保存的过程的可靠性，必须采取有效的安全措施，如定期备份数据、引入完善的故障恢复机制等。时间戳的可靠性有赖于取证主体对具体的取证流程及操作的设计和选择。

（四）如何更好地规制时间戳

为了确保时间戳在电子证据中发挥积极的作用，我们需要确保时间戳在实际运用中的可靠性。在提高时间戳可靠性方面存在两种手段，分别是通过法律手段对时间戳技术进行规范，以及通过技术手段提高时间戳本身的可靠性。

在时间戳自身可靠性的提高方面，也涌现了许多成熟的技术手段。提高时间戳的可靠性的技术方法有：使用高精度的时钟设备来生成时间戳，以确保时间戳的精确度；在生成时间戳的过程中加入随机数来增加时间戳的难以篡改性；对时间戳的存储进行加密以防止数据的篡改；对时间戳的源头进行验证，以确保时间戳的可靠性；通过链接多个时间戳来提高时间戳的可靠性，并且确保时间戳不可篡改；使用可信时间戳服务来获取可靠的时间戳。

三、关于时间戳证据的延伸阅读

时间戳技术基于其所具有的精准性、难以篡改性和可加密性特征而产生了独特的应用价值，在实践中时间戳证据得到了广泛的应用。在电子商务中，时间戳证据可以用来证明订单、合同、交易等电子文件的生成时间、完成时间和有效性。在司法领域，其应用多集中在电子合同、著作权权属证明、侵权证据保全等领域。我国互联网法院明确将时间戳认证作为认定电子证据真实性的法定工具，近年来，其他法院在审理知识产权、网络购物、网络信贷等民事案件时也大量使用可信时间戳进行电子数据鉴真，相关判决逐年增多。据中国裁判文书网的数据，时间戳认证在知识产权纠纷中的应用呈现爆炸式增长，从 2012 年的 2 件增加到 2016 年的 427 件，再到 2021 年的 14 528 件。[①] 同时，时间戳证据作为区块链证据的重要组成部分，与哈希值计算、智能合约、电子签名等相结合，可以用来解决电子数据的完整性、真

---

① 笔者于 2023 年 2 月 25 日对中国裁判文书网进行了全文检索。检索条件：（1）案件类型：民事案件；（2）案由：知识产权与竞争纠纷；（3）审判程序：民事一审；（4）审判日期：2012 年 1 月 1 日至 2022 年 12 月 31 日；（5）全文：时间戳认证。共检索到 47 265 篇裁判文书，但 2022 年数量远低于 2021 年。

实性问题，这已陆续为各地法院所认可。

　　然而，司法实践对时间戳证据进行审查认定时也存在诸多困难，主要表现在对时间戳证据的效力认定问题和法官自身局限性两方面。关于时间戳证据效力的审查，有研究指出，由于时间戳证据的"证明力主要依靠可靠的技术及规范的操作"，以及"时间戳取证模式的有偿性、单方性和自发性的天然程序性缺陷"，如何认定此种取证模式的效力以及时间戳技术的可靠性成为司法审判的难点。[①] 单方取证模式的审查侧重于判断取证对象的真实性，形式上主要审查当事人操作时的规范性，而此种取证规范尚无明确的统一规定；实质真实性的审查则必须结合其他证据综合评断，因为时间戳证据的真实性与待证事实的真实性并非直接相关。如在一起侵害作品信息网络传播权纠纷中，二审法院认为："即便该证书系有资质机构出具的证明文件，但该认证行为针对的只是上传时间，而非文件本身，仅能证明华盖创意公司在其申请认证的时间将相关文件上传至该机构网站。由于该文件的来源和操作过程均由华盖创意公司单方控制和操作，缺乏第三方有效监督，因此无法确保光盘内容的客观性、公正性和合法性。"[②]

　　经过本章的学习，同学们能够对时间戳证据的形成和验证有更加深刻准确的理解。

1. 关于时间戳证据的形成原理

　　通俗讲，时间戳证据就是服务器给电子文件加上时间的标记，即在电子文件的数据块上加上时间戳，证明在标识的时间刻度下这个电子文件是真实存在的。所以时间戳证据是包含时间戳和电子文件的证据，形成过程分为三步，即时间戳的生成、时间戳的加载、时间戳证据的加解密。时间戳的生成有多种途径，可以通过 Python 语言中 time 库和时间戳转换器等方法获取计算机内部的系统时间，此时须注意时间源管理，确保时间源来源于国家授时中心或者国家授时中心认可的硬件和方法，实现从我国唯一提供权威可信时间源的国家授时中心生成可信时间戳。时间戳加载是指，将电子文件的时间戳加载至电子文件经哈希运算生成的数字指纹（又称哈希值、数字摘要）中，即将时间戳与哈希值进行捆绑。时间戳证据的加解密是指采用加密算法对时间戳与哈希值进行捆绑后形成的时间戳文件进行加密，得到密文；在验证的时候，再通过相应的解密算法对密文进行解密，得到明文，与待检的文件哈希值进行比对，确定待检文件是否就是当时与时间戳捆绑的文件，进而以解密后的时间戳确定待检文件在时间戳生成时是否存在并保持不变。

　　这一形成原理在国际电子时戳标准规范 RFC3161 及我国《公钥基础设施 时间戳规范》中关于时间戳证据须遵循的工作流程中得到运用。[③] 首先，时间戳规范中

　　① 罗曼，雒欣. 知识产权审判视角下时间戳取证模式的检视与完善. 电子知识产权，2020（9）：86.
　　② 北京知识产权法院（2015）京知民终字第 1868 号民事判决书.
　　③ 高珊. 可信时间戳用于电子文件存证研究. 云南档案，2022（2）：56 - 58.

规定了时间戳的生成。在收到用户的请求提供时间戳服务后，时间戳服务中心对接国家授时中心的权威时间源，获得即时时间①信息，生成时间戳。其次，规范中规定了时间戳的加载。用户在提出请求时需要提交电子文件，该文件随后经过哈希运算，生成一串固定长度（128 位）的数字摘要即哈希值，又称数字指纹。数字指纹与电子文件唯一对应，具有指纹在人身识别上的作用而被称为数据电文的指纹。随后，时间戳服务中心将生成的时间戳与电文的哈希值捆绑。② 最后，规范中规定了时间戳证据的加解密过程。时间戳服务中心对哈希值和时间戳捆绑后形成的时间戳文件进行加密，并提供用户解密的钥匙和时间戳证书。可信时间戳技术采用非对称加密技术。加密和解密使用不同密钥，公钥加密的数据只能用对应的私钥解密，而私钥加密的数据只能用对应的公钥解密。公钥向公众公开，私钥只由解密人或加密人掌握，公钥可由私钥衍生，但无法由公钥推算出私钥，加密和解密相对独立。③

2. 关于时间戳证据的验证原理

通过验证待检电子文件和加载后时间戳证据上记录的电文哈希值，时间戳证据就可以得到验证。具体而言分为三步。第一步，法官对待检电文经过哈希运算得到其哈希值；第二步，法官用解密用的钥匙对时间戳证据进行解密，得到时间戳证据中记录的电文的哈希值，将该哈希值与待检电文的哈希值进行比对，一致的话得出两个电文是同一文件的结论；第三步，从解密后的时间戳证据中得到记录的时间戳，转化为可读时间，即为待检文件的存在或形成时间，即该文件在时间戳时间时存在，并且保持不变到待检之时。这一原理也在国际电子时戳标准规范 RFC3161 中得到运用。时间戳服务中心完成加密后会返回用户时间戳证书和时间戳文件。用户可以将其与电子文件一一对应，形成电子文件包并保存。在验证时，用户将电子文件再次采用哈希函数进行哈希运算生成哈希值。用时间戳证书中载明的公钥对时间戳文件进行解密提取出时间戳文件中的哈希值。将两个哈希值作对比，当二者一致时，证明电子文件在申请时间戳时已经存在并且至验证时未被篡改。④

因此，虽然时间戳证据的形态千变万化，但是万变不离其宗，都需要遵循这三步，才可以形成时间戳证据，发挥时间戳证明相关材料形成或存在时间的作用。根据不同的软件系统设计，这三步也可能几乎同时完成，也可能某两步同时完成。即便如此，三步的逻辑和技术都是独立存在的，是不可或缺的。根据时间戳证据的概

---

① 即时时间是指格林尼治时间 1970 年 1 月 1 日 00 时 00 分 00 秒（北京时间 1970 年 1 月 1 日 08 时 00 分 00 秒）起至收到该份电子文件时的总秒数。

② See RFC3161 2.1. Requirements of the TSA；参见中华人民共和国国家质量监督检验检疫总局、中国国家标准化管理委员会《公钥基础设施 时间戳规范》6.4 申请和颁发过程，GB/T20520—2006。

③ See RFC3161 2.3. Identification of the TSA；参见中华人民共和国国家质量监督检验检疫总局、中国国家标准化管理委员会《公钥基础设施 时间戳规范》8.1 对 TSA 的要求，GB/T20520—2006。

④ See RFC3161 4. Security Considerations；参见中华人民共和国国家质量监督检验检疫总局、中国国家标准化管理委员会《公钥基础设施 时间戳规范》9.2.3 签名系统，GB/T20520—2006。

念和形成、验证原理，对时间戳证据的审查认定应当分为三部分，即时间源的审查、时间戳加载的审查、时间戳加解密的审查。

首先，三部分都审查才能保证时间戳证据发挥作用。时间信息是电子文件法律效力的重要保障[①]，若轻信服务机构利用各种时间接收设备获取时间而签发的时间戳，很可能因其在接收时存在时间被篡改或被重新生成的可能而失去法律效力。[②] 若时间戳加载出现问题，就无法使电子文件的时间戳与数字摘要对应起来，也就无法发挥证明作用。此外，若私钥被泄露，那么电子文件尤其是其中重要的数据很有可能被泄露，从而危及电子文件的内容安全。其次，三部分审查认定后就能够保证时间戳证据的证明价值。当时间源是高度权威的，且能够提供准确的、值得信赖的当前时间值，那么便可以不受用户自行设置时间的任何干扰和影响。时间戳与哈希值进行捆绑能使时间戳文件证明何时、内容为何这两个要点。权威可信时间戳服务中心有一整套机制确保其非对称加密算法是安全可靠的，即使被破解或私钥被泄露，也有专门的预案以保障系统安全，确保时间戳认证的可信度。因此如果三个部分经审查均可靠，时间戳证据就是可靠的。时间源可信、时间戳加载准确、加解密安全可靠，就可以保证待检电文如果发生变化就无法通过验证，如果没有发生变化就肯定可以通过验证。

时间戳证据具有广泛的应用场景，在案件事实认定中发挥着重要的作用。由于对其审查认定存在困难，学界说法纷纭，难以应对千变万化的技术和系统。本部分从其技术原理和形成机理出发，以证据法理论为基础，提出三部分审查的方法。即时间戳证据的审查认定分为时间源、时间戳加载、时间戳加解密三部分的审查。每一部分的审查都有其侧重点。时间源的审查认定主要围绕时间源的可信度来展开，可信度的确定依赖于时间源属于哪种分类，总的来说，本地时间源可信度低于第三方时间源，其他时间源可信度低于可信时间源。时间戳加载的审查认定旨在确保时间戳和电子文件之间形成唯一对应的映射关系，从而发挥时间戳证据为电子文件提供存在性证明和完整性证明的作用，解决在电子证据认定过程中对电文是否被篡改、伪造和产生时间确定性的质疑。时间戳加解密的审查认定则围绕加解密技术的可靠性和管理系统的安全性来进行。加解密技术的可靠性会直接影响时间戳证据的证据资格和证明力；管理系统的安全性则遵循官方认证优于第三方大平台、第三方大平台优于本地自建的原则。三部分审查的方法能够确保时间戳证据在诉讼中作为认定案件事实的依据，使其发挥推定真实的作用。

劳伦斯·莱斯格教授曾提出"代码即法律"的著名论断。[③] 随着"代码法官"

---

① 王彩玲，高倩.可信时间戳技术在电子物证取证中的应用分析.网络安全技术与应用，2016（11）：159.

② 赵屹.电子文件防篡改技术发展对档案管理的影响及启示.档案学研究，2019（6）：77-85.

③ 劳伦斯·莱斯格.代码2.0：塑造网络空间的法律.修订版.李旭，沈伟伟，译.北京：清华大学出版社，2018：1.

逐渐行使越来越多的数字司法权[①]，我国学者也提出代码之治与法律之治并进的二元共治新模式。[②] 实现"法律与技术共治"的美好蓝图，首先需要我们了解底层的技术原理和形成机理。此外，正是因为可信时间戳技术有着较为明确的技术标准，时间戳证据才能在司法证明活动中得到当事人及法官的认可。

四、程序进度提示行问题的解决

程序计时的功能在 Python 中具有重要的意义。在编写程序时，就同一任务而言，不同的人可能会设计出不同的程序。在判断何种方式更优时，往往会将程序运行时间纳入考量范围内。因此，程序计时的功能就可以帮助我们获得程序运行的时间，比较不同的编写程序。此外，当我们在判断计算机硬件性能时，也可以依靠程序计时的思路加以判断。编写程序计时或者程序进度提示行的代码需要借助 time 库中的 sleep(secs) 函数与 perf_counter() 函数。

sleep(secs) 函数可以实现令当前执行的线程暂停特定 secs 即秒之后再继续执行。所谓暂停，即令当前线程进入阻塞状态，当达到 sleep() 函数规定的时间后，再由阻塞状态转为就绪状态，等待 CPU 调度。例如，time.sleep(1) 是指当前运行程序在此处暂停 1 秒。

perf_counter() 函数始终以秒为单位返回时间的浮点值，返回性能计数器的值（以小数秒为单位），即具有最高可用分辨率的时钟，以测量短时间。返回值的参考点是不确定的，因此仅连续调用结果之间的差有效，达到类似 time.sleep() 的功能。具体而言，每次调用 perf_counter() 函数时可以显示当前运行的时间，通过前后两次调用可以计算得到程序运行的用时。

1. 程序进度提示行问题的分析

在日常生活中，我们在网站上下载软件时会出现进度提示条以提示目前的下载进度。以下示例的程序旨在模拟现实生活中频繁运用的程序进度提示功能。

2. 确定输入、输出

输出的程序进度提示行由字符串表示，由四部分组成：已经完成的进度（" * "表示）、尚未完成的进度（" = "表示）、完成的百分比数值、程序当前用时。

3. 确定中间的处理过程

将进度行逐渐增加的过程想象成循环，每循环一次就打印出一个格式化的字符串。该循环持续 100 次，循环第一次时进度完成 1%，此时" * "的个数为 1，" = "的个数为 99，

① 李伟．司法区块链的"去中心化"困局与出路：以"去中心化"争议解决机制为研究对象．西南政法大学学报，2021（3）：91-92.

② 徐冬根．二元共治视角下代码之治的正当性与合法性分析．东方法学，2023（1）：47.

耗时使用 time 库的 perf_counter() 函数。以此类推,又如当循环到第 50 次时,进度为 50%,"*"个数为 50,"="个数为 50。每次循环中,"*"与"="的总数为 100。

因此,我们可以用 for 循环,设置 for i in range(100)。其次,需要用 format() 函数格式化字符串,用四个变量代表上述四部分内容,分别是已经完成的进度、尚未完成的进度、完成的百分比数值、程序当前用时。"="的个数用 100-i 表示,"*"的个数等于 i,当前进度为 i%。在计算当前用时的过程中,要注意现实的时间为累计时间,而不是每次循环的时间。因此,应当在循环开始之前调用 perf_counter() 函数,使计时不会因为循环而重新进行。

4. 程序示例

```
#调用 time 库
import time
#将 st 定义为调用前的时间
st=time.perf_counter()
#使用 for 函数遍历循环
for i in range(100):
    #用 * 表示程序已经完成的进度
    a="*"*i
    #用=表示程序尚未完成的进度
    b="="*(100-i)
    #变量 c 用以表示完成的百分比数值
    c=i/100
    #将 et 定义为调用后的时间
    et=time.perf_counter()
    #dur 表示所用时间,由后时间减去前时间得出
    dur=et-st
#sleep() 函数使得每次循环减缓 0.1s,由于程序运行速度过快,减速便于观察进度条
time.sleep(0.1)
#按照给定格式打印字符串。其中 end="\r"要求在一行内打印完,光标回到本行的开头
print("{}{:.1%}{}{:.2f}s".format(a,b,c,dur),end="\r")
```

输出结果(位置所限,此处星号数量有所删减)如下:

```
****************************** 100.0% 10.89s
```

第六章
Python 程序的控制结构

第一节　程序的分支结构

一、前章回顾

上一章介绍了 Python 中 time 库的背景知识、使用方法、三种时间类型，还介绍了时间戳的法律意义，时间戳在法学应用中具有的正确性、可靠性、可证明性、可追溯性的特点以及其可能存在的问题，简述了我国对时间戳相关问题的规制，对其在法学领域的应用价值、应用场景、未来发展进行了介绍。此外，上一章还介绍了通过 Python 生成时间戳的程序编写和调试，并讨论了时间戳的可靠性、不可靠性及未来对时间戳的规制思路等问题。在上述关于 time 库的介绍基础上，上一章还进一步通过运用 time 库解决程序进度提示问题的练习，展示了问题的分析、输入输出确定、处理过程确定及示例代码。

二、Python 中的程序控制概述

Python 的程序控制用来把握语句与语句之间的结构，确定语句执行的顺序以及条件。目前我们已经接触的程序控制包括顺序结构、分支结构和循环结构，可以通过这些结构来控制语句执行的顺序。

其中，顺序结构是指按代码顺序执行代码。如果不运用分支结构或循环结构对程序进行控制，则程序会按照从前到后的顺序一一执行。

分支结构的存在使得部分语句得到执行而部分语句不被执行。分支结构分为单分支结构、二分支结构、多分支结构、条件判断及组合、程序的异常处理。

循环结构使得部分语句得到反复的执行。通过循环可以大大减少开发人员的工作量，也是利用程序提升工作效率的优势之一。

循环结构又分为遍历循环与无限循环。for 循环是遍历循环的结构，遍历的对象

可以是字符串或者列表。while 是无限循环，即使赋值为空，程序也不会报错，只有当指令停止时才会停止循环。在执行循环的过程中，如果想提前退出循环或跳过某一次循环则可借助于流程控制关键词。Python 中提供了两个流程控制关键词：break 和 continue。break 的含义为中断，表示退出当前循环结构，虽然此时仍然满足循环条件；continue 的含义为继续，表示跳过本次循环，继续下一次循环，即只是跳过循环结构中 continue 之后的所有语句，其他语句仍然继续执行，直到循环执行结束。

三、Python 中的分支程序

1. 单分支

单分支结构是根据判断条件结果判断而选择不同向前运行路径的运行方式。单分支结构只出现 if 一次条件判断。语句块是满足 if 条件后执行的一句或几句程序，通常，当条件判断为 True 时，执行语句块，当判断为 False 时，跳过语句块不执行。单分支结构语法示例：

```
if〈条件〉:
    〈语句块〉
```

程序运用示例：这段代码会接受用户输入的数字 x，使用 if 语句判断它是否为正数。如果 x 大于等于 0，它会输出"正数"。

```
#输入一个数字
x=int(input("请输入一个数字:"))  # 判断数字是否为正数
if x>=0:
    print("正数")
```

2. 二分支

二分支结构是根据判断条件结果选择不同向前路径的运行方式，围绕着 if-else 结构。在执行二分支结构时，先判断 if 后的条件语句，但结果为 True 时，执行语句一，否则执行语句二。python 中 if-else 语句语法格式如下：

```
if〈条件〉:
    〈语句块一〉
else:
    〈语句块二〉
```

程序运用示例：这段代码会接受用户输入的数字 x，使用 if 语句判断它是否为正数。如果 x 大于等于 0，它会输出"正数"；否则，输出"负数"。

```
#输入一个数字
x=int(input("请输入一个数字:"))
#判断数字是否为正数
if x>=0:
    print(" 正数")
else:
    print(" 负数")
```

3. 多分支

多分支结构围绕着 if-elif-else 结构，执行时是从上到下依次执行判断，当某个条件语句结果为 True 时执行它所对应的语句块，然后跳出结构，即使后边还有条件语句判断为 True，也不会执行；如果条件语句结果都为 False，执行 else 下的语句块 n+1。Python 语言中 if-elif-else 语句语法格式如下：

```
if〈条件一〉:
  〈语句块一〉
elif〈条件二〉:
  〈语句块二〉
……
elif〈条件 n〉:
  〈语句块 n〉
else:
  〈语句块 n+1〉
```

程序运用示例：这段代码会接受用户输入的分数，使用多个 elif 分支确定对应的字母等级。如果分数大于等于 90，它会输出"A"；如果分数大于等于 80 且小于 90，它会输出"B"；以此类推。如果分数小于 60，它会输出"F"。

```
#输入一个分数
score=int(input("请输入一个分数:"))
#根据分数确定成绩等级
if score>=90:
    print(" A")
elif score>=80:
    print(" B")
elif score>=70:
    print(" C")
elif score>=60:
    print(" D")
else:
    print(" F")
```

多分支语句在设计时对不同分支进行分级处理，需要注意条件间的包含关系，注意变量取值范围是否有重叠，以及在两个条件都有可能满足的情况下，该如何处理的问题。这就要求对于某一个问题的处理在逻辑把握上必须连贯清晰。彼此覆盖的情况会导致一些错误，产生不符合问题初衷的回答。另外，多分支语句都是逐一按照先后顺序来判断条件是否成立的。一旦某一种条件先成立，该程序便不会考虑后面的条件。如果后面的条件被前面的条件所包含，那么后面的条件便没有存在的意义。

4. 分支条件的撰写

（1）操作符

对于条件语句，Python 提供了六种关系操作符（见表 6 - 1）。其中等于不能写作"＝"，因为"＝"是用于赋值，而不能用来判断。

表 6 - 1 关系操作符

操作符	操作符含义
＜	小于
＜＝	小于或等于
＞＝	大于或等于
＞	大于
＝＝	等于
！＝	不等于

程序示例：运用操作符可以用来判断数值大小以及逻辑等于或不等于。下列代码会接受用户输入的两个数字 x 和 y，使用 if-elif-else 语句比较它们的大小。如果 x 大于 y，它会输出"第一个数字比第二个数字大"；如果 x 小于 y，它会输出"第一个数字比第二个数字小"；否则，输出"两个数字相等"。然后，使用 if-else 语句检查两个数字是否相等，如果相等则输出"两个数字相等"，否则输出"两个数字不相等"。

```
#输入两个数字
x= int(input("请输入第一个数字:"))
y= int(input("请输入第二个数字:"))
#比较两个数字的大小
if x>y:
    print("第一个数字比第二个数字大")
elif x<y:
    print("第一个数字比第二个数字小")
else:
    print("两个数字相等")
```

```
#检查两个数字是否相等
if x==y:
    print("两个数字相等")
else:
    print("两个数字不相等")
```

（2）保留字

Python 还有保留字 and、or、not 辅助条件判断。and 表示条件需要同时成立，or 表示任一条件成立即为 True，not 表示得到相反的判断结果。and、or 和 not 是 Python 中的逻辑运算符，它们可以用于操作布尔值：

and：如果两个布尔值均为 True，则返回 True，否则返回 False。

or：如果两个布尔值中至少有一个为 True，则返回 True，否则返回 False。

not：如果布尔值为 True，则返回 False，否则返回 True。

下面是一个简单的示例，在这个示例中，我们定义了两个布尔值 a 和 b，并使用 and、or 和 not 进行了运算，以验证它们的结果。

```
a=True
b=False
#使用 and
result=a and b
print(result)  # False
#使用 or
result=a or b
print(result)  # True
#使用 not
result=not a
print(result)  # False
```

5. 异常程序处理

Python 程序一般对输入有一定要求，但当实际输入不满足程序要求时，可能会产生程序的运行错误，例如程序报错出现的 TypeError、NameError 等。

（1）try-except

Python 语言使用保留字 try 和 except 进行异常处理，只要程序可能异常退出，无论哪种类型，都可以使用 try-except 捕捉这种异常。使用 try-except 之后，如果 try 之后的语句出现了错误，则程序执行 except 保留字之后的语句，使得程序即使有错误也可以运行。如果只需要捕捉某种错误，则在 except 后列举具体的错误类型，例如当输入 TypeError 时，该程序只会捕捉 TypeError 的错误。其基本语法格式如下，语句块 1 是正常秩序的程序内容，当执行这个语句块发生异常时，则执行 except 保留字后面的语句块 2。

```
try：
    〈语句块 1〉
except：
    〈语句块 2〉
```

下面是一个简单的示例，在这个示例中，我们尝试将用户输入的字符串转换为整数。如果发生错误，例如用户输入的不是数字，则抛出 ValueError 异常，并在 except 代码块中处理它。这样，我们就可以确保程序在遇到错误时不会停止运行，而是能够继续执行。

```
try：
 #运行代码块
    x＝int(input("请输入数字:"))
    print("您输入的数字是:",x)
except ValueError：
 #如果在上面的代码块中发生了 ValueError 异常，则执行此代码块
    print(" 您输入的不是数字，请重新输入。")
```

（2）try-except-else-finally

try-except-else-finally 是一个更高级的用法。else 语句的作用是：当 try 的代码块中没有出现异常时，执行 else。出现异常时，不执行 else。finally 表示不管有没有异常的出现，最终都一定会执行 finally 后面的语句。else、finally 丰富了原本 try-except 的功能，在存在报错的基础上可以执行更多内容的语句。

以下为异常处理的示例程序：

```
try：
    num＝eval(input("请输入一个整数:"))
    print(num ** 2)
except NameError：
    print(" 输入不是整数")
else：
    a＝num ** 3
    print("{}的 3 次方是:{}".format(num,a))
finally：
    print("最终输出为")
```

执行结果为：

```
请输入一个整数：【输入 34】
1156
34 的 3 次方是：39304
最终输出为
```

6. 紧凑形式：适用于简单表达式的二分支结构

分支结构存在多种书写形式，除平常多行的写法之外还可以使用紧凑形式，紧凑形式一般适用于简单表达式的二分支结构。语法示例如下：

```
〈执行语句一〉if〈条件成立〉else〈执行语句二〉
```

例如在执行 print 时，可以使用紧凑形式的写法：print("判断{}".format("正确" if a==b else "错误"))。

四、分支结构课堂练习

（一）自动计算受贿罪量刑

1. 分析问题

要完成自动计算受贿罪量刑的程序编写，首先要回归到《刑法》中关于受贿罪处罚的法条，并依据法条规定来确定程序应当如何编写。

《刑法》第 383 条规定："对犯贪污罪的，根据情节轻重，分别依照下列规定处罚："

"（一）贪污数额较大或者有其他较重情节的，处三年以下有期徒刑或者拘役，并处罚金。

"（二）贪污数额巨大或者有其他严重情节的，处三年以上十年以下有期徒刑，并处罚金或者没收财产。

"（三）贪污数额特别巨大或者有其他特别严重情节的，处十年以上有期徒刑或者无期徒刑，并处罚金或者没收财产；数额特别巨大，并使国家和人民利益遭受特别重大损失的，处无期徒刑或者死刑，并处没收财产。

"对多次贪污未经处理的，按照累计贪污数额处罚。

"犯第一款罪，在提起公诉前如实供述自己罪行、真诚悔罪、积极退赃，避免、减少损害结果的发生，有第一项规定情形的，可以从轻、减轻或者免除处罚；有第二项、第三项规定情形的，可以从轻处罚。

"犯第一款罪，有第三项规定情形被判处死刑缓期执行的，人民法院根据犯罪情节等情况可以同时决定在其死刑缓期执行二年期满依法减为无期徒刑后，终身监禁，不得减刑、假释。"

《刑法》第 386 条规定："对犯受贿罪的，根据受贿所得数额及情节，依照本法第三百八十三条的规定处罚。索贿的从重处罚。"

2. 确定 IPO

根据以上相关法条分析可知，要完成自动计算受贿罪量刑的任务，需要在输入中给定一些变量值，主要包括受贿金额和犯罪情节两大类，输出值则是对某一特定受贿金额及情节的量刑建议。

关于处理过程，首先需要注意的是，在《刑法》第 383 条的规定中，数额与情节之间的"或者"关系与计算机语言当中的 or 是有所区别的——刑法相关法条中的"或者"并非平行的或关系，而是具有优先程度上的不同。具体来说，在考虑受贿罪量刑问题时，受贿金额相对优先于情节严重程度。

根据 2016 年出台的最高人民法院、最高人民检察院《关于办理贪污贿赂刑事案件适用法律若干问题的解释》，受贿金额达到 3 万元以上 20 万元以下可以定档 3 年以下有期徒刑或拘役，如果受贿金额为 1 万元以上不满 3 万元，但具有较重情节，依旧会按照 3 万元以上 20 万元以下的 3 年以下有期徒刑或拘役一档来确定量刑。同样的，受贿金额达到 20 万元以上 300 万元以下也可以直接定档 3 年以上 10 年以下有期徒刑，如果受贿金额在 10 万元以上不满 20 万元，但又具有所列举的严重情节，同样可以按照 3 年以上 10 年以下有期徒刑一档来确定量刑。受贿金额达到 300 万元以上可以直接定为受贿金额特别巨大，处 10 年以上有期徒刑或无期徒刑，受贿金额在 150 万元以上 300 万元以下，如果有特别严重情节，也可以适用 10 年以上有期徒刑或无期徒刑来进行量刑。

与前几章中所做过的关于受贿金额对量刑影响的练习相比，此次"自动计算受贿罪量刑"的练习更为具体和复杂，在假设已知具体受贿金额和犯罪情节的前提下计算具体刑期。在之前的练习中，对于量刑—受贿金额之间的关系作了等比例线性增加、分段线性增加或抛物线型相关关系的简化处理，以构造一个大致合乎法律规定的量刑—受贿金额关系。而在本章的练习中，将会给定具体的受贿金额、作为犯罪构成要件的情节以及在量刑中需要考虑的法定或酌定的量刑情节，并以此为基础考虑如何通过程序输出一个符合法律规定的、合理的量刑建议，包括刑期和罚金。

总结本练习中相关输入和输出变量如表 6-2 所示，可以看出，为实现该任务，可以使用多分支结构编写程序，以输入的受贿金额为基准进行刑期分档，再根据影响犯罪构成的情节调整分档，从而确定输出的量刑建议，包括刑期和罚金。

表6-2 输入和输出变量

项目	变量		
输入	受贿金额		
	情节	影响犯罪构成的情节	例：确定量刑分档时考虑的情节
		影响量刑的情节	例：立功、坦白、自首、主犯从犯
输出	量刑建议	刑期长度	
		罚金额度	

3. 编写程序

根据《刑法》相关法条规定，自动计算受贿罪量刑的多分支结构代码框架与注释及输出结果如下所示：

```
amount=eval（input（））
qingjie=input（）
l1=["曾因贪污、受贿、挪用公款受过党纪、行政处分","曾因故意犯罪受过刑事追究","赃款赃
    物用于非法活动""拒不交代赃款赃物去向或者拒不配合追缴工作,致使无法追缴","造成
    恶劣影响或者其他严重后果","多次索贿","为他人谋取不正当利益,致使公共财产、国家
    和人民利益遭受损失","为他人谋取职务提拔、调整"]
if amount<1：
    sentence="不处刑罚"
elif amount<3：
    if qingjie in l1：
        sentence="三年以下"
    elif qingjie not in l1：
        sentence="不处刑罚"
elif amount<10：
    if qingjie in l1：
        sentence="三年以下从重"
    elif qingjie not in l1：
        sentence="三年以下"
elif amount<20：
    if qingjie in l1：
        sentence="三年到十年"
    elif qingjie not in l1：
        sentence="三年以下"
elif amount<100：
    if qingjie in l1：
```

```
            sentence="三年到十年从重"
        elif qingjie not in l:
            sentence="三年到十年"
elif amount<300:
        if qingjie in l:
            sentence="十年以上"
        elif qingjie not in l:
            sentence="三年到十年"
else:
        if qingjie in l:
            sentence="无期、死刑"
        elif qingjie not in l:
            sentence="十年以上"
print（sentence）
```

```
301
多次索贿
无期、死刑
```

（二）自动计算身体质量指数（BMI）

1. 分析问题

根据世界卫生组织及国家卫生健康委员会的指南，身体质量指数（BMI）的计算方式及判断标准如表 6-3 所示：

表 6-3　BMI 标准

分类	国际 BMI 值（kg/m²）	国内 BMI 值（kg/m²）
偏瘦	<18.5	<18.5
正常	18.5—25	18.5—24
偏胖	25—30	24—28
肥胖	>=30	>=28

基于此判断标准可以分析自动计算身体质量指数（BMI）所需要的输入、输出项及处理过程。

2. 确定 IPO

根据上述计算方式和判断标准可知，要自动计算身体质量指数（BMI），需要输入身高（m）和体重（kg）值，通过计算得出 BMI 值，再通过多分支结构判断该身高体重对应的 BMI 值属于什么分类。

3. 编写程序

根据世界卫生组织及国家卫生健康委员会的指南，自动计算身体质量指数（BMI）的程序代码及注释如下所示：

```
#输入并读取体重值(kg)和身高值(m)
tizhong＝eval(input())
gaodu＝eval(input())
#计算 BMI 值＝体重(kg)/身高(m)²
BMI＝tizhong/pow(gaodu,2)
#通过多分支结构判断 BMI 值在国际/国内标准中的对应分类
if BMI<18.5：
    guonei＝"偏瘦"
    guoji＝"偏瘦"
elif BMI>＝18.5 and BMI<24：
    guonei＝"正常"
    guoji＝"正常"
elif BMI>＝24 and BMI<25：
    guonei＝"偏胖"
    guoji＝"正常"
elif BMI>＝25 and BMI<28：
    guonei＝"偏胖"
    guoji＝"偏胖"
elif BMI>＝28 and BMI<30：
    guonei＝"肥胖"
    guoji＝"偏胖"
elif BMI>＝30：
    guonei＝"肥胖"
    guoji＝"肥胖"
#输出 BMI 值及在国际/国内标准中的对应分类
print("BMI 值为{}时,国内{},国际{}。".format(BMI,guonei,guoji))
```

第二节　程序的循环结构

一、循环程序概述

循环，就是周而复始地重复下去，直到条件改变才会终止，比如日常运行的公交车、地铁等公共交通工具会不断地往返于始发站和终点站，类似反复进行同一件事的情况即称为循环。循环语句/循环程序（Loop Statement）又称为重复结构，用于反复执行某一操作，运行同一段代码，是计算机语言中一种常见的控制流程，是一段在程序中只出现一次但可能会连续运行多次的代码。循环中的代码会运行特定的次数，或者是运行到特定条件成立时结束循环，或者是针对某一集合中的所有项目都运行一次，在完成循环之前程序不会运行该循环之后的代码语句。

循环程序是 Python 编程中非常重要的一部分，它可以重复执行某些操作，从而提高代码的效率。例如，当我们想要遍历某个序列（以某个罪名列表为例），并将其中的元素（即罪名）全部加上一个"罪"字并打印出来，若要逐次重复 print 命令将会非常低效，动辄需要几百上千行代码。而若使用 for 循环，则可以十分方便地通过一段循环语句遍历该序列，只需要几行代码即可将其中的所有罪名加上"罪"字并输出。再例如，在前面章节的"受贿金额－量刑累计影响"中，若要对繁多的个案受贿金额逐一进行多次条件判断计算出对应的量刑，代码将十分冗杂。而若使用 while 循环，则可以十分方便地通过一段循环语句对输入的所有个案受贿金额循环进行条件判断，只需要几行代码，就可以输出它们分别对应的量刑结果。

在 Python 中循环主要有两种类型：其一是遍历循环，又称计次循环，即重复一定次数的循环，例如 for 循环；其二是无限循环，又称条件循环，即一直重复直到条件不满足时才结束的循环，例如 while 循环。下面将对这两种循环语句展开介绍。

二、遍历循环

对于在应用中可以提前知道所需重复次数的处理对象，通过遍历循环可以实现逐一重复处理。遍历循环（for 循环语句）是通过遍历某一序列来完成循环，循环结束的条件就是序列被遍历完成。遍历循环的语法格式为：

```
for〈对象中的元素〉in〈被遍历的对象〉:
    〈循环体〉
```

其中的〈对象中的元素〉每经过一次循环就会得到〈被遍历的对象〉序列中的一个元素，并经过〈循环体〉得到处理。〈被遍历的对象〉序列通常是字符串、文件、列表、range()等。〈循环体〉是被重复运行的内容，当序列中的元素全部遍历完成之后，程序会自动退出循环，继续执行后面的语句。

"遍历"是指根据数据之间的逻辑结构，遵循一定的顺序，依次对〈被遍历的对象〉序列中的所有元素做一次且只有一次访问，"遍历循环"可以理解为从〈被遍历的对象〉序列中逐一提取元素，放在〈循环体〉变量中，对于所提取的每个元素执行一个语句块。

遍历循环的应用场景通常发生于提前知道所需重复次数的可迭代处理对象，例如对处理对象序列进行快速的遍历打印、拼接、处理等，像是前面所述为某罪名列表中的每一个罪名加上"罪"字，或是加上逗号；又例如对某刑法文本中的每一个字符统计其在整个文本中的出现次数等场景。

根据被遍历对象类型的不同，遍历循环又包含次数循环 range()、字符串循环、列表循环、文件循环等，接下来将分别介绍。

（一）次数循环 range（）

range() 函数是 Python 中的内置函数，用于生成一系列连续的整数，主要用于 for 循环语句。基于 range() 函数的次数循环语法格式为：

```
for〈变量〉in range():
    〈循环体〉
```

其中 range() 函数用于产生次数，其语法格式为 range(起始点，终点，步长)，在应用中的表达形式有以下三种。

1. range(x)

控制 x 的取值范围，以 0 为起点，x 为终点（但不包含 x），取值范围为 [0, x)。示例如下：

```
In [2]: for i in range(5):
            print(i)
        0
        1
        2
        3
        4
```

2. range(a，b)

以 a 为起点，b 为终点（但不包含 b），取值范围为 [a，b)。示例如下：

```
In [3]: for i in range(1,5):
            print(i)
        1
        2
        3
        4
```

3. range(a，b，i)

以 a 为起点，b 为终点（但不包含 b），i 为步长，即以 [a，b) 为范围、以 i 为间隔取值。示例如下：

```
In [4]: for i in range(0,5,2):
            print(i)

        0
        2
        4
```

　　range（）函数实际上是生成一个公差由自己设置的等差数列，在 for 循环结构中用于指定循环次数或创建迭代器，相比于常规的列表（list）或元组（tuple），range（）的优势在于 range（）对象总是占用固定数量的较小内存，无论其所表示的范围有多大；此外，range（）函数生成的整数序列是惰性生成的，即在需要时逐个生成值，而不是一次性生成所有值。这在处理大范围的序列时更高效。

（二）字符串循环

　　当 for 循环遍历的对象为字符串时，该循环为字符串循环。字符串循环的遍历即按字符串的顺序将其字符从头到尾逐一提取为循环体所处理的元素。

　　在 Python 编程中，字符串是最常用的数据类型之一。字符串不仅可以存储文本信息，还可以进行很多操作，如拼接、截取、替换等。在实际开发中，有时需要对一个字符串进行多次重复的循环操作，这就需要用到字符串循环。其中 for 循环可以很方便地遍历字符串的每一个字符，并对其进行操作。如下所示，即为使用 for 循环遍历了字符串"amelia"：

```
In [14]: str="amelia"
         for i in str:
             print(i,end="-")

         a-m-e-l-i-a-
```

　　在实际编程中，字符串循环应用有很多场景，如字符串加密、字符串匹配、字符串截取等。字符串加密是一种常见的安全措施，可以将敏感信息进行加密，以保障信息的安全性，在 Python 中，可以使用字符串循环进行简单的加密操作，如将字符串中的每一个字符进行位移操作；字符串匹配是一种常见的文本处理操作，可以用于查找特定的字符、串或者模式，在 Python 中，可以使用字符串循环进行字符串匹配操作，如从字符串中查找特定字符或者子串；字符串截取是一种常见的文本处理操作，可以用于提取字符串中的特定信息。在 Python 中，可以使用字符串循环进行字符串截取操作，如从字符串中提取开头或者结尾的字符或子串。总之，在实际开发中，掌握字符串循环的应用技巧对于提高开发效率和代码质量都有很大的帮助。

（三）列表循环

　　当 for 循环遍历的对象为列表时，该循环为列表循环。列表循环的遍历即按列表的顺序将其元素从头到尾逐一提取为循环体所处理的元素。

```
In [11]: for i in [234,"dag",13532]:
             print(i,end=",")

         234,dag,13532,
```

如之前的章节所介绍，列表是数据的集合，列表中的元素有可能是数字类型的数据也有可能是字符串，若需要遍历列表中的字符串，则可以通过多层循环的结构，先对列表进行遍历，再对其中的字符串元素进行遍历，以达成目的。

当用 for 循环遍历 list 列表时，其迭代变量会先后被赋值为列表中的每个元素并执行一次循环体。也就是说，for 循环作用于列表，相当于把列表中的一个元素拿出来，单独进行一轮操作。操作完之后，按照列表内的顺序，转移到下一个元素，再进行一轮操作。for 循环对于每一个元素的操作是相同的，全部元素执行完毕后结束。如上所述，在 Python 编程中，有时我们想一次性对多个字符串进行循环，此时就可以应用列表循环，将多个字符串对象组合成一个列表，通过多层循环的结构，先对列表进行遍历，再对其中的字符串元素进行遍历。

（四）文件循环

当 for 循环遍历对象为文件时，该循环为文件循环。将文件直接读取后，遍历文件最常见的方式是按行遍历。示例如下：

```
In [19]: f1=open("刑法.txt","r",encoding="utf-8")

In [20]: for line in f1:
             print(line, end="/")
```

```
/中华人民共和国刑法（2020修正）
/
/发布部门： 全国人民代表大会
/发布日期： 2020.12.26
/实施日期： 2021.03.01
/时效性： 尚未生效
/效力级别： 法律
/法规类别： 刑法      扫黑除恶      网络犯罪
/
/
/中华人民共和国刑法
/    (1979年7月1日第五届全国人民代表大会第二次会议通过  1997年3月1
4日第八届全国人民代表大会第五次会议修订  根据1998年12月29日《全国人
民代表大会常务委员会关于惩治骗购外汇、逃汇和非法买卖外汇犯罪的决定》
、1999年12月25日《中华人民共和国刑法修正案》、2001年8月31日《中华
人民共和国刑法修正案（二）》、2001年12月29日《中华人民共和国刑法修
正案（三）》、2002年12月28日《中华人民共和国刑法修正案（四）》、200
```

除以文件格式直接被读取以外，也可以将某文件作为一整个字符串读取，进行字符串循环。

利用循环来读取文件的内容，为我们读取文件内容提供了简单而高效的方法。

通过打开文件、循环读取、关闭文件和异常处理等步骤，我们可以灵活地处理各种文件，并对文件内容进行相应的操作。合理运用循环读取文件的技巧，可以提高数据处理和文件管理的效率，为程序开发和数据分析等任务节省大量时间和精力。

（五）表格循环

当 for 循环遍历对象为表格时，该循环为表格循环。对表格进行遍历可以按行或按列遍历，既可以遍历表格中的所有单元格，也可以遍历表格中的所有行或所有列。示例如下：

```
In [ ]:    #作编写表格
           import openpyxl
           # 打开xlsx文件
           workbook = openpyxl.load_workbook('D:/bianchengshuju/qwe.xlsx')
           # 选择要修改的工作表
           worksheet = workbook['Sheet1']
           # 定义要替换的内容和替换后的内容
           replace_dict = {'女': 'female', '初中': '中学'}
           # 遍历工作表中的所有单元格
           for row in worksheet.iter_rows():
               for cell in row:
                   # 如果单元格内容符合要替换的条件，就进行替换
                   if cell.value in replace_dict:
                       cell.value = replace_dict[cell.value]
                       print('已替换完成')
                   else :
                       print('替换出错,请检查')
```

将 Python 中的遍历循环和 Excel 等应用程序结合起来可以实现更加高效和灵活的数据处理和分析。Python 可以通过循环语句读取表格中的数据进行数据清洗、筛选、计算、可视化等操作，然后将处理结果输出到新的表格中，还可以通过表格中的数据进行机器学习、深度学习等高级数据分析和预测。这些功能可以应用于各种领域，如法律、金融、科学研究、商业决策等。

三、无限循环

"无限循环"是指一直循环，直到条件不满足为止。无限循环也叫条件循环，由于许多应用无法在执行之初确定循环次数，因而需要根据提供的条件进行循环。在前面的"受贿金额—量刑累计影响"练习中，已经应用到了无限循环。无限循环的语法格式为：

```
while〈条件〉：
    〈循环体〉
```

其中〈条件〉与 if 语句中的判断条件一样，结果为 True 或者 False。当条件判断结果为 True 时，将执行循环体内容，执行完毕后，重复判断条件表达式的返回

值，直到当条件判断表达式的返回结果为 False 时，终止并退出循环。

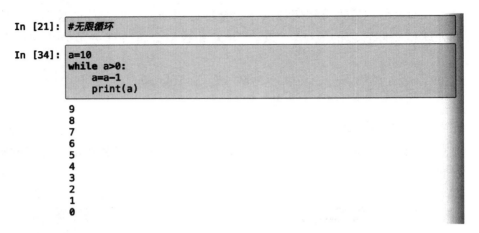

while 语句所引导的条件和 if 语句所引导的条件有所不同：if 语句条件判断结果为 True 时，将执行 if 条件语句后面的语句，执行完毕后继续执行下一个语句；而 while 语句条件判断结果为 True 时，将执行 while 条件语句后的循环体，执行完毕后再回到 while 条件语句重复执行条件判断，直到条件判断结果为 False，才会往后执行循环体之后的语句。其区别的关键就在于 if 条件语句只完成条件判断，不能形成循环，而 while 条件语句在执行条件判断的同时可以形成循环。

for 循环语句和 while 循环语句相比，区别在于 for 循环在开始运行前就能确定需要循环体对处理对象进行处理的次数，即不需要进行条件判断，for 循环就可以直接通过遍历形成循环，对每个元素执行操作；而 while 循环会不断执行下去，直到指定条件不满足为止。

总的来说，循环语句和条件语句的本质区别在于，条件分支执行判断后，若语句为 False 则直接执行该条件分支后的后续语句，若语句为 True 则在执行完该分支的代码段后继续执行该分支后的后续语句；而循环语句在每执行完一次代码段后，指针会回到循环开始处重复进行新一轮的执行，而非直接执行该循环后的后续语句。而 for 循环和 while 循环之间的区别在于，循环次数确定的时候可以使用 for 循环，而循环次数不确定或有可能出现死循环的时候则需要使用 while 循环。因此，在实际应用中，可以先判断对于处理对象是否需要循环执行操作，若不需要循环执行操作，仅需进行条件测试，则可选用 if 分支语句；若需要进行循环执行操作，则再判断该对象的循环次数是否确定，是否可能存在死循环，以此来确定 for 循环语句或者 while 循环语句的使用。

循环结构常常与保留字结合使用，以扩展其功能，满足实际应用中的编程需求，这些保留字包括 break、continue、else 等，下面将分别展开介绍。

1. 保留字 break 和 continue

假设构造一个总是符合条件判断为 True 的 while 语句，程序将构成无限循环，永远运行下去，如下所示：

```
In [*]: s="hello,teacher"
        while s !="":
            print(s)
        hello,teacher
        hello,teacher
        hello,teacher
        hello,teacher
        hello,teacher
        hello,teacher
        hello,teacher
        hello,teacher
        hello,teacher
        hello,teacher
        hello,teacher
        hello,teacher
        hello,teacher
        hello,teacher
        hello,teacher
        hello,teacher
        hello,teacher
```

为了控制循环，在恰当的时候结束整个循环或是跳过某次循环，可以使用保留字 break 和 continue。保留字 break 和 continue 都可以和 for 循环或 while 循环结合使用。

保留字 break 的作用是跳出并结束当前整个循环，执行循环后的语句。示例代码及输出结果如下：

```
In [37]: s="hello,teacher"
         while s !="":
             if s=="hello":
                 break
             s=s[:-1]
             print(s)
         hello,teache
         hello,teach
         hello,teac
         hello,tea
         hello,te
         hello,t
         hello,
         hello
```

在上述代码示例中，当字符串 s 内容为 "hello" 时，整个循环结束，因此输出的字符串递减结果到 "hello" 就结束了。

保留字 continue 的作用是结束并跳过当次循环，继续执行后续次数的循环。示例代码及输出结果如下：

```
In [9]: s="hello,teacher"
        while s !="":
            s=s[:-1]
            if s=="hello":
                continue
            print(s)
```

```
hello,teache
hello,teach
hello,teac
hello,tea
hello,te
hello,t
hello,
hell
hel
he
h
```

在上述示例代码中，当字符串 s 内容为"hello"时，当次循环被跳过，因此输出的字符串递减结果在输出"hello,"之后跳过了"hello"的输出并继续后续的递减循环和输出。

对比来说，break 是用于结束整个循环的保留字，可以提前结束循环：当执行循环体的时候，如果遇到 break，整个循环直接结束。continue 是用于跳过当次循环的保留字：当执行循环体的时候遇到了 continue，当次循环结束，执行进入下次循环的判断。即 break 用于控制程序流程，使程序立即退出循环，不再运行循环体中余下的代码，也不管循环体中后续的条件测试的结果如何；而 continue 则用于结束当前循环，当前循环后的代码块不会再执行，但是整个循环还是会继续下去，指针要返回循环开头，并根据条件测试结果决定是否继续执行循环，它不像 break 语句那样不再执行余下的代码并退出整个循环。

2. 保留字 else

保留字 else 的意思是，当循环条件为 False 跳出循环，或遍历循环结束时，程序会最先执行 else 代码块中的代码。保留字 else 的主要作用在于，在循环正常执行并结束后，执行一个循环以外的指令，在实践应用中，可以作为一种"指示循环已经正常执行完毕"的标记，尤其是当循环语句循环过程中没有筛选出符合条件的处理对象即已经正常结束循环时，使用 else 输出特定的结果可以使用户知晓循环代码块并非出现异常，只是没有筛选出符合条件的处理对象。

遍历循环使用保留字 else 的语法格式为：

```
for〈变量〉in〈序列〉：
    〈循环体〉
else：
    〈语句块〉
```

当 for 循环正常执行完毕后，程序会继续执行 else 语句中的内容，else 语句只在循环正常执行并结束后执行。代码示例及运行结果如下：

```
In [64]: s="hello,python"
         for i in s:
             if i=="x":
                 break
             s=s[:-1]
         else:
             print("输出正常")
```
输出正常

条件循环使用保留字 else 的语法格式为：

```
while〈条件〉：
    〈循环体〉
else：
    〈语句块〉
```

当 while 循环正常执行完毕后，程序会继续执行 else 语句中的内容，else 语句只在循环正常执行并结束后执行。代码示例及运行结果如下：

```
In [66]: s="hello,teacher"
         while s !="":
             s=s[:-1]
             print(s)
             if s=="hello":
                 break
         else:
             print("输出正常")
```
hello,teache
hello,teach
hello,teac
hello,tea
hello,te
hello,t
hello,
hello

while 循环如果不是正常执行完毕，而是在执行循环体过程中遇到 break 语句，那么 while 循环将立即终止。此时，程序不会再检查循环条件，也不会执行循环体内位于 break 之后的任何代码。此外，程序将执行 while 之后的代码，因为 break 语句后的第一条不属于循环体的代码将是程序的下一步执行点，即程序继续执行 while 循环之后的代码。

如果 while 循环包含一个 else 块，那么只有当循环因为条件不满足而自然结束时，else 块内的代码才会执行。如果循环是因为 break 而终止，else 块内的代码将不会执行。

四、双重循环

1. 双重循环

如前所述，当一个列表中包含字符串的时候，有可能会需要双重循环。事实上，在更多的实际应用中，双重循环甚至多重循环都是非常常见的，而在双重和多重循环中 for 循环和 while 循环是可以结合使用的。

多重循环的运行原则是：外层循环一次，内层循环全部。具体来说，外层的循环先执行一次条件，然后把内循环的条件全部执行一遍，内循环会根据初始设置的条件去循环，直到结束内层的循环操作，再返回到外层的循环体，执行外层循环的操作，然后根据初始设置的条件去判断，满足外层循环的条件要求再进入到整个循环体，再次地将内层的循环执行完成之后，再次返回外层循环，这样反反复复地直到循环结束。

总的来说，多重循环就是一个循环体内又包含另一个或多个完整的循环结构。每个循环结构都可以对应一个规律或重复性操作，多重循环就可以实现更为复杂的规律性程序。例如，当需要用 * 号打印某个图形（比如菱形或等边三角形），就可以使用双重循环，先看有几行，外层循环控制打印几行；再看有几列，内层循环控制每列打印的内容。又比如，当需要对多个字符串进行循环操作时，如上所述，可以将这些需要处理的字符串组成列表，先看总共有几个字符串需要处理，对应外层循环的次数；再看每个字符串中有多少个需要处理的字符，对应内层循环的次数。

其中一个应用实例如下：

```
In [13]:  s="happyeveryday"
          #输入处理对象字符串
          while s!="":
          #建立外层循环，判断字符串s此时是否为空，当字符串s不为空，则进入内层循环
              for i in s:
              #建立内层循环，遍历此次进入内层循环的字符串s
                  if i=="y":
                      break
                  #若此次遍历到的字符为y，则结束该轮内层循环
                  s=s[:-1]
                  #若此次遍历到的字符不为y，则将字符串尾端截取一个字符
                  print(s,i)
                  #输出此时的字符串s和字符i，完成一次内层循环
```

```
happyeveryda h
happyeveryd a
happyevery p
happyever p
happyeve h
happyev a
happye p
happy p
happ h
hap a
ha p
h p
 h
```

在上述代码中，外层循环判断字符串 s 是否为空，当 s 字符串不为空，则进入内层循环。进入内层循环后，对字符串 s 的字符进行遍历，若该次遍历的字符不为 y，则将字符串 s 截去尾端的一个字符，输出此时的字符串 s 和该次遍历到的字符 i，完成一次内层循环；若当次遍历的字符为 y 则直接结束这一轮的整个内层循环体，返回到外层循环，再一次判断字符串 s 此时是否为空。当字符串 s 为空字符串时，不再符合外层循环的条件，从而不再进入内层循环，双重循环结束。

打印结果中的前四行，是字符串 s 第一次符合外层循环条件而进入内层循环，遍历字符串中的字符，在当次遍历字符不为 y 时，字符串 s 被截去尾端一个字符后输出的结果；来到该轮内层循环的第五次时，遍历对象字符为 y，因此该轮内层循环直接结束，代码指针回到外层循环，判断字符串此时不为空，进入下一轮内层循环。第五到八行和第九到十二行亦同上一轮内层循环，在遍历到字符 y 时直接结束内层循环，返回到外层循环。而第四次外层循环符合条件后，字符串 s 此时只剩下一个字符 h，进入内层循环后判断当次遍历字符不为 y，因此截去尾端字符 h，打印此时得到的空字符串 s 以及遍历对象字符 h。该轮内层循环遍历结束后，再次返回外层循环，第五次外层循环判断字符串为空，因此不再进入内层循环，双重循环执行结束。

2. 多层级结构中的语句缩进

需要注意的是，不论是用保留字和 if 条件语句构建循环结构时，还是使用 for 循环和 while 循环构建多层次循环结构时，在复杂结构的程序编写中，语句的缩进都非常重要，这决定了某个语句从属于哪一个结构，在程序进行到哪一步时将会被运行，对于程序的结构十分关键。示例代码及运行结果如下：

```
In [13]: s="happyeveryday"
         #输入处理对象字符串
         while s!="":
         #建立外层循环，判断字符串s此时是否为空，当字符串s不为空，则进入内层循环
             for i in s:
             #建立内层循环，遍历此次进入内层循环的字符串s
                 if i=="y":
                     break
                 #若此次遍历到的字符为y，则结束该轮内层循环
                 s=s[:-1]
                 #若此次遍历到的字符不为y，则将字符串尾端截取一个字符
                 print(s,i)
                 #输出此时的字符串s和字符i，完成一次内层循环
```

```
happyeveryda h
happyeveryd a
happyevery p
happyever p
happyeve h
happyev a
happye p
happy p
happ h
hap a
ha p
h p
 h
```

上述示例代码中 print 语句缩进与 if 条件语句同层级，因此该 print 语句从属于

for 循环，for 循环每重复一次，也即 if 条件语句每运行一次，print 语句运行一次。代码和打印结果解释同上，这是同一个代码。

以下的示例代码中 print 语句缩进与 for 循环语句同层级，因此该 print 语句从属于 while 循环，外层的 while 循环每执行一次，即内层的 for 循环每完成一轮，print 语句运行一次。

```
In [14]: s="happyeveryday"
         while s!="":
             for i in s:
                 if i=="y":
                     break
                 s=s[:-1]
             print(s,i)
happyever y
happy y
h y
 h
```

因此，和上一段代码相比，本段代码的打印结果恰好是上段代码每一轮内层循环结束时的字符串 s 和该轮内层循环结束前遍历到的字符。外层循环执行第一到三次，也即内层循环完成前三轮时，内层循环结束的原因均为遍历到了字符 y，因此打印结果前三行所输出的 i 均为 y；而外层循环执行到第四次，也即进入最后一轮内层循环时，字符串 s 中仅剩一个字符 h，因此该轮内层循环遍历完字符串 s 中的所有字符（字符 h）后，第四轮内层循环结束，输出的结果是空字符串 s 及最后一次遍历到的字符 h。

第三节　刑法文本练习及 random 库的使用

一、前节回顾

上一节首先回顾了 Python 分支结构的应用并进行了相应的程序编写练习，接着介绍了 Python 中循环程序的概念、背景、作用和应用场景、分类等。

在上一节中，对于 Python 循环程序中的遍历循环和无限循环，分别介绍了其概念、作用、应用场景、语法格式和逻辑结构、运行方式等，还介绍了遍历循环（for 循环）中的次数循环、字符串循环、列表循环、文件循环、表格循环的概念、运行方式、代码实例以及在实际应用中的意义。此外，对于 while 循环、for 循环和 if 分支之间的相同点、不同点，分别在实践中的应用和实际意义亦做了阐述。

上一节还对循环结构中的保留字 break、continue、else 进行了介绍。其中保留字 break 和 continue 用于控制循环，break 用于在恰当的时候结束整个循环，continue 用于在特定情况下跳过某次循环，并通过代码实例和释义展示了保留字 break 和 continue 的应用，阐述了它们之间的本质区别。而保留字 else 则用于在循环正常执行并结束后指示其已正常结束。此外，上一节还介绍了双重、多重循环的概念、应用的意义以及应用的实例。

上一节还介绍了多层级结构中的语句缩进，并通过代码实例对其作用和意义进行了展示。语句缩进在多层级结构代码中非常重要，它决定了整体程序的结构。具体到某个循环中，语句的缩进决定了该语句是否属于从属于该循环内部。而当涉及双层循环时，语句的缩进还决定了该语句在哪一层循环中将被执行。除此之外，语句缩进的准确与否往往还会影响循环中变量的起始值和累计叠加：正确运用语句缩进，使得赋予变量起始值的语句处于循环外部，才能在稳定的变量起始值基础上进行循环累计运算，否则，变量起始值在每一次循环中都将被重新赋值。

二、刑法文本练习

（一）循环结构在人工智能司法裁判中的应用

在前面章节中，曾经介绍过有关刑法文本处理的练习，经过几个章节的 Python 学习后，对于同一个刑法文本有了更多可以尝试的处理和应用方法。

在之前进行受贿罪金额－刑期和自动计算受贿罪量刑练习时，通常是通过自行阅读判决书相关段落，提取出涉案金额、情节，再人工输入程序中进行计算。而人工智能司法裁判的"智能"之处，恰恰就在于无须人工提取和输入"受贿金额""犯罪情节"等信息，而是交由计算机来处理判决书文件，从中捕捉提取所需信息。实现这类捕捉和提取关键信息所需要用到的编程方法，就常常涉及循环结构的应用。例如，利用遍历循环或条件循环，使得程序不断地处理判决书文本，逐一判断筛选符合条件的信息。在人工智能模型中，自然语义模型还会运用到更高级、更大型的模型来进行训练，对判决书文本采用标注数据等操作，使之能够被人工智能所"阅读"。这其中的许多功能就是通过本章所介绍的循环方法实现的。

（二）练习：寻找刑法文本中出现次数最多的字

1. 分析问题

寻找刑法文本中出现次数最多的字，其本质就是通过对刑法文本中文字的遍历对不同字出现的次数进行计算，从而得到出现次数最多者。

2. 确定 IPO

将刑法文本用 read() 函数读入之后，可以按行遍历，也可以将其转换成字符串再进行遍历。

将刑法文本转换成字符串后，字符串中包含许多例如空格、换行符、标点符号等不需要的字符，因而需要对其进行剔除的预处理。通过对包含所有想要剔除元素的列表进行遍历循环，可以将以上需要剔除的字符替换成空白字符（而非空格），从而得到只包含文字的刑法文本字符串。

得到仅包含文字的刑法文本字符串之后，如同前面章节刑法文本练习中所做的一样，通过计算每一个字符出现的次数并记入新建列表，再通过 max() 函数筛选定位出现次数最多的字符。

3. 编写程序

本练习示例代码及运行结果如下：

```
f=open("刑法.txt","r",encoding="utf-8").read()
c=["\n","\r","，","。","、","《","》","（","）","；","：","，","（","）","【","】","：","\u3000","，"," ","'",","]
for i in c：
    f=f.replace(i,"")
l1=[]
for i in f：
    n1=f.count(i)
    l1.append(n1)
print(max(l1))
```

2839【输出结果】

```
l2=""
for i in f：
    if f.count(i)<=max(l1) and f.count(i)>=1000 and i not in l2：
        l2+=i
print(l2)
for i in f：
    if f.count(i)==max(l1)：
        print(i,end="")
        break
```

人刑期罪年的有以处或者 【输出结果】
的

三、刑法文本练习拓展

在上一章中，已经进行了"寻找刑法文本中出现次数最多的字"的练习。类似地，也可以利用循环语句在特定文本中筛选出出现次数排名前十、前二十的字。对于此类任务，除上一章中所展示的代码示例以外，还可以用不同的思路结合循环语句的运用编写代码，本章将展示针对"寻找刑法文本中出现次数排名前十的字"展示另一种思路的代码示例，该示例代码在第四章中亦有呈现。

要求：寻找刑法文本中出现次数排名前十的字。

解析：在一次遍历结束后，将目前重复次数最多的字符剔除，再重新遍历原始处理对象文本，如此循环 10 次，得到重复次数前十的字符。

（一）问题描述

在给定的刑法文本中，找到出现次数排名前十的字。

（二）输入、输出的确定

对一个问题可计算部分的确定是确定输入和输出的思维前提。经分析，在这个问题中，刑法文本是需要输入的内容；出现次数排名前十的字形成的字符串则是需要输出的内容。

（三）处理算法的确定

为了实现在给定的刑法文本中，找到出现次数排名前十的字，该练习思路以前面两个练习的代码思路为基础，将字符范围限缩至中文字符后，通过 for 循环和条件语句的应用，将出现次数排名前十的字符及其出现次数存入新构建的列表中。

（四）编写程序

代码示例及注释如下所示[①]：

```
#打开刑法文本,读取刑法文本
str0=open('刑法 .txt','r',encoding='utf-8').read()
import re
#剔除除汉字、字母、数字之外的字符
str0_chinese=re.sub('[^\u4e00-\u9fa5]+','',str0)
#创建空白列表以记录出现次数前十的字符
list_max_str=[]
#创建空白列表以记录出现次数前十的字符重复次数
list_max_num=[]
#得到无重复字符的字符串
```

---

① 由中国人民大学谢晨同学编写。

```
for i in range(10):
    str1=''
    for j in str0_chinese:
        if j not in str1:
            str1+=j
    list1=[]
#得到各字符的重复次数
    for j in str1:
    list1.append(str0.count(j))
order=0
#确定重复次数最多的字符在无重复的字符串中的序数,以得到该字符
        for j in list1:
            if j==max(list1):
                order_max=order
            order+=1
    list_max_str.append(str1[order_max])
list_max_num.append(max(list1))
#剔除目前重复次数最多的字符，以进入下轮循环
str0=str0.replace(str1[order_max],'')
#输出刑法文本中重复次数前十的字符,以及对应的重复次数
print("\n中国刑法文本中重复次数最多的前十个中文字符分别是\"{}\",\n它们重复的次数
分别是{}。".format(','.join(list_max_str),','.join(str(i)for i in list_max_num)))
```

输出结果如下：

```
中国刑法文本中重复次数最多的前十个中文字符分别是"的、处、以、有、者、或、刑、罪、
年、期",
它们重复的次数分别是 2839、1857、1672、1343、1331、1311、1254、1166、1163、1122。
```

四、程序进度条及其应用

（一）程序进度条的作用和意义

在运行 Python 程序的过程中常常涉及循环迭代过程，对于运行过程有明显耗时
的涉及循环迭代的程序，为其加上进度条（progress bar），是帮助用户监测代码执
行进度以及处理中间异常错误非常实用的技巧。在程序中增加一段进度条代码，可
以直观地展示某个进程的运行进度，已运行时间，让用户实时观察程序进程，方便
用户估计程序运行完毕大概还需要多久，而不必担心进度停滞，还可以在程序运行

发生异常时及时发现，免除了估计代码进程和无法第一时间发现程序运行异常的麻烦。

程序示例如下：

```
#调用 time 库
import time
#记录程序开始运行时的起始时间计数值
st＝time.perf_counter()
#循环迭代 0 到 99
for i in range(100)：
#用"#"表示程序已运行进度
    a＝"#" * i
#计算程序运行的百分比
    b＝(i＋1)／100
#用"="表示程序已运行进度
    c＝"=" *(99－ i)
#显示运行耗时，迭代等待 0.05 秒
    time.sleep(0.05)
#获取当前时间
    et＝time.perf_counter()
#计算程序运行时间
    dur＝et－ st
#显示进度条和时间信息，同时百分比与浮点数均保留两位小数
print("{}{:.2％}{}{:.2f}s".format(a,b,c,dur),end="\r")
```

（二）程序进度条示例

以上一章中所展示的刑法文本练习代码示例为例，在该示例中，所用到的是单层循环，因此可以以遍历整个刑法文本为完整的程序进度，对其进行进度条划分。为该程序增加进度条的示例代码如下：

```
#调用 time 库
import time
#记录程序开始运行时的起始时间计数值
ts＝time.perf_counter()
#创建记录字符出现次数的列表
ll＝[]
#创建变量 j 和变量 k 赋值为 0
```

```
j=0
k=0
＃通过 for 循环遍历刑法文本字符串 f2。计算每个字符出现次数,将每个字符出现次数记入列
表 l1
for i in f2:
    nl＝f2.count(i)
    l1.append(nl)
＃每遍历刑法文本中的一个字符,通过取模判断一次此时进度条是否挪动。由于刑法文本共计
67 900 左右字符,每遍历 679 字符让进度条前进一格
    if j％ 679 in [0]:
＃用＊符号表示已完成进度条
        a="＊"＊k
＃计算进度百分比
        b=k/100
＃用＃符号表示未完成进度条
        c="＃"＊（100－k）
＃计算从程序开始运行到此刻经过的时间
        dur=time.perf_counter() －ts
＃进度条每前进一次 k 值增加 1
        k＋＝1
＃格式化打印进度条、进度百分比、程序运行时间
    print("{}{:.2％}{}{:.2f}s".format(a,b,c,dur).end="\r")
＃每遍历刑法文本中的一个字符，j 值增加 1
    j＋＝1
```

在代码中加入程序进度条的部分会在某些程度上降低程序的运行效率，比如在循环迭代仅有几百次时，程序运行时长可能会增加零点几秒，这可能不是非常明显，但若是在循环几万次甚至几十万次的程序中，每循环迭代一次都要打印一次进度条，可能会给程序运行带来较为明显的效率降低。因此，如上述代码所示，可以通过设置变量的方式，将打印进度条的次数控制在可以接受的范围内，从而避免循环迭代次数太庞大时大量重复打印进度条对程序运行整体效率的过多影响。

五、random 库及其应用

（一）random 库的含义与作用

random 库是 Python 自带的一个内置标准库，它是用于生成随机数的函数库，提供了各种随机数生成功能。需要注意的是，Python 产生的随机数和概率论中的随

机数是不同的——在概率论中，随机数是随机产生的数据（比如抛硬币的正反面），但是计算机不可能产生这样的随机数，计算机所产生的随机数仍是在特定条件下产生的确定值，即伪随机数，在 Python 里为了简便，我们称它为随机数。

伪随机数是采用梅森旋转算法生成的（伪）随机序列中的元素，其通过随机数种子做旋转得到一系列的随机数而产生，随机数种子确定，产生的随机序列（每一个数，每个数之间的关系）也就确定。例如，用户给定一个随机数种子 10，random 库经过梅森旋转算法计算后生成一系列的随机数，组成一个随机序列，如图 6 - 1 所示。

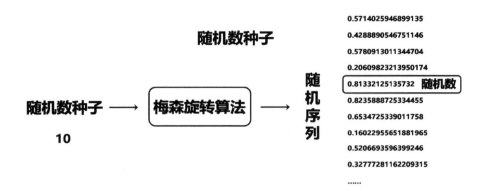

图 6 - 1　梅森旋转算法生成的（伪）随机序列

由于该组随机序列是通过随机数种子 10 通过梅森旋转算法计算所得，这意味着该组随机序列是可以重复调用的，每一次通过随机数种子 10 再生成随机序列，所得到的随机序列依然和之前所生成的一致。也就是说，random 库所生成的随机数或随机序列是可以复现的，而真实世界中的随机数是不可复现、无规律可循、完全随机变化的，这也说明了 Random 库所生成的随机数与概率论中的随机数本质上的区别，即 Random 库所生成的随机数实际上是伪随机数。

（二）random 库的应用与分类

随机数在 Python 语言中应用广泛，如密码生成、随机选择等，通过 random 库，可以创建数值随机序列或随机生成单个数值。在 Python 中调用 random 库的方法和调用 time 库相同，使用 import 语句即可调用。

random 库中的随机数函数包括两类，常用的随机数函数共 8 个，分别如下：

1. 基本随机数函数：seed()，random()；

2. 扩展随机数函数：randint()，getrandbits()，uniform()，randrange()，choice()，shuffle()。

下面将分别介绍上述常用的随机数函数及其应用。

（三）基本随机数函数

基本随机数函数包括 seed() 和 random() 函数，分别用于初始化给定的随机数种子，和生成一个 [0.0，1.0) 之间的小数，下面将分别介绍。

1. seed(k) 函数

seed(k) 函数用于初始化给定的随机数种子，该函数没有返回值。

（1）默认的随机数种子

当 random. seed(k) 语句中的 k＝none 时，默认生成的种子是当前系统时间，示例代码如下：

```
In [4]:  random.seed()

In [5]:  random.random()
Out[5]:  0.921031076900319


In [4]:  random.seed()

In [5]:  random.random()
Out[5]:  0.9534240678494665
```

由于系统时间时刻在变化，这意味着每一次重新运行该代码，生成的随机数种子都与之前的不一样，因而所生成的随机数也是和之前所生成的结果不同的。

（2）给定的随机数种子

当在 random. seed(k) 语句中给 k 赋值时，参数 k 成为随机数种子，示例代码如下。

第一次使用随机数种子 10 生成随机数序列：

```
In [8]:  random.seed(10)

In [7]:  random.random()
Out[7]:  0.5714025946899135

In [8]:  random.random()
Out[8]:  0.4288890546751146
```

第二次使用随机数种子 10 生成随机数序列：

```
In [11]:  random.seed(10)

In [12]:  random.random()
Out[12]:  0.5714025946899135

In [13]:  random.random()
Out[13]:  0.4288890546751146
```

使用随机数种子 10.1 生成随机数序列，第一、二次结果如下：

```
In [25]: random.seed(10.1)
         random.random()
Out[25]: 0.07304657085585842

In [26]: random.random()
Out[26]: 0.6782451812087634
```

通过尝试可以发现，当参数 k 相同，也就是所赋予的随机数种子相同时，从头开始重新生成的随机数序列数字和排序完全相同；当参数不同，哪怕只是从 10 变成了 10.1，所生成的随机数也完全不同。

（3）为什么需要赋予种子

既然可以通过 k＝none 设定默认随机数种子是当前对应的系统时间，使得每一次产生的随机数不同，为什么还要人为给定随机数种子以生成相同的随机数呢？这是因为，在编程中，复现程序运行的过程是必要的，对于使用了随机数的代码来说，赋予指定的随机数种子使得该程序的运行过程可以被复现，否则，每一次程序运行结果都不同，将不利于对程序的控制和检验。

另外，如果不调用 seed（）函数，则效果同调用 seed（）函数并使得 k＝none，即默认随机数种子为系统时间。

2. random（）函数

random（）函数用于生成一个 [0.0，1.0）之间的随机小数。使用方法如前述代码所示，可以给定随机种子数（例如给定随机种子数 10，则产生的第一个随机小数一定是 0.5714），也可以不给定随机种子数，则默认的随机种子数是当前调用第一次 random（）函数所对应的系统时间，所生成的随机数完全随机，不可复现。

（四）拓展随机数函数

常用的拓展随机数函数包括 randint（a，b），randrange（m，n，k），getrandbits（k），uniform（a，b），choice（seq），shuffle（seq），分别用于生成给定范围内的整型随机数、生成给定范围内指定步长的整型随机数、生成特定比特长的整型随机数、生成给定范围内浮点型随机数、从给定序列中随机选择一个元素以及将给定序列中的元素随机排列，下面将分别介绍。

1. randint（a，b）函数

randint（a，b）函数用于生成一个给定范围 [a，b] 之间的整型随机数，其中左右端点 a、b 均包含在内。示例代码如下：

```
In [11]: random.randint(10,100)
Out[11]: 96
```

2. randrange(m，n，k) 函数

randrange(m，n，k) 函数用于生成一个给定范围 [m，n] 之间以 k 为步长的整型随机数，其中左端点 m 包含在内，右端点 n 不包含在内。示例代码如下：

```
In [12]: random.randrange(10,100,10)
Out[12]: 40
```

3. getrandbits(k) 函数

getrandbits(k) 函数用于生成一个 k 比特长的整型随机数，其中比特长即二进制位数，设定 getrandbits(k) 参数为 k，意味着生成的随机数转换成二进制后位数为 k。例如，当设定 k＝4 时，意味着生成的随机数在二进制下最小为 0，最大为 1111，转换成十进制就是最小为 0，最大为 15。示例代码如下：

```
In [13]: random.getrandbits(4)
Out[13]: 9
```

4. uniform(a，b) 函数

uniform(a，b) 函数用于生成一个给定范围 [a，b] 之间的浮点型随机数（也就是随机小数），其中左右端点 a、b 均包含在内。示例代码如下：

```
In [14]: random.uniform(10,100)
Out[14]: 68.72542743243883
```

5. choice(seq) 函数

choice(seq) 函数用于从给定的序列 seq 中随机选择一个元素。示例代码如下：

```
In [15]: random.choice([1,2,3,4,5,6,7,8,9])
Out[15]: 3
```

6. shuffle(seq) 函数

shuffle(seq) 函数用于将序列 seq 中的元素随机排列，并返回打乱后重新排列的序列。代码示例如下：

```
In [16]: s=[1,2,3,4,5,6,7,8,9]
         random.shuffle(s)
         print(s)
Out[16]: [4, 7, 9, 3, 6, 8, 2, 1, 5]
```

（五）实例：用蒙特卡罗分析法计算 π

1. 圆周率的计算与蒙特卡罗分析法

（1）圆周率的计算问题

圆周率 π 是一个在数学和物理学中普遍存在的数学常数，它是圆形的周长与直

径的比值。对圆周率 π 的研究历史可以追溯到几千年前——从希腊数学家阿基米德到中国数学家刘徽、祖冲之，再到西方数学家韦达、罗门、科伊伦、司乃耳、格林伯格通过割圆术计算正多边形的边长从而将圆周率推算到小数点后 39 位；到 16、17 世纪的无穷级数法和以此为基础的梅钦类公式；到 18 世纪法国数学家布丰提出随机投针法，利用概率统计的方法来计算圆周率，这种将几何与概率结合起来的思想催生了蒙特卡罗算法。

（2）蒙特卡罗算法

20 世纪 40 年代，美国开启了研制原子弹的"曼哈顿计划"，该计划的领导者、现代计算机之父冯·诺依曼，在研制原子弹的过程中，提出了一种新的算法：通过大量随机样本来了解一个高度复杂的系统，并将这个算法命名为"蒙特卡罗算法"。蒙特卡罗是摩洛哥的一座著名的赌城，而赌博的本质亦是算法，基于概率和随机性。因此，蒙特卡罗算法的核心也就是概率和随机。概率统计通过随机概率的现象，以模拟仿真的方式提炼出抽象的规律，以解决一些从解析的角度上看非常困难和复杂的问题，以求得这类解析式特征变量的值。

（3）用蒙特卡罗分析法计算圆周率

用蒙特卡罗分析法计算圆周率的原理，是在一个正方形内部内切一个圆，根据面积公式可求，$S_{圆}＝\pi r^2$，$S_{方}＝4r^2$，很容易得知，$S_{圆}/S_{方}＝\pi r^2/4r^2＝\pi/4$。则圆和正方形的面积之比是 $\pi/4$。那么在这个正方形内部，随机产生 n 个服从均匀分布的点，并计算它们与中心点的距离是否大于圆的半径 r，以此判断这些点是否落在圆的内部。最后统计落在圆内的点数 m，m 与 n 的比值，即点落在圆内的概率乘以 4，就是圆周率 π 的值。从理论上来说，产生的点总数 n 越大，计算得出的圆周率 π 值也越精确。（见图 6 - 2）。

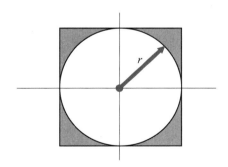

图 6 - 2　蒙特卡罗分析法计算圆周率

（4）蒙特卡罗分析法的特点

首先，蒙特卡罗分析法需要进行多次重复实验，多次投点才能提高精确度，在初始阶段，蒙特卡罗分析法的精确度低，在经过数万次乃至数十万次投点后，误差率才开始慢慢降低，随着投点数量的增加，误差率也慢慢接近于零。也就是说，使用蒙特卡罗分析法进行计算，最关键的是样本量必须足够庞大，才能接近精确的计算结果。

其次，蒙特卡罗分析法具有较高的泛用性，许多可以通过积分求得面积的计算都可以通过蒙特卡罗分析法计算得到。对于有些不规则图形来说，蒙特卡罗分析法甚至可能是计算其面积的唯一方法。

此外，蒙特卡罗分析法还有计算简便的特点，对于复杂度极高的计算，蒙特卡罗分析法更为简便。

基于此，在蒙特卡罗法分析法的基础上，还衍生出了蒙特卡罗树搜索，结合深度神经网络，围棋 AI AlphaGo 击败了顶尖的人类棋手李世石，一时轰动世界。

2. 输入、输出的确定

对一个问题可计算部分的确定是确定输入和输出的思维前提。经分析，在这个问题中，要让计算机模拟在一个方形里撒点，为了确定点的位置，就要确定点的坐标，即横纵坐标 x 和 y 的值。也就是说，输入的部分是撒点的坐标范围（也即方形的坐标范围），以及撒点的总数（也即随机生成的坐标组数）；输出的部分则是落在圆内的点数量与整个方形内的点数量的比值乘以 4，即通过蒙特卡罗分析法推算得出的圆周率 π 值。

3. 处理算法的确定

为了实现通过蒙特卡罗分析法计算圆周率，调用 random 库，使用 for 循环语句，生成 10 000 000 对范围在 [0，100] 的随机数 x 和 y，得到 10 000 000 个随机点的坐标。接下来判断这 10 000 000 个点分别是否落在（四分之一）圆内，使用 if 语句，判断点和圆心的距离 $\sqrt{x^2+y^2}$ 是否小于等于半径 100，若符合条件，则落入（四分之一）圆内点数增加 1。最后，计算圆周率 π 值约为落入圆内点数（四分之一圆的面积）与总点数 10 000 000（四分之一方形的面积）的比值乘以 4。

4. 编写程序

编写代码如下所示：

```
#调用 random 库和 time 库
import random,time
#设定投点次数为 10 000 000
N=10000000
#设定初始圆内点数为 0
hits=0
#记录程序运行起始时间
ts=time.perf_counter()
```

```
#建立循环,使随机坐标组生成 10 000 000 次
for i in range(1,N+1):
#x 坐标为[0,100]范围内的浮点型随机数
    x=random. uniform(0,100)
#y 坐标为[0,100]范围内的浮点型随机数
    y=random. uniform(0,100)
#计算该组坐标对应点到圆心(0,0)的距离
    juli=pow(x**2+y**2,0.5)
#判断该组坐标所对应点是否落在圆内,若落在圆内(点到圆心距离小于等于100),则圆内点数
加 1
            if juli<=100:
                hits+=1
#循环结束后,计算圆周率值为落入圆心内点数与总点数比值乘以 4
pai=4*hits/N
#计算程序运行时间
dur=time.perf_counter() -ts
#输出经过格式化的结果及程序运行时间
print("圆周率为:{:.5f},运行时间为:{:.2f}s".format(pai,dur))
```

　　输出结果如下，即通过蒙特卡罗分析法，投点 10 000 000 次推算出的圆周率值为 3.140 94，程序运行用时 11.25 秒：

```
圆周率为:3.14094,运行时间为:11.25s
```

（六）产生随机数的法律意义

　　实证法学中常常会用到 random 库来生成随机数。

　　在数学中，解析是用解析式（函数式）来表达曲线等对象；在概率统计学中，通过随机概率的现象，以模拟仿真的方式提炼出抽象的规律，以解决一些从解析的角度上看非常困难和复杂的问题，以求得这类解析式特征变量的值。对应到实证法学中，就是用抽象概念来概括真实现象，这和数学中的解析与概率统计之间的关系是类似的。

　　在前面的用蒙特卡罗分析法计算圆周率的例子中，实际上是用计算机模拟仿真往方形里投点的过程，在实践中，也可以用计算机来模拟更多现实的问题，包括抽象的法学概念、法学现象和法社会学的一些现象，从而通过计算机来模拟生成立法效果，以达成实验目的。这涉及了法学领域许多可能的未来应用和理论研究。

（七）拓展练习：用 **turtle** 库把蒙特卡罗分析法推算圆周率的过程画出来

1. 问题描述

用 turtle 库将蒙特卡罗分析法推算圆周率，也即在方形内撒落大量随机点的过程画出来。

2. 输入、输出的确定

对一个问题可计算部分的确定是确定输入和输出的思维前提。经分析，在这个问题中，要让计算机模拟在一个方形里撒点，为了确定点的位置，就是要确定点的坐标，即横纵坐标 x 和 y 的值。也就是说，输入的部分是撒点的坐标范围（也即方形的坐标范围），以及撒点的总数（也即随机生成的坐标组数）；输出的部分则是落在圆内的点数量与整个方形内的点数量的比值乘以 4，即通过蒙特卡罗分析法推算得出的圆周率 π 值。

3. 处理算法的确定

为了实现通过蒙特卡罗分析法计算圆周率，并使用 turtle 库将该过程画出来，需要调用 random 库和 turtle 库。首先设置好画布和画笔参数，接着在画布上分别画出坐标轴、四分之一圆、四分之一圆对应的外切方形，然后使用 for 循环语句，分别生成 1 000 个范围在 [0，100] 的随机数 x 和 y，得到 1 000 个随机点的坐标。接下来判断这 1 000 个点分别是否落在（四分之一）圆内，使用 if 语句，判断点和圆心的距离 $\sqrt{x^2+y^2}$ 是否小于等于半径 100，若符合条件，则落入（四分之一）圆内点数增加 1。每一次循环结束，将该次循环得到的点用 turtle 画笔画出。最后，计算圆周率 π 值约为落入圆内点数（四分之一圆的面积）与总点数 10 000 000（四分之一方形的面积）的比值乘以 4。

4. 编写程序

本练习参考代码如下：

```
# 调用 random 库、time 库、turtle 库
import random,time
import turtle as t
# 设置 turtle 画布和画笔参数
t.setup(600,900,800,0)
t.pencolor("black")
t.pensize(2)
# 画出横坐标
t.penup()
t.goto(-200,0)
```

```
t.pendown()
t.goto(200,0)
#画出纵坐标
t.penup()
t.goto(0,-300)
t.pendown()
t.goto(0,300)
t.penup()
t.goto(100,0)
t.seth(90)
t.pendown()
#画出半径为 100 的四分之一圆
t.circle(100,90)
t.seth(0)
t.fd(100)
#画出四分之一圆对应的四分之一外切方形
t.right(90)
t.fd(100)
t.penup()
#设定总投点数为 1 000
N=1 000
#设定圆内初始点数为 0
hits=0
#设定投点参数
t.pencolor("red")
#记录投点开始时间
ts=time.perf_counter()
#创建遍历循环
for i in range(1,N+1):
#生成范围在[0,100]内的随机坐标
    x=random.uniform(0,100)
    y=random.uniform(0,100)
#计算生成随机点到圆心的距离
    juli=pow(x**2+y**2,0.5)
#判断随机点到圆心的距离是否大于圆的半径
    if juli<=100:
#若随机点到圆心距离不大于圆的半径,则落在圆内点数加 1
```

```
        hits+=1
#将生成的随机点画在画布上
    t.goto(x,y)
    t.pendown()
    t.goto(x,y)
    t.penup()
#推算圆周率值为落在圆内点数与总点数比值乘以 4
pai=4*hits/N
#计算投点总耗时
dur=time.perf_counter()-ts
#输出格式化的结果
print("圆周率为:{:.5f},运行时间为:{:.2f}s".format(pai,dur))
```

输出结果如下：

```
圆周率为:3.15600,运行时间为:177.85s
```

从上述两次通过蒙特卡罗分析法推算圆周率值的程序运行结果可以看出，蒙特卡罗分析法的本质是通过随机事件观察现实世界的抽象规律，这就决定了使用蒙特卡罗分析法时，采用的随机样本总量越大，就越能接近精确的结果，当投点样本量为 1 000 时，推算所得的圆周率值明显与精确的圆周率值有较大偏差，而当投点样本量增加到 10 000 000 时，推算所得圆周率值大大贴近了精确的圆周率值，误差显著减小。因而，在采用蒙特卡罗分析法对现实问题进行模拟仿真，提取抽象规律时，必须注意保证样本量的充足，以减少误差。

第一节　函数的定义与使用

一、前章回顾

在上一章中，我们介绍了刑法文本处理的拓展练习、程序的进度条及其应用。通过掌握这些程序示例，可以增强对循环语句的理解和运用，更好地开拓 Python 程序的 IPO 设计思路。

同时，我们还学习了 random 库的基本概念、作用以及随机数函数的功能和使用方法，并借助 random 库编写程序来实现用蒙特卡罗分析法计算 π 值的目标。在这一过程中，反映出计算思维中的重要内容之一——拟合思维，即将自然界当中的行为或现象转变为计算机可以演算的形式。具体在蒙特卡罗分析法中，计算机用生成点坐标的方法去拟合的是撒点的三维动态过程。此种思维对于法律规则的计算机化而言有着重要的启发意义，我们可以借助数学方法将法律关系、法律现象等拟合成计算机形式。

此外，上一章中我们介绍了一个拓展思考练习，即：用 turtle 库将蒙特卡罗分析法推算圆周率，也即在方形内撒落大量随机点的过程画出来。

二、函数的定义

函数是一组封装的代码块，用于执行特定任务。函数可以接收参数，并返回结果，可以被重复使用，避免代码的冗长重复。参数是指出现在函数定义中的名称，定义了一个函数能接受何种类型的变量。许多编程者在进行程序设计时会定义 main 函数，将自己设计的程序定义为函数进行调用。Python 中的 main 函数充当任何程序的执行点。定义 Python 编程中的 main 函数是启动程序执行的必要之处，因为它只在程序直接运行时执行，而不是在作为模块导入时执行。以下是 main 函数的一个

简单示例:

```
#定义函数 greet
def greet(name):
    print(f"Hello,{name}!")
#定义函数 main;
def main():
#用 input 函数获取用户的名字,并将其存储在变量 name 中
    name= input("Enter your name:")
#调用 greet 函数,并将用户输入的名字作为参数传递给它
greet(name)
#检查当前脚本是否作为主程序运行
if _name_ =="_main_":
    main()
```

在上面的示例中,我们定义了两个函数:greet 和 main。greet 函数用于向用户打招呼,而 main 函数是程序的入口点。在 main 函数中,我们使用 input 函数获取用户的名字,并将其存储在变量 name 中。然后,我们调用 greet 函数,并将用户输入的名字作为参数传递给它。最后,可以使用 if __ name __ ==" __ main __ " 来检查当前脚本是否作为主程序运行。这样做的目的是,当我们将这个脚本作为模块导入其他程序中时,main 函数不会自动运行,只有直接运行这个脚本时,main 函数才会被调用。

函数的广泛运用体现了编程中函数思维的重要性。函数不仅可以用来解决当前的任务,还可以被置于更一般化的场景中完成更多的任务。函数的抽象程度可以很高,这就意味着函数式的代码可以更方便地复用。相比于直接编程,函数的出现可以省去不必要的重复,提高编程效率。更重要的是,函数式的代码是"对映射的描述",它可以描述任何能在计算机中体现的东西之间的对应关系。这与数学上的函数概念具有相同之处,在数学方面,函数概念含有三个要素:定义域 A、值域 B 和对应法则 f,y 与 x 之间的等量关系可以用 $y=f(x)$ 表示。

计算机函数和数学函数都是函数,正如数学中的"函数"可以变成"泛函",而计算机中的函数依然可以封装和嵌套。计算机语言把"映射"这一抽象的过程等效为"参数传递"的过程。当然,计算机的函数与数学的函数之间也存在多种差异。首先,使用目的不同。在数学中,函数通常是为了研究数学对象之间的关系和性质,例如函数的连续性、可导性、极值等。而在计算机中,函数通常是为了实现一些特定的功能或者完成某些任务,例如数据处理、图形绘制、网络通信等。其次,范围不同。在数学中,函数的定义域和值域通常是数学对象的范围,例如在函数 $y=x^2$ 中,定义域是实数集,值域是非负实数集。而在计算机中,函数通常是在程序中进

行调用的，其作用范围由程序的设计和实现决定。最后，定义方式不同。在数学中，函数通常使用公式或者图形的方式进行定义，例如 $y=x^2$，$y=\sin(x)$ 等。而在计算机中，函数通常由代码块组成，由关键字 def 进行定义，例如 Python 中的 `def function_name(parameters):`。

　　同样地，Python 中还存在模块化思维。模块包含了变量、函数、类等定义，可以在其他 Python 程序中被导入，以便共享它的功能。在程序编写过程中函数思维与模块化思维都十分重要，是编程者应当具备的意识。模块化是通过封装将代码和数据组织为独立的单元，并隐藏其实现细节，仅向外界提供必要的接口。它是一种设计技巧，可以提高代码的可读性、重用性。通过封装，我们可以将代码分成不同的模块，以便更容易理解、更方便维护。模块封装可以帮助开发者更好地控制代码的复杂性，并保证代码的安全性和可靠性。Python 中的模块化是将程序划分为较小的组件，以便更好地组织和管理代码，并提高代码的可重用性。这种思维方式使得代码更易于维护、测试和扩展，并能够使团队合作更高效。标准库是Python 自带的一组常用模块，可以在任何 Python 环境中使用，它包括许多功能强大的模块，例如用于处理时间和日期的 time 模块、用于生成伪随机数的 random 模块。除标准库外，还有许多其他的模块，例如用于创建简单绘图的 turtle 模块，以及提供数据结构和数据分析工具，可以用于处理和分析大量的数据的 pandas 模块。

　　函数、变量、模块、类是 Python 中常见的四个概念，它们在程序设计中有着不同的功能。变量是 Python 中最基本的数据存储单位，用于存储数据或对象，例如数字、字符串、列表、字典等。变量可以在程序中被多次赋值，其值可以在程序中被修改或者被引用。函数是一段代码块，可以重复使用。函数可以接受一个或多个输入参数，对输入参数进行操作并返回一个或多个输出值。Python 中的函数可以看做是一种封装，可以把一些复杂的操作封装到一个函数中，让程序更加模块化并具备更强的可读性。模块是一个 Python 文件，其中包含了一些函数、变量和类等定义。模块的主要作用是将代码组织成一个更大、更容易维护的单元。Python 中有很多内置的模块，如 math、time、random 等，可以直接使用。此外，我们也可以自定义模块，将一些相关的函数、变量和类封装在一起，方便重复使用。类是一种面向对象的编程方式，用于定义一个对象的属性和行为，实现一些针对该对象的操作和处理。类是一个抽象的概念，可以通过实例化来创建具体的对象。在 Python 中，类可以看做是一种自定义的数据类型，它包含了数据和方法，可以用来组织和管理代码，提高代码的可重用性和可读性。

　　上述概念都是用来组织和管理代码的，它们之间相互关联。比如变量可以在函数中被定义和引用，用于存储函数的中间结果或最终结果。函数可以被定义在模块中，用于封装某些具体的操作，然后可以在其他模块中被调用。类可以包含变量和函数等属性，用于封装一些具体的行为，然后通过实例化来创建具体的对象。

　　上述概念的差异主要体现在用途方面。例如变量用于存储数据或对象，它可以在程序中被多次赋值，其值可以在程序中被修改或者被引用。函数用于封装具体的操作，可以接受一个或多个输入参数，对输入参数进行操作并返回一个或多个输出值。模块用于组织一些相关的函数、变量和类等定义，可以用来提高代码的可重用性和可读性。

　　函数在概念的理解层面比较抽象。通俗地讲，函数就是一段给定的程序代码。每次调用函数实际上就是调用该函数中具体的程序代码，实现特定的功能。函数具有特定的基本结构，即〈函数名〉(参数)。函数的定义需要使用 def 保留字，其语法如下（其中 return 可以有，也可以没有）。上述语法结构可以帮助我们理解函数的基本结构：

```
def function_name(参数):
    函数体
    return
```

1. 函数名

　　function_name 是函数名，即函数的名称，用于描述函数执行的任务。Python 函数名遵循标识符的命名规则，即必须以字母或下划线开头，可以包含字母、数字和下划线，且大小写敏感。下面是一些常见的 Python 函数名以及相应的示例：

　　（1）print()

　　print() 是 Python 内置函数之一，用于在控制台输出指定的文本或变量值。例如：

```
print("Hello,World!")
```

```
Hello,World! 【输出结果】
```

　　（2）range()

　　range() 是 Python 内置函数之一，用于生成一个序列的整数，通常用于 for 循环中。例如：

```
for i in range(1,5):
    print(i)
```

```
1,2,3,4【输出结果】
```

2. 参数

　　函数的参数用于接收传递给函数的值。在运行过程中，函数名与参数起到封装函数体与外界接口的功能。Python 函数可以有多个参数，参数可以在函数定义中声明，并在函数调用时传递给函数。函数参数分为位置参数、默认参数、可变参数和关键字参数。

（1）位置参数

位置参数是指按照定义顺序传递给函数的参数，这种参数在函数调用时必须提供。下面是一个计算两个数之和的函数，它使用了两个位置参数：

```
def add_numbers(x,y):
    return x+y
result=add_numbers(3,5)
print(result)
```

```
8【输出结果】
```

（2）可选参数

可选参数又称为默认参数，是指在函数定义时给参数设置了默认值，如果函数调用时没有传递该参数，则会使用默认值。下面是一个使用可选参数的函数，其中 num 默认为 1：

```
def multiply_numbers(x,y=1):
    return x * y
result1=multiply_numbers(3)
result2=multiply_numbers(3,5)
print(result1)
print(result2)
```

```
3
  【输出结果】
15
```

（3）可变参数

在函数定义时应使用 * 表示，* args 是最常见的表示方法，但实际上 * 符号本身是可以与其他变量名一起使用的，例如 * value。可变参数可以接受任意数量的位置参数，并将它们作为元组传递给函数。下面是一个使用可变参数的函数，它接受任意数量的参数并返回它们的平均值：

```
def average( * args):
    return sum(args)/ len(args)
result=average(2,4,6,8)
print(result)
```

```
5.0【输出结果】
```

（4）关键字参数

关键字参数是指在函数定义时使用 ** 表示，可以接受任意数量的关键字参数，并将它们作为字典传递给函数。下面是一个使用关键字参数的函数，它接受 name 和 age 两个关键字参数：

```
def greet( ** kwargs):
    name=kwargs.get('name')
    age=kwargs.get('age')
```

```
    print("Hello, my name is", name,"and I am", age,"years old.")
greet(name="Alice", age=30)
```

```
Hello,my name is Alice and I am 30 years old.【输出结果】
```

3. 函数体

函数体表示在调用该函数时要执行的代码块，即给定的程序代码。在 Python 中，函数体通常由多行语句组成，并以缩进的方式与函数定义区分开来。

4. return

return 用于从函数返回值，具有可选择性。即如果仅希望执行程序代码，不需要返回值，那么便无须使用 return 语句，函数默认返回 None；反之，则可以使用 return 语句。return 属于给定的程序代码当中的一部分。

函数在本质上是实现特定功能的代码块，所以我们可以用 IPO 思维来理解函数。只不过对于函数体而言，其特殊性在于 output 部分可以省去，仅保留 process 的部分。详细解释如下：

Input 的部分，是指：函数可以仅根据输入进行处理，不一定要返回特定的值，则该函数就不需要对返回值进行调用和计算。函数通过参数的传递可以获得所需要的输入值。参数属于函数 IPO 中 input 的部分，通过参数的传递来获取输入值。有一些函数不需要有输入，因此也可以没有参数。每当调用一个函数的时候，必须向该函数传递一些参数，这取决于函数是否接受任何参数。传递参数给一个函数并不是强制性的，一个函数可以不接受任何参数，也可以接受任何数量的参数，这取决于函数如何使用。

Process 的部分，是指：函数体是函数的 process 部分，也是函数最为重要的部分，是决定函数功能的主体部分，也是函数不可缺少的部分。常见的函数体类型、模式、结构包括条件语句、循环语句以及异常处理语句。条件语句是通过条件表达式的结果来选择执行不同代码块的一种语句结构。条件语句通常使用 if、elif 和 else

关键字来实现。循环语句是重复执行某个代码块的一种语句结构，可以帮助我们高效地处理大量的数据，通常使用 for 和 while 关键字来实现。异常处理语句是在程序运行时出现错误时，根据不同类型的错误进行不同的处理的一种语句结构，依靠try、except 和 finally 关键字来实现。

Output 的部分，是指：返回值在函数中是可有可无的，既可以没有，也可以有多个。函数的 return 是用于从函数中返回结果的关键字。当函数执行到 return 语句时，函数将会立即退出，并且返回 return 语句后面的表达式的值。函数的返回值可以是任何类型的数据，包括数字、字符串、列表、元组、字典等等。在函数的调用处，可以使用变量来接收函数的返回值，进而对其进行进一步的处理。当 return 返回的是多个值的时候，这多个值是以元组的形式来存储的。元组是一种组合数据的类型，是以小括号的形式包含多个元素。元组的各个元素之间也是有序排列的，这意味着以后要调用或者要赋值时，也必须满足元组的个数和顺序，从而获取元组内部每个变量的取值。如果函数没有使用 return 关键字，则函数的返回值为 None。

在以下示例中，函数 say_hello 没有使用 return 关键字，因此它的返回值为None。在函数的调用处，我们将返回值存储在变量 result 中，并将其打印出来，输出结果为 None。

```python
def say_hello(name):
    print(f"Hello,{name}!")
result=say_hello("Tom")
print(result)
```

```
None【输出结果】
```

三、函数定义实例展示：计算圆周率

（一）运用函数绘制直角坐标系

若想要绘制直角坐标系，需要运用 turtle 模块，让画笔去到一个坐标点，从横轴的末端开始把整个横轴画出来。从横轴的末段走到横轴的首端，再从纵轴末端走到纵轴的首端。因此，可以定义两个参数 x 与 y 作为横轴和纵轴的末端。向右移动x/2，继续向左移动 x，再抬起画笔；接着将画笔抬起，移动到坐标系下方的中心点，放下画笔，向上移动 y/2，继续向下移动 y，最后抬起画笔。据此我们可以如下定义一个 zuobiao(x, y) 函数来实现上述功能。当然，我们也可以使用一个参数来定义这个函数。这样的话，zuobiao() 函数的功能可以通过一个参数来实现，比如只传递坐标系的长，那么函数里需要设计算法以便可以根据该长计算出坐标系的宽，并绘制出相应的坐标系。以下定义的 zuobiao() 函数的参数不是可选参数，因为在函数定义时，没有给参数赋默认值。

代码示例如下：

```
#引入 turtle 模块并将其重命名为 t
import turtle as t
#设置绘图窗口的大小和位置
t.setup(600,900,800,0)
#设置画笔颜色为黑色
t.pencolor("black")
#设置画笔的粗细为 2 像素
t.pensize(2)
#定义名为 zuobiao 的函数，接受参数 x，y
def zuobiao(x, y):
#抬起画笔
    t.penup()
#将画笔移动到 x 轴的左半边中点
    t.goto(-x/2, 0)
#落下画笔
    t.pendown()
#画一条横线，长度为 x
    t.goto(x/2, 0)
#抬起画笔
    t.penup()
#将画笔移动到 y 轴的下半边中点
    t.goto(0, -y/2)
#落下画笔
    t.pendown()
#画一条竖线，长度为 y
    t.goto(0, y/2)
#抬起画笔
    t.penup()
```

这段代码定义了一个名为 zuobiao 的函数，其函数体中包含了绘制坐标系的代码。函数的参数 x 和 y 分别表示坐标系的长和宽，用于计算绘制坐标系的各个点的位置。该函数的主要功能是绘制一个以坐标原点为中心、长为 x、宽为 y 的坐标系。在绘制坐标系时，函数先将画笔抬起，移动到坐标系左侧的中心点，然后将画笔放下，向右移动 x/2，继续向左移动 x，再抬起画笔；接着将画笔抬起，移动到坐标系下方的中心点，放下画笔，向上移动 y/2，继续向下移动 y，最后抬起画笔。在调用该函数，给定参数后，函数执行完毕时，就绘制出了一个完整的坐标系。

该函数的作用是方便绘制坐标系，可以被其他绘图程序或者绘制函数调用，减少了代码的冗余和重复，同时也增加了代码的可读性和可维护性。

(二)运用函数绘制整个内切圆(先绘制 1/4 的内切圆,再通过调用函数获得另外 3/4 的圆)

1. 分析问题

一个内切圆可以有不同的大小，半径会发生变化，圆的起始位置也会发生变化。在绘制时，内切圆的起始位置（x，y）和半径大小 r 都可以作为参数。此外，还需要考虑的是 circle 函数在调用时得到的圆形是处于左侧，当翻转过后，圆形又会出现在右侧。因此，还需要再设置一个参数 angle 来确定走向的绝对角度。据此，以下定义一个名称为 nqy() 的函数，来完成这个任务。示例代码中的 nqy() 函数的参数不是可选参数，没有默认值，需要在调用时传入四个参数：x 坐标、y 坐标、半径 r、方向角 angle。

2. 编写程序

```python
#引入 turtle 模块并将其重命名为 t
import turtle as t
#定义函数 nqy,接受四个参数:x 坐标,y 坐标,半径 r,方向角 angle
def nqy(x,y,r,angle):
#抬起画笔
    t.penup()
#移动到指定坐标
    t.goto(x,y)
#设置方向角
    t.seth(angle)
#落下画笔
    t.pendown()
#绘制圆弧
    t.circle(r,90)
#抬起画笔
    t.penup()
#回到指定坐标
    t.goto(x,y)
#设置方向角
    t.seth(angle)
#落下画笔
    t.pendown()
```

```
#绘制线段
    t.fd(r)
#向左转90度
    t.left(90)
#向前移动r
    t.fd(r)
#抬起画笔
    t.penup()
```

上述代码中定义了一个函数 nqy()，该函数可以绘制一个圆弧和一条线段。函数接受四个参数，分别为圆弧的圆心坐标 x 和 y，圆弧的半径 r，以及绘制线段的方向角 angle。函数体中使用 t 来控制画笔绘制图形，通过调用 penup() 和 pendown() 方法控制画笔落下和抬起，调用 goto() 方法和 left() 方法控制画笔移动和旋转，调用 circle() 方法和 fd() 方法绘制圆弧和线段。代码返回 None，因为函数没有明确的返回语句。

3. 示意图

给定参数，x＝0，y＝0，r＝50，angle＝90，四次调用 nqy() 函数得到图 7-1 至图 7-4。

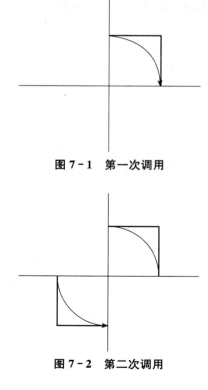

图 7-1　第一次调用

图 7-2　第二次调用

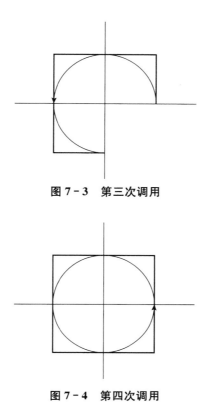

图 7 - 3　第三次调用

图 7 - 4　第四次调用

（三）运用函数通过撒点解决圆周率计算的问题

1. 问题背景

　　蒙特卡罗方法（Monte Carlo Method）是以概率统计理论为指导的一类数值计算方法，以随机抽样的方式解决计算问题。用蒙特卡罗方法计算圆周率的基本思想是：在正方形内随机撒点，统计圆内的点数占总点数的比例，就可以用这个比例估算出圆周率的值。这种方法虽然简单，但可以达到很高的精度，并且可以通过增加撒点的数量来提高计算的准确度。以下是通过 turtle 绘图完成随机撒点，从而计算圆周率的程序示例。

```
#调用 random 库、time 库、turtle 库
import random,time
import turtle as t
#圆半径
l=1
#撒点次数
N=100
```

```
#落在圆内的点数
hits=0
#设置 turtle 画布和画笔参数
t.setup(800,800,0,0)
t.pensize(2)
#设置画笔速度为最快
t.speed(0)
#抬起画笔
t.penup()
#移动画笔到圆心下方
t.goto(0,-1)
#放下画笔
t.pendown()
#画出圆
t.circle(1)
#抬起画笔
t.penup()
#获取当前时间
ts=time.perf_counter()
#创建遍历循环
for i in range(1,N+1):
#在正方形内随机生成 x 坐标
    x=random.uniform(-1,1)
#在正方形内随机生成 y 坐标
    y=random.uniform(-1,1)
#计算生成随机点到圆心的距离
    juli=pow(x**2+y**2,0.5)
#判断随机点到圆心的距离是否大于圆的半径
    if juli<=1:
#是则将落在圆内的点数加 1
    hits+=1
#将生成的随机点画在画布上
    t.goto(x,y)
    t.pendown()
    t.goto(x,y)
    t.penup()
#推算圆周率值
pai=hits /(N / 4)
```

```
# 计算投点总耗时
dur＝time. perf_counter()－ts
# 输出格式化的结果
print("圆周率为:{:.5f}，运行时间为：{:.2f}s". format(pai, dur))
```

　　上述代码首先定义了圆的半径、撒点次数和落在圆内的点数。接着使用 turtle 库绘制了一个圆，然后循环 N 次，在正方形内随机生成一个点，计算该点到圆心的距离，如果距离小于等于圆的半径，则将落在圆内的点数加 1。循环结束后，根据公式计算出圆周率，并计算程序运行时间。最后将结果输出。

2. 分析问题

　　撒点的数量 N 值是可以变化的，撒点的范围也会随着圆的大小发生变化，则 random 的取值范围也会发生变化。因此，N 以及 random 的范围可以设置为参数。据此示例代码中定义了一个名称为 sadian() 的函数来完成这个任务。示例中的 sadian() 函数的参数有一个默认参数和一个普通参数，其中普通参数 l 是必须要传入的，而默认参数 N 可以不传值，默认值为 100。return 的返回值看似与 print() 函数的功能很相似，但实则不能混用。return 为保留字，print() 是函数，在函数返回值时 return 可以将返回值赋值，进行再次调用，而 print() 只能将结果打印出来。因此，虽然在本示例中 return 以及 print() 都可以起到打印结果的作用，但是在功能和效果上两者存在区别。

3. 定义函数的代码示例

```
# 定义函数 sadian()，接收两个参数：圆的半径 l 和撒点次数 n(默认值为 100)
def sadian(l,N＝100)：
# 将画笔颜色设置为红色
    t. pencolor("red")
# 记录程序运行的开始时间
    ts＝time. perf _ counter()
# 用 global 关键字声明 hits 是全局变量
    global hits
# 创建遍历循环
    for i in range(1, N＋1)：
# 在正方形内随机生成 x 坐标
        x＝random. uniform(－1, 1)
# 在正方形内随机生成 y 坐标
        y＝random. uniform(－1, 1)
```

```
# 计算生成随机点到圆心的距离
        juli＝pow(x ** 2＋y ** 2,0.5)
# 判断随机点到圆心的距离是否大于圆的半径
        if juli＜＝1：
# 是则将落在圆内的点数加 1
        hits＋＝1
# 将生成的随机点画在画布上
    t. goto(x,y)
    t. pendown()
    t. goto(x,y)
    t. penup()
# 推算圆周率值
pai＝hits /(N / 4)
# 计算投点总耗时
dur＝time. perf _ counter() －ts
# 输出格式化的结果
print("圆周率为:{:.5f},运行时间为:{:.2f}s".format(pai, dur))
```

这里定义了一个名为 sadian() 的函数，其参数为 l 和 N，其中 l 表示圆的半径，N 表示撒点的次数（默认值为 100）。函数的主体部分使用蒙特卡罗方法计算圆周率，并返回一个字符串，其中包含计算出的圆周率值和运行时间。函数的作用是计算圆周率，可以通过改变 l 和 N 的值来控制精度和计算时间。

四、函数的使用和 lambda 函数

（一）参数传递

函数的使用主要包括参数传递以及函数调用。参数传递是函数的基本功能之一，即按照参数的名称或者位置进行传递，本质上是给函数的参数赋值，让函数具体地运行得到结果或执行某种具体操作。函数参数传递是指在调用函数时，将变量的值传递给函数。Python 支持多种类型的函数参数传递方式，包括位置参数、关键字参数、默认参数、可变位置参数和可变关键字参数。参数传递是在程序内部定义函数时，可以定义一些参数，然后在函数调用时传入具体的值，这样函数就可以使用这些传入的值来完成一些特定的任务。参数传递通常用于封装代码和提高代码的重用性，同时也可以增加代码的可读性和可维护性。

参数赋值有两种方法：按位置传递和按名称传递。按位置传递参数的方式是指在函数调用时，按照函数定义时参数的位置，将相应的参数值传递给函数的参数。

例如以下示例。参数 a 对应的是传入的第一个参数值 1，参数 b 对应的是传入的第二个参数值 2。示例如下：

```
def add(a,b):
    return a+b
result＝add(1,2)
print(result)
```

3【输出结果】

　　按名称传递参数的方式是指在函数调用时，使用参数的名称来指定传递给函数的参数值。以下示例中，通过直接写明给参数 a 赋值 1，使 a 得到传入的参数值 1，而参数 b 对应的是传入的值 2，这种方法可以改变默认地根据参数位置来赋值的参数传递方法。示例如下：

```
def add(a,b):
    return a+ b
result＝add(a＝1,b＝2)
print(result)
```

3【输出结果】

　　如果在按名称传递参数时，传入了未定义的参数名，会抛出 TypeError 类型的异常。例如：

```
def add(a,b):
return a+b
result＝add(a＝1,c＝2)
```

TypeError:add()got an unexpected keyword argument 'c'【程序运行抛出错误】

（二）函数调用

　　函数调用是指，在程序中调用已定义的函数并执行其中的代码。在调用函数时，需要指定函数名以及其所需的参数（如果有的话），并传递这些参数以便函数使用。函数调用的基本语法是：函数名（参数列表），其中函数名是已定义的函数的名称，参数列表是函数需要的参数。参数可以按照位置传递或按照名称传递。当调用函数时，如果没有传递必需的参数，则会引发一个 TypeError 错误，提示缺少参数。如果传递了太多的参数，则会引发一个 TypeError 错误，提示参数过多。需要注意的是，Python 中的函数调用是表达式，因此可以嵌套函数调用。例如，foo（bar（）），表示先调用 bar 函数，然后将其结果传递给 foo() 函数。

以上述圆周率计算程序中所定义的三个函数为例。若想要调用 zuobiao()，则需要输入 zuobiao(200，300) 或者 zuobiao(x=300，y=400)；若想要调用 nqy()，则可以输入 nqy(0，0，100，0)，传递 4 个参数：x 坐标为 0，y 坐标为 0，半径为 100，方向角为 0。假设需要计算半径为 5 的圆的圆周率，在调用 sadian() 函数之前，需要先导入需要的模块，包括 turtle、random 和 time，调用函数的代码可以参见以下示例。

其中，导入模块的部分可以省略，如果之前已经导入过，调用 sadian() 函数时，传入圆的半径 5 作为第一个参数，因为第二个参数 N 有默认值 100，所以可以省略不传。函数返回的结果可以赋值给变量 result，然后通过 print() 语句输出。

```
＃引入 turtle 模块并将其重命名为 t
import turtle as t
＃调用数据库
import random
import time
＃全局变量，记录撒点次数和在圆内的点数
hits＝0
＃调用 sadian 函数，计算圆周率
result＝sadian(5)
＃输出结果
print(result)
```

（三）全局变量与局部变量

全局变量和局部变量是在程序中常用的两种变量类型。全局变量是指在整个程序范围内都可以被访问的变量，其作用域为整个程序。全局变量可以在程序的任何地方进行访问、使用和修改。局部变量是指在函数或语句块内部定义的变量，其作用域仅限于该函数或语句块内部。局部变量只能在函数或语句块内部进行访问、使用和修改。

两者之间存在的明显的区别，第一，全局变量和局部变量的作用域不同，全局变量作用于整个程序，而局部变量仅作用于所在的函数或语句块内部。第二，在函数或语句块内部，如果出现了与全局变量同名的局部变量，那么在该函数或语句块内部，该局部变量会屏蔽全局变量，也就是说在该函数或语句块内部无法直接访问全局变量。第三，在函数内部，如果想要访问、使用或修改全局变量的值，需要在函数内部使用 global 关键字进行声明。

对于基础数据类型的变量，全局变量和局部变量需要分别进行赋值。例如，在函数内部定义一个局部变量 i，在函数外部定义一个全局变量 j，两个变量之间的赋值并不会相互影响。假设在函数内部定义了一个局部变量 i 和一个函数外部定义的全局变量 j，如下所示：

```
#定义全局变量 j,赋值为 10
j=10
def my_func():
#定义局部变量 i,赋值为 5
    i=5
    print("函数内部:i=",i)
    print("函数内部:j=",j)
my_func()
print("函数外部:j=",j)
```

　　输出结果如下：

```
函数内部:i=5
函数内部:j=10
函数外部:j=10
```

　　从输出结果可以看出，函数内部的局部变量 i 和全局变量 j 互不干扰，赋值操作也不会相互影响。在函数内部对 i 进行修改，不会对 j 产生任何影响。在函数外部对 j 进行修改，同样不会对 i 产生任何影响。

　　对于基础数据类型的变量，如果全局变量与局部变量同名，仍然需要对其分别赋值。如果不分别赋值，会导致值的不一致和意外的结果。以下是一个反面示例：

```
#定义全局变量
x=10    #全局变量
def my_function():
    print("局部变量 x=",x)
#局部变量赋值
    x=20
    print("局部变量 x=",x)
#局部变量赋值
my _ function()
print("全局变量 x=",x)
```

　　输出结果如下：

```
UnboundLocalError:local variable 'x' referenced before assignment
```

在这个例子中，我们在函数 my_function() 内部的第一个打印语句中引用了变量 x，而没有在该语句之前对其进行赋值。Python 解释器将 x 视为局部变量，由于解释器不知道我们要修改的是全局变量 x，最终返回了 UnboundLocalError 异常。这是因为在 Python 中，当在函数内部对变量进行赋值时，解释器会将该变量视为局部变量。在函数内部的整个作用域范围内，该变量将成为局部变量，隐藏了同名的全局变量。为了纠正这个错误，可以在函数内部的赋值操作之前，使用 global 关键字显式声明该变量为全局变量。

对于组合数据类型的变量，如果在函数内部不进行创建，则该变量将成为全局变量。例如，在函数内部没有定义一个列表，那么可以直接访问并修改函数外部定义的列表变量。但是如果在函数内部创建了一个列表，那么该变量将成为局部变量，只能在该函数内部进行访问和修改。例如：

```python
#定义全局变量
my_list=[1,2,3]
#不创建新的列表变量,直接使用函数外部的 my_list
```

```python
def test():
    my_list.append(4)
    print(my_list)
#输出[1,2,3,4]
test()
#输出[1,2,3,4]
print(my_list)
```

在上面的例子中，函数 test() 内部没有创建新的列表变量，而是直接使用了函数外部的同名列表变量 my_list，这时候 my_list 就被认为是全局变量。在函数内部对全局变量进行的修改，会影响到函数外部的同名变量。

如果在函数内部创建了新的同名列表变量，那么这个列表变量将被认为是局部变量，与函数外部的同名变量没有关系。例如：

```python
#定义全局变量
my_list=[1,2,3]
#创建新的同名列表变量
def test():
    my_list=[4,5,6]
    print(my_list)
#输出[4,5,6]
test()
#输出 [1,2,3]
print(my_list)
```

在上面的例子中，函数 test() 内部创建了一个新的同名列表变量 my_list，这个变量与函数外部的同名变量没有关系。在函数内部对局部变量进行的修改，不会影响到函数外部的同名变量。

最后，在函数中使用 global 关键字可以将局部变量声明为全局变量。例如，如果在函数内部想要修改全局变量 j 的值，需要在函数内部使用 global j 进行声明，然后才能对其进行修改。假设在全局作用域中定义了一个变量 j，并赋值为 10，现在有一个函数 foo() 想要修改全局变量 j 的值，可以在函数中使用 global 关键字声明 j 为全局变量，然后对其进行修改。

```
j=10
def foo():
    global j
    j=20
```

```
foo()
print(j)
```

以上代码输出结果为 20。

在函数 foo() 中，首先使用 global 关键字声明 j 为全局变量，然后将其值修改为 20。在函数外部再次访问 j 时，可以看到其值已经被修改为 20，而不是原先的 10。

（四）lambda 函数

lambda 函数，也称为匿名函数，是一种可以快速定义简单函数的方式。lambda 函数可以用一行代码表示，不需要像传统函数一样使用 def 来定义。lambda 一般用来定义简单的函数，而 def 可以定义复杂的函数，两者都是 Python 中的保留字。由于其实现的功能一目了然，甚至不需要专门的名字来说明。lambda 函数在 Python 中的出现主要是为了方便编程中的一些特定场景，例如需要传递一个简单的函数作为参数时。传统的方式需要定义一个完整的函数来实现这个功能，而 lambda 函数可以更加简洁地实现同样的功能。

此外，lambda 函数可以在代码中临时定义一个小的函数，而不需要事先为其定义一个名称，从而避免了代码的臃肿。它可以作为函数的返回值，或者作为列表、字典等容器的元素，非常适合一些简单的数据处理、过滤等操作。lambda 函数在函数式编程和数据分析中都有广泛的应用。在函数式编程中，lambda 函数常用于函数作为参数的情况下，比如在 map、reduce 和 filter 等函数中，这些函数都接受一个函数作为参数，lambda 函数可以很方便地用来定义这些函数。例如，在使用 map 函数时，可以使用 lambda 函数来定义每个元素的映射关系。在数据分析中，lambda 函数通常用于对数据进行处理和转换。例如，在使用 pandas 库对数据进行处理时，可以使用 lambda 函数来定义数据的转换规则。lambda 函数还可以在数据处理中进行数据过滤、分组、排序等操作，比如在使用 pandas 库进行数据分组时，可以使用 lambda 函数来定义分组规则。当然，这些更加高级的运用并不是本教程所要求掌握的内容，我们只需要了解 lambda 函数的基本结构及特征即可。

lambda 函数的语法为：lambda arguments：expression。其中，arguments 是函数的参数，可以有多个，用逗号分隔。expression 是函数的返回值，也就是 lambda 函数的函数体。lambda 函数执行完后会自动返回 expression 的值。下面是一个简单的 lambda 函数的例子，它将传入的参数加 1 并返回：

```
lambda x：x＋1
```

lambda 函数可以与其他 Python 函数一样使用，例如作为参数传递给其他函数，或者在列表解析中使用。下面是一个将列表中的每个元素加 1 的例子：

```
original_list＝[1,2,3,4]
new_list＝list(map(lambda x：x＋ 1,original_list))
print(new_list)
```

输出结果如下：

```
[2,3,4,5]
```

（五）拓展练习一：调用函数寻找法律文本中出现次数最多的字

1. 问题描述

通过调用函数的方法，找到给定法律文本中出现次数最多的字符。

2. 输入、输出的确定

经分析，在这个问题中，需要设计一个通过给定参数就可以运行命令行的函数，使之可以灵活调用。字符串文本是需要输入的内容，出现次数最多的字符是需要输出的内容。

3. 处理算法的确定

首先，自定义一个函数，使之通过传入参数就可以寻找该参数中出现次数最多的字符。那么借助保留字 def 来定义特定函数，并将参数设置为后续待传入的给定法律文本。

其次，在该函数内部的程序中，为了找到字符串中出现次数最多的字符，需要借助 for 循环和条件语句，以及部分函数。先借助 replace 函数剔除掉对象字符串中无意义的空格，留下有意义的实词字符。然后构建一个列表 l，借助函数 append（）和 count（）将处理对象字符串中每一个字符出现的次数作为列表的元素。次之，对字符串遍历循环，用 max() 函数定位出现次数最多的字符及其出现次数。最终，打印目标结果，借助流程控制关键词 break 中断循环使得结果仅呈现一个。

4. 编写程序

```
#定义函数 Find
def Find(name)：
#打开参数文本
f=open(name,'r',encoding='utf-8').read()
#将无意义字符串集合赋值给列表 c
c=["\n","\r","，"，"。"，"、"，"《"，"》"，"；"，"："，"（"，"）"，"【"，"】"，"："，"（"，"）"，'\u3000"，"的"，""]
#用 for 循环对字符串 f 中的每一个字符进行遍历
for i in c：
#若 i 与 c 中的字符相同，则将其替换为空集（删掉无意义字符）
    f=f.replace(i,"")
#构造空列表 l
l= []
#用 for 循环对字符串 f 中的每一个字符进行遍历
for i in f：
#将 f 中每一字符出现的次数添加到列表 l 中
    l.append(f.count(i))
#用 for 循环对字符串 f 中的每一个字符进行遍历
for i in f：
#若 i 在 f 中出现的次数等于列表 l 中的最大值
  if f.count(i) ==max(l)：
#输出结果
    print(i)
#结束循环（避免打印数个同一字符）
    break
#调用自定义函数 Find，传入参数"刑法.txt"字符串文本
Find("刑法.txt")
```

以上代码输出结果为出现次数最多的字符"处"。

（六）拓展练习二：受贿金额对量刑的累积影响计算实例

1. 实例一

在分档影响的情况下，由用户输入获取不同档的单位影响量，计算受贿金额达到 300 万元时，最终刑期是多少。

（1）输入、输出的确定

对一个问题可计算部分的确定是确定输入和输出的思维前提。在此实例中，起

刑期、各档刑期的单位影响量及受贿金额是可获取的输入数据，刑期则是我们在确定了输入数据的基础上所需要输出的计算结果。

（2）处理算法的确定

根据最高人民法院、最高人民检察院《关于办理贪污贿赂刑事案件适用法律若干问题的解释》之规定，不考虑情节，仅考虑贪污或受贿数额，我们可以总结受贿金额达到 300 万元即第二档受贿金额上限时，刑期的计算方式：

$$第 2 档刑期＝30＋第 1 档单位影响量×(20－3)＋第 2 档单位影响量×(200$$
$$－20)＝30＋第 1 档单位影响量×17＋第 2 档单位影响量×$$
$$280$$

（3）编写程序、调试程序

```
#获取第一档刑期的单位影响量
factor1＝eval(input("请输入第一档单位影响量:"))
#获取第二档刑期的单位影响量
factor2＝eval(input("请输入第二档单位影响量:"))
#设定起刑期为 30 天
prisonstart＝30
#根据用户输入的两档刑期单位影响量和法条规定计算受贿金额达到 300 万元时的最终刑期
prisonfinal＝prisonstart＋17 * factor1＋280 * factor2
#将以天为单位的最终刑期转换为以年为单位的最终刑期
prisonyear＝prisonfinal/365
#将以年为单位的最终刑期的精度设置为小数点后两位数字
print("{:.2f}".format(prisonyear))
```

```
请输入第一档单位影响量:【10,用户输入第一档刑期单位影响量为 10 天/万元】
请输入第二档单位影响量:【5,用户输入第二档刑期单位影响量为 5 天/万元】
4.38【受贿金额达到 300 万元时,最终刑期为 4.38 年】
```

当第一档单位影响量为 10 天/万元，第二档单位影响量为 5 天/万元，受贿金额达到 300 万元时，最终量刑为 4.38 年，与法条规定的"10 年以上"相差较远。

2. 实例二

在分档影响的情况下，使用自定义函数的方法，从用户端获取不同档的单位影响量，分别计算受贿金额达到 20 万元，最终刑期是多少；受贿金额达到 300 万元，最终刑期是多少。

（1）输入、输出的确定

对一个问题可计算部分的确定是确定输入和输出的思维前提。在此实例中，起刑期、各档刑期的单位影响量及受贿金额是可获取的输入数据，刑期则是我们在确定了输入数据的基础上所需要输出的计算结果。

（2）处理算法的确定

根据最高人民法院、最高人民检察院《关于办理贪污贿赂刑事案件适用法律若干问题的解释》之规定，不考虑情节，仅考虑贪污或受贿数额，我们可以总结受贿金额达到 20 万元即第一档受贿金额上限、300 万元即第二档受贿金额上限时，刑期的计算方式：

$$第 1 档刑期 = 30 + 第 1 档单位影响量 × (20 - 3) = 30 + 第 1 档单位$$
$$影响量 × 17$$
$$第 2 档刑期 = 30 + 第 1 档单位影响量 × (20 - 3) + 第 2 档单位影响量$$
$$× (200 - 20) = 30 + 第 1 档单位影响量 × 17 + 第 2 档$$
$$单位影响量 × 280$$

（3）编写程序、调试程序

代码示例 1 如下：

```
def Prison1(f1):
    prison1_final=30+f1*17
    return prison1_final
print("受贿金额达到 20 万元时，刑期为"+"{:.2f}".format(Prison1(eval(input("请输入第一档单位影响量:")))/365)+"年")
```

上述代码输出结果如下：

```
请输入第一档单位影响量:【60】
受贿金额达到 20 万元时,刑期为 2.88 年
```

对这四行代码跟踪分析：第一、二、三行是函数定义，函数只有在被调用时才执行，因此前三行代码不直接执行，程序最先执行的语句是第四行的 eval(input("请输入第一档单位影响量:"))。当用户输入数值后，Python 执行到这儿便会调用 Prison1() 函数，当前执行暂停，程序用实际参数"eval(input("请输入第一档单位影响量:"))"替换 Prison1(f1) 中的形式参数 f1，形式参数被赋值为实际参数的值，在此程序中就是用户所输入第一档单位影响量的数值，类似于执行了如下语句：

```
f1=eval(input("请输入第一档单位影响量:"))
```

然后参数按照输入值执行函数体内容，即第二行。当函数执行完毕后，重新回到第四行，继续执行余下语句，即 print() 语句。

代码示例 2 如下：

```
def Prison2(f2):
    prison2_final=Prison1(eval(input("请输入第一档单位影响量:"))) +f2 * 280
        return prison2 _ final
print("受贿金额达到 300 万元时,刑期为"+"{:.2f}".format(Prison2(eval(input("请输入第
二档单位影响量:")))/365)+"年")
```

上述代码输出结果如下:

```
请输入第二档单位影响量:【10】
请输入第一档单位影响量:【60】
受贿金额达到 300 万元时,刑期为 10.55 年
```

对这四行代码跟踪分析:第一、二、三行是函数定义,函数只有在被调用时才执行,因此前三行代码不直接执行,程序最先执行的语句是第四行的 eval(input("请输入第二档单位影响量:"))。当用户输入数值后,Python 执行到这儿便会调用 Prison2() 函数,当前执行暂停,程序用实际参数 "eval(input("请输入第二档单位影响量:"))" 替换 Prison2(f2) 中的形式参数 f2,形式参数被赋值为实际参数的值,在此程序中就是用户所输入第二档单位影响量的数值,类似于执行了如下语句:

```
f2=eval(input("请输入第二档单位影响量:"))
```

然后实际参数代替形式参数执行函数体内容,即第二行。

在第二行中,程序又对 Prison1() 作了调用,当前执行暂停,具体调用过程见上。

调用完毕后,程序重新回到第二行,继续执行余下语句。

3. 实例三

使用 while 循环,计算当单位影响量为多少时,契合法条的规定。

相关知识:很多应用无法在执行之初确定遍历结构,这需要编程语言提供根据条件进行循环的语法,称为无限循环,又称条件循环。无限循环一直保持循环操作直到循环条件不满足才结束,不需要提前确定循环次数。

Python 通过保留字 while 实现无限循环,基本使用方法如下:

```
while〈条件〉
    〈语句块〉
```

其中条件与 if 语句中的判断条件一样,结果为 True 和 False。

while 语句很简单,当条件判断为 True 时,循环体重复执行语句块中语句;当条件为 False 时,循环终止,执行与 while 同级别缩进的后续语句,两个案例

如下：

```
def Prison1(f1):
    prison1_final=30+f1*17
    return prison1_final
F1=1
while Prison1(F1)<3*365:
    F1=F1+1
print(F1)
```

这里的后三行代码为 while 语句，条件判断为 Prison1(F1) <3 * 365。当 Prison1(F1) <3 * 365 为 True 时，循环体重复执行 F1＝F1＋1；当 Prison1(F1) <3 * 365 为 False 时，循环终止，执行与 while 同级别缩进的 print() 语句。

上述代码输出结果为：63。

```
def Prison2(f2):
    prison2_final=30+63*17+f2*280
    return prison2_final
F2=1
while Prison2 (F2) <10*365:
    F2=F2+1
print(F2)
```

这里的后三行代码为 while 语句，条件判断为 Prison2(F2) <10 * 365。当 Prison2(F2) <10 * 365 为 True 时，循环体重复执行 F2＝F2＋1；当 Prison2(F2) <10 * 365 为 False 时，循环终止，执行与 while 同级别缩进的 print() 语句。

上述代码输出结果为：10。

还可以缩小递增的幅度，并将结果精确至小数点后两位，如下所示：

```
def Prison1(f1):
    prison1_final=30+f1*17
    return prison1_final
```

```
F1=1
while Prison1(F1)<3*365:
    F1=F1+0.01
print("{:.2f}".format(F1))
```

其结果为：62.65。

```
def Prison2(f2):
    prison2_final＝30＋63 * 17＋f2 * 280
    return prison2_final
F2＝1
while Prison2(F2)＜10 * 365:
    F2＝F2＋0.01
print("{:.2f}".format(F2))
```

其结果为：9.11。

4. 实例四

分档影响的情况下，使用定义函数的方法，从用户端获取不同档的单位影响量及受贿金额，并计算最终刑期。

```
＃获取第一档刑期的单位影响量
f1＝eval(input("第一档单位影响量(单位:天/万元):"))
＃获取第二档刑期的单位影响量
f2＝eval(input("第二档单位影响量(单位:天/万元):"))
＃获取第三档刑期的单位影响量
f3＝eval(input("第三档单位影响量(单位:天/万元):"))
＃获取受贿金额
jine＝eval(input("受贿金额(单位:万元):"))
＃使用 def 保留字定义一个函数名为 xingqi、参数列表为 f1,f2,f3,jine 的函数。如前所述,参
数列表是调用该函数时传递给它的值,可以有零个、一个或多个,当传递多个参数时各参数由逗
号分隔,当没有参数时也要保留圆括号。f1,f2,f3,jine 即为自定义 xingqi()函数的参数列表,
共有四个参数
def xingqi(f1,f2,f3,jine):
＃如果受贿金额小于 3 万元,则刑期为 0 天
    if jine＜3:
        prison＝0
＃如果受贿金额小于 20 万元,则刑期为起刑期＋第一档单位影响量×(受贿金额－3 万元)
    elif jine＜20:
        prison＝30＋(jine－3)*f1
＃如果受贿金额小于 300 万元,则刑期为起刑期＋第一档单位影响量×17 万元＋第二档单位影
响量×(受贿金额－20 万元)
    elif jine＜300:
        prison＝30＋17 * f1＋(jine－20)*f2
＃否则
```

```
    else：
＃刑期为起刑期＋第一档单位影响量×17 万元＋第二档单位影响量×280 万元＋第三档单位
影响量×(受贿金额－300 万元)
        prison＝30＋17 * f1＋280 * f2＋(jine－300)*f3
＃返回 prison 值
    return prison
＃将以天为单位的刑期转换为以年为单位的刑期
prisony＝xingqi(f1,f2,f3,jine)/365
＃将以天为单位的刑期的精度设置为小数点后两位数字,并打印
print("刑期为:"＋str(xingqi(f1, f2, f3, jine)) ＋"天")
＃将以年为单位的刑期的精度设置为小数点后两位数字，并打印
print("即刑期为:"＋str("{:.2f}".format(prisony)) ＋" 年")
```

上述代码运行及输出结果如下：

```
第一档单位影响量(单位:天/万元):【64】【用户输入第一档刑期单位影响量为 64 天/万元】
第二档单位影响量(单位:天/万元):【10】【用户输入第二档刑期单位影响量为 10 天/万元】
第三档单位影响量(单位:天/万元):【1】【用户输入第三档刑期单位影响量为 1 天/万元】
受贿金额(单位:万元):【980】【用户输入受贿金额为 980 万元】
```

```
刑期为:4598 天
即刑期为:12.60 年
```

五、文件的使用

（一）文件概述

文件是一个存储在辅助存储器上的数据序列，可以包含任何数据内容。概念上，文件是数据的集合和抽象。类似地，函数是程序的集合和抽象。用文件形式组织和表达数据更有效也更为灵活。文件包括两种类型：文本文件和二进制文件。

文本文件一般由单一特定编码的字符组成，如 UTF-8 编码，内容容易统一展示和阅读。大部分文本文件都可以通过文本编辑的软件或文字处理软件创建、修改和阅读。由于文本文件存在编码，因此它也可以被看作是存储在磁盘上的长字符串。

二进制文件直接由比特 0 和比特 1 组成，没有统一字符编码，文件内部数据的组织格式与文件用途有关。二进制是信息按照非字符但特定格式形成的文件，例如，png 格式的图片文件、avi 格式的视频文件。二进制文件和文本文件最主要的区别在于是否有统一的字符编码。二进制文件由于没有统一字符编码，只能当做字节流，

而不能看作是字符串。[①]

在 Python 中采用文本方式读入文件，文件经过编码形成字符串，打印出有含义的字符；采用二进制方式打开文件，文件被解析为字节（Byte）流。由于存在编码，字符串中的一个字符由两个字节表示。

Python 对文本文件和二进制文件采用统一的操作步骤，即"打开—操作—关闭"。操作系统中的文件默认处于存储状态，首先需要将其打开，使得当前程序有权操作这个文件，打开不存在的文件可以创建文件。打开后的文件处于占用状态，此时，另一个进程不能操作这个文件。可以通过一组方法读取文件的内容或向文件写入内容，此时，文件作为一个数据对象存在，采用〈a〉.〈b〉() 方式进行操作。操作之后需要将文件关闭，关闭将释放对文件的控制使文件恢复存储状态，此时，另一个进程将能够操作这个文件。

Python 通过解释器内置的 open() 函数打开一个文件，并实现该文件与一个程序变量的关联，open() 函数格式如下：

〈变量名〉＝open(〈文件名〉,〈打开模式〉)

open() 函数有两个参数：文件名和打开模式。文件名可以是文件的实际名字，也可以是包含完整路径的名字。打开模式用于控制使用何种方式打开文件，open() 函数提供七种基本的打开模式，如表 7－1 所示。

表 7－1　open() 函数的打开模式

文件的打开模式	含义
"r"	只读模式，如果文件不存在，返回异常 FileNotFoundError，默认值
"w"	覆盖写模式，文件不存在则创建，存在则完全覆盖
"x"	创建写模式，文件不存在则创建，存在则返回异常 FileExistsError
"a"	追加写模式，文件不存在则创建，存在则在文件最后追加内容
"b"	二进制文件模式
"t"	文本文件模式，默认值
"＋"	与 r/w/x/a 一同使用，在原功能基础上增加同时读写功能

打开模式使用字符串方式表示，根据字符串定义，单引号或者双引号均可。上述打开模式中,"r"、"w"、"x"、"a"可以和"b"、"t"、"＋" 组合使用，形成既表达读写又表达文件模式的方式。例如 open() 函数默认采用"rt"（文本只读）模式。文件使用结束后要用 close() 方法关闭，释放文件的使用授权，该方法的使用方式如下：

〈变量名〉.close()

---

① 字节流是字节组成的序列，字节由固定的 8 个比特组成，因此字节流从二进制角度看有确定的长度和存储空间。Python 字符串由编码字符的序列组成，字符根据编码不同长度也不相同。因此，从存储空间角度看，字符串和字节流不相同。硬盘上所有文件都以字节形式存储，例如文本、图片及视频等，真正存储和传输数据时都是以字节为单位。字符值在内存中形成，由字节流经过编码处理后产生。

（二）文件的读写

当文件被打开后，根据打开方式的不同可以对文件进行相应的读写操作。注意，当文件以文本文件方式打开时，读写按照字符串方式，采用当前计算机使用的编码或指定编码；当文件以二进制文件方式打开时，读写按照字节流方式。

Python 提供四个常用的文件内容读取方法，如表 7－2 所示。

表 7－2　文件内容读取方法

操作方法	含义
〈file〉. readall()	读入整个文件内容，返回一个字符串或字节流，字符串或字节流取决于文件打开模式，如果是文本方式打开，返回字符串；否则返回字节流。下同
〈file〉. read(size＝－1)	从文件中读入整个文件内容，如果给出参数，读入文件中前 size 长度的字符串或字节流
〈file〉. readline(size＝－1)	从文件中读入一行内容，如果给出参数，读入该行前 size 长度的字符串或字节流
〈file〉. readline（hint ＝ －1）	从文件中读入所有行，以每行为元素形成一个列表，如果给出参数，读入 hint 行

打开模式使用字符串方式表示，根据字符串定义，单引号或者双引号均可。上述打开模式中，"r"、"w"、"x"、"a"可以和"b"、"t"、"＋" 组合使用，形成既表达读写又表达文件模式的方式。例如 open（） 函数默认采用"rt"（文本只读）模式。

Python 提供三个与文件内容写入有关的方法，如表 7－3 所示。

表 7－3　文件内容写入方法

操作方法	含义
〈file〉. write(s)	向文件写入一个字符串或字节流
〈file〉. writelines(lines)	将一个元素全为字符串的列表写入文件
〈file〉. seek(offset)	改变当前文件操作指针的位置，offset 的值：0—文件开头；1—当前位置；2—文件结尾

打开模式使用字符串方式表示，根据字符串定义，单引号或者双引号均可。上述打开模式中，"r"、"w"、"x"、"a"可以和"b"、"t"、"＋" 组合使用，形成既表达读写又表达文件模式的方式。例如 open（） 函数默认采用"rt"（文本只读）模式。

（三）Python 内置的字符串处理函数及方法

Python 提供的内置函数中，与字符串处理相关的六个函数如表 7－4 所示：

表 7-4　字符串处理函数

函数	描述
len(x)	返回字符串 x 的长度，也可返回其他组合数据类型元素个数
str(x)	返回任意类型 x 所对应的字符串形式
chr(x)	返回 Unicode 编码 x 对应的单字符
ord(x)	返回单字符 x 对应的 Unicode 编码
hex(x)	返回整数 x 对应的十六进制数的小写形式字符串
oct(x)	返回整数 x 对应的八进制数的小写形式字符串

在 Python 解释器内部，所有数据类型都采用面向对象方式实现，封装为一个类。字符串也是一个类，它具有类似〈a〉.〈b〉() 形式的字符串处理函数。在面向对象中，这类函数被称为"方法"。字符串类型共包含 43 个内置方法。鉴于部分内置方法并不常用，限于篇幅，这里仅介绍其中 16 个常用方法，如表 7-5 所示（其中 str 代表字符串或变量）。

表 7-5　字符串类型内置方法

方法	描述
str. lower()	返回字符串 str 的副本，全部字符小写
str. upper()	返回字符串 str 的副本，全部字符大写
str. islower()	当 str 所有字符都是小写时，返回 True，否则返回 False
str. isprintable()	当 str 所有字符都是可打印的，返回 True，否则返回 False
str. isnumeric()	当 str 所有字符都是数字时，返回 True，否则返回 False
str. isspace()	当 str 所有字符都是空格，返回 True，否则返回 False
str. endswith(suffix,[start[,end]])	str.［start：end］以 suffix 结尾返回 True，否则返回 False
str. startswith(prefix,[start[,end]])	str.［start：end］以 prefix 开始返回 True，否则返回 False
str. split (sep = None, maxsplit = -1)	返回一个列表，由 str 根据 sep 被分隔的部分组成
str. count(sub, [start [, end]])	返回 str.［start：end］中 sub 子串出现的次数
str. replace(old, new [, count])	返回字符串 str 的副本，所有 old 子串被替换为 new，如果 count 给出，则前 count 次 old 出现被替换
str. center(width [, fillchar])	字符串居中函数
str. strip(［chars］)	返回字符串 str 的副本，在其左侧和右侧去掉 chars 中列出的字符

续表

方法	描述
str. zfill(width)	返回字符串 str 的副本，长度为 width，不足部分在左侧添 0
str. format()	返回字符串 str 一种排版格式
str. join(iterable)	返回一个新字符串，由组合数据类型 iterable 变量的每个元素组成，元素间用 str 分隔

在上述 16 个方法中，str. split(sep＝None，maxsplit＝－1)、str. count(sub，[start[，end]])、str. replace(old，new[，count]) 是我们在本节中需要特别关注的。

str. split(sep＝None，maxsplit＝－1) 方法返回一个列表，列表是一种存储多个数据的数据类型，其中分隔 str 的标识符是 sep，默认分隔符为空格。maxsplit 参数为最大分割次数，默认 maxsplit 参数可以不给出。如下面这段代码，以字符串"a"为分隔 str 的标识符将字符串"dsagsad"进行分隔，并存储在列表 lt 中。可以看到列表 lt 中有三个元素，分别是"ds"、"gs"和"d"。

```
In  [3]:  s="dsagsad"
          l="a"
          lt=s. split(l)
          print(lt)
```

['ds', 'gs', 'd']

六、编程处理刑法罪名的提取问题

（一）方法一

1. 分析问题

该问题旨在从刑法文本中自动识别和提取罪名。但考虑到刑法文本可能包含各种非文本元素（如标点符号、空格等），首先需要对文本进行预处理，剔除这些元素，留下纯净的文本内容，以便后续处理。同时因为刑法文本通常由总则和分则组成，而罪名主要定义在分则中，所以，需要一种方法定位分则部分的开始和结束位置。在确定了分则文本之后，接下来的任务是从中提取罪名，这通常涉及识别包含特定数据的文本（如"××罪"），因此需要设计一种策略来识别和提取这些模式。但是初步提取出的罪名列表可能包含重复项、不完整或错误的罪名，因此需要进一步处理这些数据，以得到准确、干净的罪名列表。最后，将处理后的罪名以适当的格式（如列表或文件）输出，以便于进一步的分析或使用。

2. 确定 IPO

（1）Input

输入刑法文本文件作为原始数据源。

（2）Processing

1）预处理。读取刑法文本文件．剔除非汉字字符，如标点符号和空格。

2）定位分则部分。在刑法文本中查找标示分则开始的关键词。根据找到的位置，提取分则部分的文本。

3）罪名提取。遍历分则文本，寻找以"条"开始和"罪"结束的文本片段。提取罪名，并将其保存到列表中。

4）数据清洗。剔除列表中的不相关或错误数据（如非罪名的文本）。去除重复的罪名，确保每个罪名唯一。

（3）Output

将清洗后的罪名列表整理输出，可以是打印在控制台或保存到新的文本文件中。

在本例中，需要结合上文中的提到的文件的打开、读取以及读取后的初步字符串处理。通过这些操作，可以从文本文件中提取出所需的数据，为后续的数据处理和分析任务打下基础。

3. 编写程序

（1）读入刑法文本并剔除非汉字字符

```
#定义具有 0 个参数、函数名为 xingfa 的函数
def xingfa():
#打开文件名为刑法.txt,打开模式为只读模式,编码方式为 UTF-8 编码的文件,读入整个文件
内容,并将整个文件内容赋值给字符串变量 f
    f=open("刑法.txt","r",encoding="utf-8").read()
#创建列表 c,列表元素为除文字以外的其他字符串的可能形式,如换行符、空格、标点符号等
    c=["\n","\r","，","。","、","《","》","（","）","；","：","，","（","）","【","】","，"，"\
u3000",","," ",""","""]
#使用 for 循环遍历列表 c
    for i in c:
#将字符串 f 中所有出现在列表 c 中的子字符串替换为空字符串
        f=f.replace(i,"")
#返回字符串 f
return f
#调用 xingfa 函数
f=xingfa()
#打印字符串 f
print(f)
```

输出结果如下：

中华人民共和国刑法2020修正发布部门全国人民代表大会发布日期2020.12.26实施日期2021.03.0
1时效性尚未生效效力级别法律法规类别刑法扫黑除恶网络犯罪中华人民共和国刑法1979年7月1日
第五届全国人民代表大会第二次会议通过1997年3月14日第八届全国人民代表大会第五次会议修订
根据1998年12月29日全国人民代表大会常务委员会关于惩治骗购外汇逃汇和非法买卖外汇犯罪的
决定1999年12月25日中华人民共和国刑法修正案2001年8月31日中华人民共和国刑法修正案二2001
年12月29日中华人民共和国刑法修正案三2002年12月28日中华人民共和国刑法修正案四2005年2月
28日中华人民共和国刑法修正案五2006年6月29日中华人民共和国刑法修正案六2009年2月28日中
华人民共和国刑法修正案七2009年8月27日全国人民代表大会常务委员会关于修改部分法律的决定
2011年2月25日中华人民共和国刑法修正案八2015年8月29日中华人民共和国刑法修正案九2017年1
1月4日中华人民共和国刑法修正案十2020年12月26日中华人民共和国刑法修正案十一修正目录第
一编总则第一章刑法的任务基本原则和适用范围第二章犯罪第一节犯罪和刑事责任第二节犯罪的
预备未遂和中止第三节共同犯罪第四节单位犯罪第三章刑罚第一节刑罚的种类第二节管制第三节
拘役第四节有期徒刑无期徒刑第五节死刑第六节罚金第七节剥夺政治权利第八节没收财产第四章
刑罚的具体运用第一节量刑第二节累犯第三节自首和立功第四节数罪并罚第五节缓刑第六节减刑
第七节假释第八节时效第五章其他规定第二编分则第一章危害国家安全罪第二章危害公共安全罪
第三章破坏社会主义市场经济秩序罪第一节生产销售伪劣商品罪第二节走私罪第三节妨害对公司
企业的管理秩序罪第四节破坏金融管理秩序罪第五节金融诈骗罪第六节危害税收征管罪第七节侵
犯知识产权罪第八节扰乱市场秩序罪第四章侵犯公民人身权利民主权利罪第五章侵犯财产罪第六
章妨害社会管理秩序罪第一节扰乱公共秩序罪第二节妨害司法罪第三节妨害国边境管理罪第四节

（2）剔除刑法文本的总则，保留刑法文本的分则

```
In [9]: f.count("第二编")  #返回字符串f中"第二编"这个子串出现的次数
Out[9]: 2
```

```
In [10]: len(f)  #返回字符串f的长度
Out[10]: 70784
```

```
In [11]: l1=[]  #创建空列表l1
for i in range(len(f)):  #for循环，以字符串f的长度为循环变量
    if f[i]="第" and f[i+1]="二"and f[i+2]="编":  #如果字符串f中，序号为i的字符是"第"，
        l1.append(i)  #在列表l1最后增加一个元素数值i
print(l1)  #打印数值
[675, 10738]
```

f2=f[10738:70784]#由于刑法文本中字符串"第二编"出现了两次,一次是在目录中,一次是在法条正文中,而我们关注的是法条正文。因此对字符串 f 进行切片,切片位置为索引序号从10738 到 70784(不包含 70784)的子字符串,并将切片结果赋给 f2,此时 f2 是刑法文本的分则部分

输出结果如下：

```
Out[13]: '第二编分则第一章危害国家安全罪第一百零二条背叛国家罪勾结外国危害中华人民共和国的主权领土完整和安全的处无期徒
刑或者十年以上有期徒刑与境外机构组织个人相勾结犯前款罪的依照前款的规定处罚第一百零三条分裂国家罪组织策划实施分
裂国家破坏国家统一的对首要分子或者罪行重大的处无期徒刑或者十年以上有期徒刑对积极参加的处三年以上十年以下有期徒
刑对其他参加的处三年以下有期徒刑拘役管制或者剥夺政治权利煽动分裂国家罪煽动分裂国家破坏国家统一的处五年以下有期
徒刑拘役管制或者剥夺政治权利首要分子或者罪行重大的处五年以上有期徒刑第一百零四条武装叛乱暴乱罪组织策划实施武装
叛乱或者武装暴乱的对首要分子或者罪行重大的处无期徒刑或者十年以上有期徒刑对积极参加的处三年以上十年以下有期徒刑
对其他参加的处三年以下有期徒刑拘役管制或者剥夺政治权利首要分子或者罪行重大的处无期徒刑第一百零五条颠覆国家政权
罪组织策划实施颠覆国家政权推翻社会主义制度的对首要分子或者罪行重大的处无期徒刑或者十年以上有期徒刑对积极参加的
处三年以上十年以下有期徒刑拘役管制或者剥夺政治权利煽动颠覆国家政权罪以造谣诽谤或者其他方式煽动颠覆国家政权推翻社会主义
制度的处五年以下有期徒刑拘役管制或者剥夺政治权利首要分子或者罪行重大的处五年以上有期徒刑第一百零六条与境外勾结
的处罚规定与境外机构组织个人相勾结实施本章第一百零三条第一百零四条第一百零五条规定之罪的依照各条的规定从重处
罚第一百零七条资助危害国家安全犯罪活动罪境内外机构组织或者个人资助实施本章第一百零二条第一百零三条第一百零四条
第一百零五条规定之罪的对直接责任人员处五年以下有期徒刑拘役管制或者剥夺政治权利情节严重的处五年以上有期徒刑第一
百零八条投敌叛变罪投敌叛变的处三年以上十年以下有期徒刑情节严重或者带领武装部队人员人民警察民兵投敌叛变的处十年
以上有期徒刑或者无期徒刑第一百零九条叛逃罪国家机关工作人员在履行公务期间擅离岗位叛逃境外或者在境外叛逃的处五年
```

以下代码则计算出刑法文本分则部分的元素个数：

```
len(f2)    #返回字符串 f 的长度
```

```
60046【输出结果】
```

（3）找出分则中出现的罪名

```
In [19]: ls=[]  #创建空列表ls
         for i in range(len(f2)):   #第一层for循环，以字符串f2的长度为循环变量
             if f2[i]=="条":  #如果f2中序号为i的字符是"条"
                 for j in range(15):  #那么进行第二层for循环，以15为循环变量
                     if f2[i+j]=="罪":  #如果f2中序号为i+j的字符是"罪"
                         ls.append(f2[i+1:i+j+1])  #在列表ls最后增加一个元素，这个元素是字符串f中索引序号从i+1到i+j+1（i+j+
```

```
In [20]: print(ls)
```

['背叛国家罪', '分裂国家罪', '武装叛乱暴乱罪', '颠覆国家政权罪', '第一百零五条规定之罪', '规定之罪', '资助危害国家安全犯罪', '资助危害国家安全犯罪活动罪', '第一百零五条规定之罪', '规定之罪', '投敌叛变罪', '叛逃罪', '间谍罪', '资敌罪', '危害国家安全罪', '放火罪', '放火罪决水罪', '放火罪决水罪爆炸罪', '放火罪决水罪爆炸罪', '破坏交通工具罪', '破坏交通设施罪', '破坏电力设备罪', '破坏交通工具罪', '破坏交通工具罪破坏交通设施罪', '组织领导参加恐怖组织罪', '之一帮助恐怖活动罪', '之二准备实施恐怖活动罪', '劫持航空器罪', '劫持船只汽车罪', '暴力危及飞行安全罪', '违规制造销售枪支罪', '非法持有私藏枪支弹药罪', '丢失枪支不报罪', '重大飞行事故罪', '铁路运营安全事故罪', '交通肇事罪', '之一危险驾驶罪', '重大责任事故罪', '重大劳动安全事故罪', '危险物品肇事罪', '工程重大安全事故罪', '教育设施重大安全事故罪', '消防责任事故罪', '之一不报谎报安全事故罪', '生产销售伪劣产品罪', '生产销售假药罪', '生产销售劣药罪', '第一百四十二条规定之罪', '规定之罪', '规定之罪或者其他犯罪', '生产销售有毒有害

以下代码输出的是分则中出现的罪名的个数：

```
len(ls)    #返回列表 ls 的长度
```

```
457【输出结果】
```

（4）对上述处理结果进行进一步完善

通过观察，我们发现上述处理结果中出现了数量较多的不符合预期目标的数据："第一百零五条规定之罪""第一百四十二条规定之罪""规定之罪"等，此类数据与罪名完全无关，直接剔除即可。

接下来我们对此类数据进行进一步处理：

```
ls2=[]#创建空列表 ls2
for i in ls:#遍历列表 ls
    if "规定" not in i:#如果列表 ls 中某个字符串不含"规定"
        ls2.append(i)#在列表 ls2 最后增加这个元素
len(ls2)    #返回列表 ls2 的长度
print(ls2)    #打印列表 ls2
```

输出结果如下：

['背叛国家罪', '分裂国家罪', '武装叛乱暴乱罪', '颠覆国家政权罪', '资助危害国家安全犯罪', '资助危害国家安全犯罪活动罪', '投敌叛变罪', '叛逃罪', '间谍罪', '资敌罪', '危害国家安全罪', '放火罪', '放火罪决水罪', '放火罪决水罪爆炸罪', '放火罪', '放火罪决水罪', '放火罪决水罪爆炸罪', '破坏交通工具罪', '破坏交通设施罪', '破坏电力设备罪', '破坏交通工具罪', '破坏交通工具罪破坏交通设施罪', '组织领导参加恐怖组织罪', '之一帮助恐怖活动罪', '之二准备实施恐怖活动罪', '劫持航空器罪', '劫持船只汽车罪', '暴力危及飞行安全罪', '违规制造销售枪支罪', '非法持有私藏枪支弹药罪', '丢失枪支不报罪', '重大飞行事故罪', '铁路运营安全事故罪', '交通肇事罪', '之一危险驾驶罪', '重大责任事故罪', '重大劳动安全事故罪', '危险物品肇事罪', '工程重大安全事故罪', '教育设施重大安全事故罪', '消防责任事故罪', '之一不报谎报安全事故罪', '生产销售伪劣产品罪', '生产销售假药罪', '生产销售劣药罪', '生产销售有毒有害食品罪', '走私武器弹药罪', '走私武器弹药罪走私核材料罪', '走私淫秽物品罪', '走私普通货物物品罪', '走私货物物品罪', '以走私罪', '走私共犯与走私罪', '虚报注册资本罪', '虚假出资抽逃出资罪', '欺诈发行股票债券罪', '违规披露不披露重要信息罪', '妨害清算罪', '之二虚假破产罪', '非国家工作人员受贿罪', '对非国家工作人员行贿罪', '非法经营同类营业罪', '为亲友非法牟利罪', '签订履行合同失职被骗罪', '之一背信损害上市公司利益罪', '伪造货币罪', '出售购买运输假币罪', '持有使用假币罪', '变造货币罪', '擅自设立金融机构罪', '高利转贷罪', '非法吸收公众存款罪', '伪造变造金融票证罪', '之一妨害信用

　　观察结果，我们发现还是有一些不符合预期目标的数据：如重复罪名和"之一"／"之二"＋罪名等。

　　（5）通过定义函数提取文本特定部分、特定长度的罪名

　　通过下列代码，可将刑法文本字符串 f 的前 n 个字符中所含有的长度在 l 个字符以内的罪名提取出来。

```
def zuiming(f,n,l):♯定义参数列表为字符串 f、整数 n、整数 l,函数名称为 zuiming 的函数
    lcrime＝[]♯创建空列表 lcrime
    for i in range(n):♯第一层 for 循环,以整数 n 为循环变量
        if f[i]＝＝"条":♯如果字符串 f 中序号为 i 的字符是"条"
            for j in range(l):♯那么进行第二层 for 循环,以整数 l 为循环变量
                if f[i＋j]＝＝"罪":♯如果字符串 f 中序号为 i＋j 的字符是"罪"
                    lcrime.append(f[i＋1:i＋j＋1])  ♯那么在列表 ls 最后增加一
个元素,这个元素是字符串 f 中索引序号从 i＋1 到 i＋j＋1(不含 i＋j＋1)的子字符串,即"条"
字之后、"罪"字之前的子字符串
return lcrime  ♯返回列表 lcrime
zuiming(f2,1000,10)   ♯调用函数,意义为字符串 f 中前 1 000 个字符含有的罪名
```

　　输出结果如下：

['背叛国家罪', '分裂国家罪', '武装叛乱暴乱罪', '颠覆国家政权罪', '规定之罪', '规定之
罪', '投敌叛变罪', '叛逃罪', '间谍罪']

　　虽然上述代码可将刑法文本字符串 f 的前 n 个字符中所含有的长度在 l 个字符以内的罪名提取出来，但是并不具有刑法意义。因此可尝试用 find() 方法修改 n 这个变量，使其能够将刑法文本中某一章节中的罪名提取出来。

　　（6）将罪名添加至列表中

```
lcrimecontent＝[]♯创建空列表 lcrimecontent
for i in ls2[0:5]:♯遍历列表 ls2 第 0 到 5(不包含 5)位元素
    la=f2.split(i)   ♯返回一个列表 la,这个列表由 f2 根据 i 被分隔的部分构成
    a=la[0]♯将列表 la 序号为 0 的元素赋值给变量 a
    len(a)   ♯返回字符串的长度
    f3=f2[len(a):len(a)＋100]♯对 f2 进行切片,切片位置为索引序号从 len(a) 到 len(a)
＋100(不包含 len(a)＋100)的子字符串,并将切片结果赋给 f3
    lb=f3.split("第")   ♯返回一个列表 lb,这个列表由 f3 根据"第"被分隔的部分构成
    try:
        b=lb[0]＋lb[1]♯将列表 lb 中序号为 0 的元素和序号为 1 的元素相连接得到的字符
串赋值给变量 b
    except:
        b=lb[0]♯将列表 lb 中序号为 0 的元素赋值给变量 b
```

```
lcrimecontent.append(b) #在列表 lcrimecontent 最后增加一个元素,这个元素就是变量 b
print(lcrimecontent)    #打印列表 lcrimecontent
```

输出结果如下:

['背叛国家罪勾结外国危害中华人民共和国的主权领土完整和安全的处无期徒刑或者十年以上有期
徒刑与境外机构组织个人相勾结犯前款罪的依照前款的规定处罚一百零三条分裂国家罪组织策划实
施分裂国家破坏国家统一的对首','分裂国家罪组织策划实施分裂国家破坏国家统一的对首要分子
或者罪行重大的处无期徒刑或者十年以上有期徒刑对积极参加的处三年以上十年以下有期徒刑对其
他参加的处三年以下有期徒刑拘役管制或者剥夺政治权利煽动分裂国','武装叛乱暴乱罪组织策划
实施武装叛乱或者武装暴乱的对首要分子或者罪行重大的处无期徒刑或者十年以上有期徒刑对积极
参加的处三年以上十年以下有期徒刑对其他参加的处三年以下有期徒刑拘役管制或者剥夺政治权利
策动胁','颠覆国家政权罪组织策划实施颠覆国家政权推翻社会主义制度的对首要分子或者罪行重
大的处无期徒刑或者十年以上有期徒刑对积极参加的处三年以上十年以下有期徒刑对其他参加的处
三年以下有期徒刑拘役管制或者剥夺政治权','资助危害国家安全犯罪活动罪境内外机构组织或者
个人资助实施本章一百零二条']

(二)方法二[①]

1. 第一次尝试

通过 find() 方法定位罪名及构成要件,通过切片截取内容,然后再通过循环储
存至列表中,最后进行调用。

```python
#第一次尝试
import re
def xingfa(): #定义具有 0 个参数、函数名为 xingfa 的函数
    xf=open('刑法.txt','r',encoding='utf-8').read()    #打开文件名为刑法.txt,打开模
式为只读模式,编码方式为 UTF-8 编码的文件,读入整个文件内容,并将整个文件内容赋值给
字符串变量 xf
    xf=re.sub('[^\u4e00-\u9fa5]+','',xf)
    return xf
xf=xingfa()
wai=xf.find('外第二编分则')
xf_fz=xf[wai+6:]
zuiming_zhang=[]
zuiming=[]
gcyj=[]
for i in range(10):
    if xf_fz.find('章')in [1,2]:
        zhang=xf_fz.find('章')
        zuidi=xf_fz.find('罪第')
        zuiming_zhang.append(xf_fz[zhang+1:zuidi+1])
```

[①]　由中国人民大学法学院彭浩同学编写。

```
        xf_fz=xf_fz.replace(xf_fz[:zuidi+2],'')
    else:
        tiao=xf_fz.find('条')
        zui=xf_fz.find('罪')
        di=xf_fz.find('第')
        zuiming.append(xf_fz[tiao+1:zui+1])
        gcyj.append(xf_fz[zui+1:di])
        xf_fz=xf_fz.replace(xf_fz[:di+1],'')
print(zuiming_zhang)
print(zuiming)
```

这里的问题有二：

（1）一些条款中有多个罪名，一些条款序号为"第 * 条之 * "→改变截取字符串的规则；

（2）一些条款没有提炼罪名，文本较旧→下载最新的刑法文本。

以上代码输出结果如下：

```
['危害国家安全罪']
['背叛国家罪', '分裂国家罪', '武装叛乱暴乱罪', '颠覆国家政权罪', '与境外勾结的处罚规定与境外机构组织个人相勾结实
施本章第一百零三条第一百零四条第一百零五条规定之罪', '第一百零四条第一百零五条规定之罪', '第一百零五条规定之罪',
'规定之罪', '资助危害国家安全犯罪']
```

与之前的方法相比，该方法的不同之处在于：（1）使用正则表达式来剔除非汉字字符。通过正则表达式直接定义了要保留的字符范围（这里是所有汉字），从而一次性移除所有不符合条件的字符。（2）使用 find 方法结合字符串操作来定位分则部分。（3）在提取罪名时，采用了更加复杂的逻辑寻找"章"和"罪"以及对应的条文号。（4）试图将提取的数据分别存储到不同的列表中（zuiming _ zhang, zuiming）。（5）在提取罪名和相关信息的循环中，采用了复杂的条件判断来处理文本中不同类型的结构（如章节与条文的区别）。

2. 第二次尝试

（1）读入刑法文本并剔除非汉字字符、非标点字符

```
#第二次尝试
#想法:一条内出现多个罪名时,无法通过"条""罪""第"来定位每个罪名和对应的构成要件。
#可以保留必要标点符号,使每个罪名和对应的构成要件都可以按照相同的规律识别
#打开刑法文本
def xingfa():
    xf=open('刑法2.txt','r',encoding='utf-8').read()
    c=['\n','\r',' ','　','《','》','(',')',';',':',',','(',')',':','\u3000','】','【']#删除】【(针对选择罪名),保
留一部分中文字符
```

```
    for i in c:
        xf=xf.replace(i,")
    return xf
xf=xingfa()
print(xf)
```

输出结果如下：

百八十一条【编造并传播证券、期货交易虚假信息罪】编造并且传播影响证券、期货交易的虚假信息，扰乱证券、期货交易市场，造成严重后果的，处五年以下有期徒刑或者拘役，并处或者单处一万元以上十万元以下罚金。【诱骗投资者买卖证券、期货合约罪】证券交易所、证券公司、期货经纪公司的从业人员，证券业协会或者证券期货监督管理部门的工作人员，故意提供虚假信息或者伪造、变造、销毁交易记录，诱骗投资者买卖证券、期货合约，造成严重后果的，处五年以下有期徒刑或者拘役，并处或者单处一万元以上十万元以下罚金情节特别恶劣的，处五年以上十年以下有期徒刑，并处二万元以上二十万元以下罚金。单位犯前两款罪的，对单位判处罚金，并对其直接负责的主管人员和其他直接责任人员，处五年以下有期徒刑或者拘役。第一百八十二条【操纵证券、期货市场罪】有下列情形之一，操纵证券、期货市场，影响证券、期货交易价格或者证券、期货交易量，情节严重的，处五年以下有期徒刑或者拘役，并处或者单处罚金情节特别严重的，处五年以上十年以下有期徒刑，并处罚金一单独或者合谋，集中资金优势、持股或者持仓优势或者利用信息优势联合或者连续买卖的二与他人串通，以事先约定的时间、价格和方式相互进行证券、期货交易的三在自己实际控制的账户之间进行证券交易，或者以自己为交易对象，自买自卖期货合约的四以不成交为目的，频繁或者大量申报买入、卖出证券、期货合约并撤销申报的五利用虚假或者不确定的重大信息，诱导投资者进行证券、期货交易的六对证券、证券发行人、期货交易标的公开作出评价、预测或者投资建议，同时进行反向证券交易或者相关期货交易的七其他方法操纵证券、期货市场的。单位犯前款罪的，对单位判处罚金，并对其直接负责的主管人员和其他直接责任人员，依照前款的规定处罚。第一百八十三条【职务侵占罪】保险公司的工作人员利用职务上的便利，故意编造未曾发生的保险事故进行虚假理赔，骗取保险金归自己所有的，依照本法第二百七十一条的规定定罪处罚。【贪污罪】国有保险公司工作人员和国有保险公司委派到非国有保险公司从事公务的人员有前款行为的，依照本法第三百八十二条、第三百八十三条的规定定罪处罚。第一百八十四条【非国家工作人员受贿罪】银行或者其他金融机构的工作人员在金融业务活动中索取他人财物或者非法收受他人财物，为他人谋取利益的，或者违反国家规定，收受各种名义

（2）剔除刑法文本的总则，保留刑法文本的分则

```
#删去刑法总则部分
fz=xf.find('。第二编分则')
xf_fz=xf[fz+6:]
print(xf_fz)
```

输出结果如下：

第一章危害国家安全罪第一百零二条【背叛国家罪】勾结外国，危害中华人民共和国的主权、领土完整和安全的，处无期徒刑或者十年以上有期徒刑。与境外机构、组织、个人相勾结，犯前款罪的，依照前款的规定处罚。第一百零三条【分裂国家罪】组织、策划、实施分裂国家、破坏国家统一的，对首要分子或者罪行重大的，处无期徒刑或者十年以上有期徒刑对积极参加的，处三年以上十年以下有期徒刑、拘役、管制或者剥夺政治权利。【煽动分裂国家罪】煽动分裂国家、破坏国家统一的，处五年以下有期徒刑、拘役、管制或者剥夺政治权利首要分子或者罪行重大的，处五年以上有期徒刑。第一百零四条【武装叛乱、暴乱罪】组织、策划、实施武装叛乱或者武装暴乱的，对首要分子或者罪行重大的，处无期徒刑或者十年以上有期徒刑对积极参加的，处三年以上十年以下有期徒刑对其他参加的，处三年以下有期徒刑、拘役、管制或者剥夺政治权利。策动、胁迫、勾引、收买国家机关工作人员、武装部队人员、人民警察、民兵进行武装叛乱或者武装暴乱的，依照前款的规定从重处罚。第一百零五条【颠覆国家政权罪】组织、策划、实施颠覆国家政权、推翻社会主义制度的，对首要分子或者罪行重大的，处无期徒刑或者十年以上有期徒刑对积极参加的，处三年以上十年以下有期徒刑对其他参加的，处三年以下有期徒刑、拘役、管制或者剥夺政治权利。【煽动颠覆国家政权罪】以造谣、诽谤或者其他方式煽动颠覆国家政权、推翻社会主义制度的，处五年以下有期徒刑、拘役、管制或者剥夺政治权利首要分子或者罪行重大的，处五年以上有期徒刑。第一百零六条【与境外勾结的处罚规定】与境外机构、组织、个人相勾结，实施本章第一百零三条、第一百零四条、第一百零五条规定之罪的，依照各该条的规定从重处罚。第一百零七条【资助危害国家安全犯罪活动罪】境内外机构、组织或者个人资助实施本章第一百零二条、第一百零三条、第一百零四条、第一百零五条规定之罪的，对直接责任人员，处五年以下有期徒刑、拘役、管制或者剥夺政治权利情节严重的，处五年以上有期徒刑。第一百零八条【投敌叛变罪】投敌叛变的，处三年以上十年以下有期徒刑情节严重或者带领武装部队人员、人民警察、民兵投敌叛变的，处十年以上有期徒刑或者无期徒刑。第一百零九条【叛逃罪】国家机关工作人员在履行公务期间，擅离岗位，叛逃境外或者在境外叛逃的，处五年以下有期徒刑、拘役、管制或者剥夺政治权利情节严重的，处五年以上十年以下有期徒刑。掌握国家秘密的国家工作人员叛逃境外或者在境外叛

（3）提取罪名构成要件

```
zuiming_zhang=[]#创建列表 zuiming_zhang 以储存章节罪名

zuiming=[]#创建列表 zuiming 以储存非章节罪名

gcyj=[]#创建列表 gcyj 以储存构成要件

while xf_fz[:7]!='第四百四十九条':#以 xf_fz[:7]!='第四百四十九条'为判断条件,因为
《刑法》第 449 条之后的条款没有规定罪名和构成要件

#提取章节罪名,并删除
```

```python
        if xf_fz.find('章')==2:
            zhang=xf_fz.find('章')
            zuidi=xf_fz.find('罪第')
            zuiming_zhang.append(xf_fz[zhang+1:zuidi+1])
            xf_fz=xf_fz.replace(xf_fz[:zuidi+1],'')
#对于非章节罪名
    else:
            zuo=xf_fz.find('【')
            you=xf_fz.find('】')
            di=xf_fz.find('。第')
#如果一条只有一个罪名,用下一条的"。第"定位构成要件结尾
#如果一条有多个罪名,用下一个罪名的"。"定位构成要件结尾
#提取罪名和构成要件后删除对应文字,逐步推进
            if xf_fz.find('。【',zuo,di)!=-1:
                neizuo=xf_fz.find('。【')
                xf_fz=xf_fz.replace('】',' ',1)#限定替换次数#空格
                neiyou=xf_fz.find('】')
                xf_fz=xf_fz.replace('。【','  ',1)#两个空格
                xf_fz=xf_fz.replace('】',' ',1)
                if xf_fz.find('。【',zuo,di)==-1:
                    #
                    if xf_fz[you-1]=='罪':
                        zuiming_zhang.append(xf_fz[zuo+1:you])
                        zuiming.append(xf_fz[zuo+1:you])
                        gcyj.append(xf_fz[you+1:neizuo+1])
                    if xf_fz[neiyou-1]=='罪':
                        zuiming_zhang.append(xf_fz[neizuo+2:neiyou])
                        zuiming.append(xf_fz[neizuo+2:neiyou])
                        gcyj.append(xf_fz[neiyou+1:di+1])
                else:
                    if xf_fz[you-1]=='罪':
                        zuiming_zhang.append(xf_fz[zuo+1:you])
                        zuiming.append(xf_fz[zuo+1:you])
                        gcyj.append(xf_fz[you+1:neizuo+1])
                    if xf_fz[neiyou-1]=='罪':
                        zuiming_zhang.append(xf_fz[neizuo+2:neiyou])
                        zuiming.append(xf_fz[neizuo+2:neiyou])
```

```python
                    neizuo=xf_fz.find('。【')
                    gcyj.append(xf_fz[neiyou+1:neizuo+1])
                    neiyou=xf_fz.find('】')
                    xf_fz=xf_fz.replace('。【','  ',1)#两个空格
                    xf_fz=xf_fz.replace('】','',1)
                if xf_fz.find('。【',zuo,di)==-1:
                    if xf_fz[neiyou-1]=='罪':
                        zuiming_zhang.append(xf_fz[neizuo+2:neiyou])
                        zuiming.append(xf_fz[neizuo+2:neiyou])
                        gcyj.append(xf_fz[neiyou+1:di+1])
                    else:
                        if xf_fz[neiyou-1]=='罪':
                            zuiming_zhang.append(xf_fz[neizuo+2:neiyou])
                            zuiming.append(xf_fz[neizuo+2:neiyou])
                            neizuo=xf_fz.find('。【')
                            gcyj.append(xf_fz[neiyou+1:neizuo+1])
                else:
                    if xf_fz[you-1]=='罪':
                        zuiming_zhang.append(xf_fz[zuo+1:you])
                        zuiming.append(xf_fz[zuo+1:you])
                        gcyj.append(xf_fz[you+1:di+1])


            xf_fz=xf_fz.replace(xf_fz[:di+1],'')
def xingfa():
    xf=open('刑法 2.txt','r',encoding='utf-8').read()
    c=['\n','\r',' ','　','《','》','(',')',';',':',',','(',')',':','\u3000','】【']
    for i in c:
        xf=xf.replace(i,'')
    return xf
def zm_gcyj(xf):
#输入刑法文本,输出罪名和构成要件
    fz=xf.find('。第二编分则')
    xf_fz=xf[fz+6:]
    zuiming=[]
    gcyj=[]
```

```python
    while xf_fz[:7]!='第四百四十九条':
        if xf_fz.find('章')==2:
            zhang=xf_fz.find('章')
            zuidi=xf_fz.find('罪第')
            xf_fz=xf_fz.replace(xf_fz[:zuidi+1],'')

        else:
            zuo=xf_fz.find('【')
            you=xf_fz.find('】')
            di=xf_fz.find('。第')

            if xf_fz.find('。【',zuo,di)!=-1:
                neizuo=xf_fz.find('。【')
                xf_fz=xf_fz.replace('】',' ',1)#空格
                neiyou=xf_fz.find('】')

                xf_fz=xf_fz.replace('。【','  ',1)#两个空格
                xf_fz=xf_fz.replace('】',' ',1)
                if xf_fz.find('。【',zuo,di)==-1:
                if xf_fz[you-1]=='罪':
                    zuiming.append(xf_fz[zuo+1:you])
                    gcyj.append(xf_fz[you+1:neizuo+1])
                if xf_fz[neiyou-1]=='罪':
                        zuiming.append(xf_fz[neizuo+2:neiyou])
                        gcyj.append(xf_fz[neiyou+1:di+1])

              else:
                if xf_fz[you-1]=='罪':
                        zuiming.append(xf_fz[zuo+1:you])
                        gcyj.append(xf_fz[you+1:neizuo+1])
                if xf_fz[neiyou-1]=='罪':
                        zuiming.append(xf_fz[neizuo+2:neiyou])
                        neizuo=xf_fz.find('。【')
                        gcyj.append(xf_fz[neiyou+1:neizuo+1])
                        neiyou=xf_fz.find('】')
                        xf_fz=xf_fz.replace('。【','  ',1)#两个空格
                        xf_fz=xf_fz.replace('】',' ',1)
                if xf_fz.find('。【',zuo,di)==-1:
                if xf_fz[neiyou-1]=='罪':
                        zuiming.append(xf_fz[neizuo+2:neiyou])
                        gcyj.append(xf_fz[neiyou+1:di+1])
```

```
                        else:
                                if xf_fz[neiyou-1]=='罪':
                                        zuiming.append(xf_fz[neizuo+2:neiyou])
                                        neizuo=xf_fz.find('。【')
                                        gcyj.append(xf_fz[neiyou+1:neizuo+1])
                        else:
                                if xf_fz[you-1]=='罪':
                                        zuiming.append(xf_fz[zuo+1:you])
                                        gcyj.append(xf_fz[you+1:di+1])
                        xf_fz=xf_fz.replace(xf_fz[:di+1],'')
        return zuiming,gcyj
def find_gcyj(xf,zm):
#寻找罪名对应的构成要件
        for i in range(len(zm_gcyj(xf)[0])):
                if zm in zm_gcyj(xf)[0][i]:
                        print('构成要件:{}'.format(zm_gcyj(xf)[1][i]))
f=xingfa()
find_gcyj(f,"故意杀人")
```

以上代码输出结果如下：

构成要件： 故意杀人的，处死刑、无期徒刑或者十年以上有期徒刑情节较轻的，处三年以上十年以下有期徒刑。

构成要件： 未经本人同意摘取其器官，或者摘取不满十八周岁的人的器官，或者强迫、欺骗他人捐献器官的，依照本法第二百三十四条、第二百三十二条的规定定罪处罚。

构成要件： 聚众"打砸抢"，致人伤残、死亡的，依照本法第二百三十四条、第二百三十二条的规定定罪处罚。毁坏或者抢走公私财物的，除判令退赔外，对首要分子，依照本法第二百六十三条的规定定罪处罚。

第二节　代码复用与函数递归

一、代码复用

（一）代码复用的含义

代码复用是指通过对代码的封装实现抽象化和模块化，继而实现代码的资源化，使得更多的人即使不了解代码的细节，也可以使用代码。代码复用的概念并非现代软件开发特有，它随着软件工程学科的发展而逐渐成形。在早期，软件开发常常面临"重新发明轮子"的问题，即开发者在不知情的情况下重复开发已有的功能。随着软件系统变得日益复杂，需要更有效的方法来管理这种复杂性，代码复用应运而生。

（二）代码复用的种类

程序由一系列代码组成，如果代码是顺序但无组织的，不仅不利于阅读和理解，也很难进行升级和维护。因此需要对代码进行抽象，形成易于理解的结构，并实现代码的复用。

1. 面向过程的编程思想与函数

函数是程序的一种基本抽象方式，它将一系列代码组织起来通过命名供其他程序使用。

面向过程是一种以过程描述为主要方法的编程方式，该方法要求程序员列出解决问题所需要的步骤，然后用函数将这些步骤一步一步实现，使用时依次建立并调用函数或编写语句即可。面向过程编程是一种基本且自然的程序设计方法，函数通过将步骤或子功能封装实现代码复用并简化程序设计难度。它强调的是"做什么"和"如何做"，通过一系列的过程或函数来解决问题。以下示例展示了面向过程编程的核心思想，即将程序分解为一系列的过程或函数，每个函数完成一个具体的任务。

示例一：通过函数计算两个数的和与平均值。

```python
#定义一个函数来计算和
def calculate_sum(a,b):
    return a+ b
#定义另一个函数来计算平均值
def calculate_average(a,b):
    total_sum=calculate_sum(a,b)
    return total_sum / 2
#主程序
def main():
    num1=float(input("请输入第一个数字:"))
    num2=float(input("请输入第二个数字:"))
    total=calculate_sum(num1,num2)
    average=calculate_average(num1,num2)
    print(f"{num1}和 {num2} 的和是:{total}")
    print(f"{num1}和 {num2} 的平均值是:{average}")
#调用主程序
if _name_=="_main_":
    main()
```

2. 面向对象的编程思想与对象

对象是程序的一种高级抽象方式，它将程序代码组织为更高级别的类。

面向对象编程（Object-Oriented Programming，OOP）是一种基于对象（Object）的编程范式。对象是程序拟解决计算问题的一个高级别抽象，它是一个实体，包括一组静态值（属性）和一组函数（方法）。属性是对象中的变量，方法是对象能够完成的操作。假设对象是 O，则 O. a 表示对象 O 的属性 a，O. b（）表示对象 O 的操作 b（），其中 a 是一个变量值，b（）是一个函数。例如，汽车是一个对象，其颜色、轮胎数量、车型是属性，代表汽车的静态值；前进、后退、转弯等是方法，代表汽车的动作和行为。在程序设计中，如果〈a〉代表对象，获取其属性〈b〉采用〈a〉.〈b〉，调用其方法〈c〉采用〈a〉.〈c〉（）。对象的方法具有程序功能性，因此采用函数形式封装。我们可以把一个问题看作一个对象，这个问题由数据（问题未被解决时的状态或数据结构）和操作（把问题解决）组成。相较于函数，对象可以凝聚更多代码，更适合代码规模较大、交互逻辑复杂的程序。

示例二：案件进度更新。

```python
class LegalCase(object):
    def _init_(self,title,case_type,parties,status='待审'):
        self.title=title    #案件标题
        self.case_type=case_type    #案件类型,如民事、刑事等
        self.parties=parties    #涉及的当事人
        self.status=status    #案件状态,默认为待审理
    def update_status(self,new_status):
        self.status=new_status    #更新案件状态
        print(f"案件「{self.title}」的状态已更新为:{new_status}")
#使用 LegalCase 类
def main():
    #创建案例
    case=LegalCase("张三诉李四借款纠纷","民事案件",["张三","李四"])
    print(f"案件标题:{case.title}")
    print(f"案件类型:{case.case_type}")
    print(f"当事人:{case.parties}")
    print(f"案件状态:{case.status}")
    #更新案件状态
    case.update_status("审理中")
#调用主程序
if _name_=="_main_":
    main()
```

一般来说，我们使用函数和对象这两种方法来实现代码复用。可以认为这两种方法是实现代码复用的方法，也可以认为这两种方法是对代码进行抽象的不同级别。函数能够命名一段代码，在代码层面建立初步抽象，但这种抽象级别比较低，因为它只是将代码变成了一个功能组。对象通过属性和方法，能够将一组变量甚至一组函数进一步进行抽象。

面向过程和面向对象只是编程方式不同、抽象级别不同，所有面向对象编程能实现的功能采用面向过程编程同样能完成，两者在解决方式上不存在优劣之分。具体采用哪种方法取决于具体开发环境和要求，一般在编写较大规模程序时采用面向对象方法，如 Windows 操作系统，或需要 10 人或更多人协同开发的程序，或带有窗口交互类的程序。Python 语言同时支持面向过程和面向对象两种编程方式。

（三）代码复用的意义

1. 意义之一：代码资源化

代码资源化指程序代码本身也是一种表达计算的资源，即我们可以把编写的代码当做一种资源，形成资源池。虽然有很多人将数据资源比喻为石油资源，但实际上，石油资源会逐渐稀缺乃至枯竭，而数据却是越来越多的，是无穷无尽的，二者不可同日而语。这一点影响着我们如何确定数据权利，以及以权利的概念界定数据是否恰当等问题。

代码的资源化意味着草根工程师或一线专家可以无私贡献自己的专业智慧，需要的人则可以随取随用并进行改造发展。GitHub 就是一个面向开源及私有软件项目的托管平台，又称"程序员的维基百科全书"。Python 作为开源软件的典范，其为人称道的开放性、所形成的全球范围最大的单一语言编程社区是由众多资深程序员所定义并推动的；Python 语言经历了一个痛苦但令人期待的版本更迭过程，最为可贵的是，Python 语言能够将其他编程语言的优秀成果封装起来，降低使用复杂度，降低学习成本。

2. 意义之二：代码模块化

（1）复杂功能的合理划分及示例

当程序的长度在百行以上，如果不划分模块，程序的可读性将非常糟糕。解决这一问题的最好方法是将一个程序分隔成短小的程序段，每一段程序完成一个小的功能。无论是面向过程还是面向对象编程，对程序合理划分功能模块并基于模块设计程序是一种常用方法，被称为"模块化设计"。

以刑法中罪名提取练习为例，在方法一中，我们将这个任务分为六个部分：

1）读入刑法文本并剔除非汉字字符；

2）剔除刑法文本的总则，保留刑法文本的分则；

3）找出分则中出现的罪名；

4）对上述处理结果进行进一步清洗；

5）通过定义函数提取文本特定部分、特定长度的罪名；

6）将罪名添加至列表中。

如果不进行前四部分的思考，我们往往没有能力直接实现第五部分，即通过函数对代码进行抽象以实现代码复用。要解决一个复杂问题，我们首先要对复杂问题进行切割、处理，然后再处理好每一个问题之间的关系和衔接，最后实现目的。因此代码复用的意义之二代码模块化十分重要。

上述示例的这几部分可以用定义函数的方法来实现。

（2）划分模块之间的关系及设计思路

在模块化设计的思想中，我们一般将子程序看做模块，将主程序看做模块与模块之间的关系。模块化设计则指通过函数或对象的封装功能将程序划分成主程序、子程序和子程序间关系的表达。可以认为模块化设计是一种分而治之、分层抽象、体系化的设计思想。

模块化设计是适用函数和对象设计程序的思考方法，以功能块为基本单位，一般有以下两个基本要求。

（1）紧耦合：尽可能合理划分功能块，功能块内部耦合紧密；

（2）松耦合：模块间关系尽可能简单，功能块之间耦合度低。

耦合性指程序结构中各模块之间相互关联的程度，它取决于各模块间接口的复杂程度和调用方式。耦合性是影响软件复杂程度和设计质量的一个重要因素。紧耦合指模块或系统间关系紧密，存在较多或复杂的相互调用。紧耦合的缺点在于更新一个模块可能导致其他模块变化，复用较困难。松耦合一般基于消息或协议实现，系统间交互简单。简单来说，如果两个部分之间交流很多，无法独立存在，那么这两个部分就是紧耦合；如果两个部分之间交流很少，它们之间有非常清晰简单的接口，可以独立存在，这就是松耦合。

例如，在采用蒙特卡罗方法计算圆周率的实例中，坐标系的绘制是一个紧耦合，横、纵坐标轴常常一起出现且相互之间的位置关系十分紧密；而用 turtle 库绘制图像（包括坐标系、正方形、圆及大量"飞镖"点）和用 random 库返回随机数（"飞镖"点的坐标）则是一个松耦合，二者可以独立存在。

再例如，一般编写程序时，通过函数来将一段代码与代码的其他部分分开，那么函数的输入参数和返回值就是这段函数与其他代码之间的交流通道，这样的交流通道越少越清晰，定义的函数复用可能性就越高。所以在模块化设计过程中，对于模块内部，也就是函数内部，尽可能地紧耦合，它们之间通过局部变量可以进行大量的数据传输。但是在模块之间，也就是函数与函数之间要尽可能减少它们的传递参数和返回值，让它们之间以松耦合的形式进行组织，这样每一个函数才有可能被更多的函数调用，它的代码才能更多地被复用。

如何分割模块，如何选择模块之间的耦合性，如何协同模块之间的关系，如何写出简洁易懂、容易调用的程序都是我们在编写代码时所要考虑的。

二、函数的递归

（一）递归的定义

函数作为一种代码封装，可以被其他程序调用，当然，也可以被函数内部代码调用。这种函数定义中调用函数自身的方式称为递归（recursion）。就像一个人站在装满镜子的房间中，看到的影像就是递归的结果。递归在数学和计算机应用上非常强大，能够非常简洁地解决重要问题。

数学归纳法和递归都利用了递推原理，二者本质是相同的。在证明一个与自然数相关的命题 $p(n)$ 时，数学归纳法采用如下步骤。（1）证明当 n 取第一个值 n_0 时命题成立。（2）假设当 n_k（$k \geqslant 0$，k 为自然数）时命题成立，证明当 $n=n_{k+1}$ 时命题也成立。综合（1）和（2），对一切自然数 n（$n \geqslant n_0$），命题 $p(n)$ 都成立。

所谓递推，是指从已知的初始条件出发，依据某种递推关系，逐次推出所要求的各中间结果及最后结果。其中初始条件或是问题本身已经给定，或是通过对问题的分析与化简后确定。从已知条件出发逐步推到问题结果，此种方法叫顺推。从问题出发逐步推到已知条件，此种方法叫逆推。无论顺推还是逆推，其关键是要找到递推式。这种处理问题的方法能使复杂运算化为若干步重复的简单运算，充分发挥出计算机擅长于重复处理的特点。递推法是一种重要的数学方法，在数学的各个领域中都有广泛的运用，也是计算机用于数值计算的一个重要算法。

递推算法的首要问题是得到相邻的数据项间的关系（即递推关系，在递归中称为递归链）。递推算法避开了求通项公式的麻烦，把一个复杂的问题的求解，分解成了连续的若干步简单运算。一般说来，可以将递推算法看成是一种特殊的迭代算法。

实证法学研究与归纳息息相关。实证法学研究者通常根据法律现象提炼具有规律性、启发性和可验证性的理论假设，然后基于理论假设在数据中寻找可以验证的测量指标，最后通过统计学方法验证理论假设是否成立。

不同于数学定义的递推关系，法学上案件之间的类推关系并不严格。在判例法国家，案件之间的类推关系较为明显，法官在审理案件时应考虑上级法院、甚至本级法院在以前类似案件判决中所包含的法律原则或规则，即前例具有约束力。遵从先例的方法则是所谓"区别技术"，目的是找到应当遵循的先例，同时避免遵循一个不令人满意的先例。也就是说，遵从先例的原则并不要求对过去的僵硬的依附，而是允许有比较灵活的技术，这种技术可以使一个称职的法院从以前的智慧和经验中获取好处，同时排除过去的错误。①

法律在遵从先例中革新与发展。而这种革新与发展法律的方法的特点在于："不一定明文撤销一个过时的判决，一个上诉法院可以鉴别新案件中事实情况，并通过对旧先例的最后不予适用，而将该先例限制得使它原先的权威性丧失殆尽。"②

在 Python 中，递归是通过函数＋分支语句实现的，首先需要定义函数，然后在函数内部采用分支语句对参数进行判断，最后针对参数的不同情况分别编写基例和链条对应的代码。

（二）递归的结构

1. 基例

基例是递归函数中用于停止递归的条件。在到达基例之前，递归函数会不断地调用自身。在设计递归函数时，正确定义基例是非常重要的，因为它确保递归调用最终会停止，避免无限递归和程序崩溃。

2. 递归链条

递归链条是递归函数中定义函数调用自身的部分。它负责将问题分解成更小的子问题，并递归地求解这些子问题。递归链条必须在每次递归调用中向基例逼近，这样递归才能最终停止。在递归链条中，通常会对原始问题的输入参数进行修改或缩小范围，然后调用相同的函数来处理这个更小的问题。通过这种方式，递归链条逐渐将复杂问题简化，直到简化到可以由基例直接解决的程度。

（三）递归的特征

递归的核心特征是在函数体内部有对函数自身的直接调用或间接调用，这意味着函数在执行过程中会调用自己，以执行相同的任务，但上述调用过程通常是在不同的数据集或问题规模上。这种自我调用的特性使得递归成为一种强大的编程技巧，用于解决可以通过分解成更小、更易于管理的相似问题来解决的复杂问题。

两种不同的调用方式分别出现在下列递归情形中。（1）直接递归。这是递归最直接的形式，递归函数会持续调用自身，每次调用时通常会以不同的参数执行，直到达到一个停止条件（基例），此时递归调用停止，函数开始返回。（2）间接递归。发生在函数间接通过调用另一个或多个不同的函数来调用自己的情况下。例如，函数 A 调用函数 B，然后函数 B 调用函数 A。

---

① 张骐. 判例法的比较研究：兼论中国建立判例法的意义、制度基础与操作. 比较法研究，2002（4）：82.

② 彼得·哈伊. 美国法律概论. 2 版. 沈宗灵，译. 北京：北京大学出版社，1997：6.

（四）递归的示例

1. 实例一：高斯求和

以高斯求和计算为例，可以把高斯求和写成一个单独的函数，则该函数代码如下：

```
def Sum(n):
    if n==1:
        return 1
    else:
        return n+Sum(n-1)
```

上述代码体现了高斯求和递归的两个关键特征是：

（1）基例：n==1 时，返回数值 1；

（2）递归链：Sum(n) =n+Sum(n-1)。

Sum() 函数在其定义内部引用了自身，形成了递归过程。无限制的递归将耗尽计算资源，因此需要设计基例使得递归逐层返回。Sum() 函数通过 if 语句给出了 n 为 1 时的基例，当 n==1，Sum() 函数不再递归，返回数值 1，如果 n!=1，则通过递归返回 n 与 n-1 的和。

递归遵循函数的语义，每次调用都会引起新函数的开始，表示它有本地变量的副本，包括函数的参数。每次函数调用时，函数参数的副本会临时存储，递归中各函数再运算自己的参数，相互没有影响。当基例结束运算并返回值时，各函数逐层结束运算，向调用者返回计算结果。

图 7-5 是计算 Sum(5) 的递归调用过程，依次调用了 Sum(4)、Sum(3)、Sum(2)、Sum(1)，当基例 Sum(1) 结束运算并返回数值 1 时，向调用者 Sum(2) 返回计算结果 1，Sum(2) 再向调用者 Sum(3) 返回计算结果 2+1=3，Sum(3) 再向调用者 Sum(4) 返回计算结果 3+3=6，Sum(4) 再向调用者 Sum(5) 返回计算结果 4+6=10，至此，调用完毕，Sum(5) 结束运算返回计算结果 5+10=15。

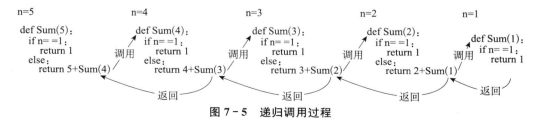

图 7-5　递归调用过程

"递":

$$Sum(5)=5+Sum(4)$$
$$Sum(4)=4+Sum(3)$$
$$Sum(3)=3+Sum(2)$$
$$Sum(2)=2+Sum(1)$$
$$Sum(1)=1$$

"归":

$$Sum(1)=1$$
$$Sum(2)=2+Sum(1)=3$$
$$Sum(3)=3+Sum(2)=6$$
$$Sum(4)=4+Sum(3)=10$$
$$Sum(5)=5+Sum(4)=15$$

在 Jupyter 中运行结果如下：

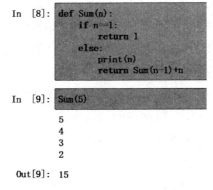

```
In [8]: def Sum(n):
            if n==1:
                return 1
            else:
                print(n)
                return Sum(n-1)+n

In [9]: Sum(5)

        5
        4
        3
        2

Out[9]: 15
```

2. 实例二：字符串翻转

对于用户输入的字符串 s，输出反转后的字符串。解决这个问题的基本思想是把字符串看做一个递归对象。长字符串由较短字符串组成，每个小字符串也是一个对象。假如把一个字符串看成仅由两部分组成：首字符和剩余字符串。如果将剩余字符串与首字符交换，就完成了反转整个字符串，代码如下：

```
def Fanzhuan(s):
    if s=="":
        return s
    else:
        print(s)
        return Fanzhuan(s[1:])+s[0]
```

上述代码体现了字符串反转递归的两个关键特征是：

（1）基例：s＝＝"" 时，返回空字符串 s；

（2）递归链：Fanzhuan(s) ＝Fanzhuan(s［1:］) ＋s［0］。

观察这个函数的工作过程。s［0］是首字符，s［1:］是剩余字符串，将它们反向连接，可以得到反转字符串。

Fanzhuan() 函数在其定义内部引用了自身，形成了递归过程。无限制的递归将耗尽计算资源，因此需要设计基例使得递归逐层返回。Fanzhuan() 函数通过 if 语句给出了 s 为"" 时的基例，当 s＝＝""，Fanzhuan() 函数不再递归，返回空字符串 s，如果 s! ＝""，则通过递归返回 Fanzhuan(s［1:］) 和 s［0］连接后形成的新字符串。

图 7-6 是 Fanzhuan(" abcd") 的递归调用过程，依次调用了 Fanzhuan(" bcd")、Fanzhuan(" cd")、Fanzhuan(" d")、Fanzhuan("")，当基例 Fanzhuan("") 结束运算并返回空字符串时，向调用者 Fanzhuan(" d") 返回结果""，Fanzhuan(" d") 再向调用者 Fanzhuan(" cd") 返回结果" d"，Fanzhuan(" cd") 再向调用者 Fanzhuan(" bcd") 返回结果" dc"，Fanzhuan(" bcd") 再向调用者 Fanzhuan (" abcd")返回结果" dcb"，至此，调用完毕，Fanzhuan(" abcd") 结束运算返回结果" dcba"。

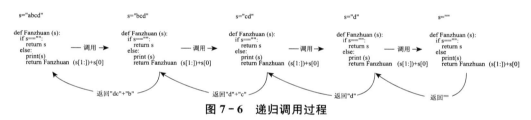

图 7-6　递归调用过程

"递"：

```
Fanzhuan("abcd")＝Fanzhuan("bcd")＋"a"

Fanzhuan("bcd")＝Fanzhuan("cd")＋"b"

Fanzhuan("cd")＝Fanzhuan("d")＋"c"

Fanzhuan("d")＝Fanzhuan("")＋"d"

Fanzhuan("")＝""
```

"归"：

```
Fanzhuan("")＝""

Fanzhuan("d")＝""＋"d"＝"d"

Fanzhuan("cd")＝"d"＋"c"＝"dc"

Fanzhuan("bcd")＝"dc"＋"b"＝"dcb"

Fanzhuan("bcd")＝"dcb"＋"a"＝"dcba"
```

在 Jupyter 中运行结果如下：

```
In [1]: s="abcd"
        def Fanzhuan(s):
            if s=="":
                return s
            else:
                print(s)
                return Fanzhuan(s[1:])+s[0]
        Fanzhuan(s)

        abcd
        bcd
        cd
        d

Out[1]: 'dcba'
```

3. 实例三：第一档刑期计算

针对 3 万～20 万元之间的受贿金额，输出相应的刑期。解决这个问题的基本思想是把受贿金额看做一个递归对象，递归的终点是起刑期，代码如下：

```
def Xingqi(bribe):
    if bribe==3:
        return 180
    else:
        length=Xingqi(bribe-1)+(3*365-180)/(20-3)
        return round(length,2)
Xingqi(20)
```

上述代码体现了刑期计算递归的两个关键特征：

（1）基例：bribe==3 时，返回 180（起刑期为 180 日）；

（2）递归链：length=Xingqi(bribe-1)+(3*365-180)/(20-3)，其中（3*365-180)/(20-3)≈53.82，是 3 万～20 万元之间受贿金额与刑期的线性系数，即受贿金额每增长 1 万元，刑期增加约 53.82 天。

观察这个函数的工作过程。Xingqi(bribe-1) 是 bribe-1 受贿金额对应的刑期，(3*365-180)/(20-3) 是受贿金额每增长 1 万元，刑期增加的天数，将二者相加，可以得到 bribe 受贿金额对应的刑期。

Xingqi() 函数在其定义内部引用了自身，形成了递归过程。无限制的递归将耗尽计算资源，因此需要设计基例使得递归逐层返回。Xingqi() 函数通过 if 语句给出了 bribe==3 时的基例，当 bribe==3，Xingqi() 函数不再递归，返回 180（起刑期为 180 日），如果 bribe!=3，则通过递归返回 Xingqi(bribe-1) 和 (3*365-180)/(20-3) 的和。

下面是 Xingqi(20) 的递归调用过程，依次调用了 Xingqi(19)、Xingqi(18)、Xingqi(17)、Xingqi(16)、Xingqi(15)、Xingqi(14)、Xingqi(13)、Xingqi(12)、Xingqi(11)、Xingqi(10)、Xingqi(9)、Xingqi(8)、Xingqi(7)、Xingqi(6)、Xingqi(5)、Xingqi(4)、Xingqi(3)，当基例 Xingqi(3) 结束运算并返回数值 180 时，向调

用者 Xingqi(4) 返回计算结果 $180 + (3*365 - 180) / (20 - 3) = 233.82$，Xingqi (4) 再向调用者 Xingqi(5) 返回计算结果 $233.82 + (3*365 - 180) / (20 - 3) = 287.64$……直至 Xingqi(19) 向调用者 Xingqi(20) 返回其计算结果，至此，调用完毕，Xingqi(20) 结束运算返回其计算结果。

"递"：

```
Xingqi(20)=Xingqi(19)+(3*365-180)/(20-3)
Xingqi(19)=Xingqi(18)+(3*365-180)/(20-3)
Xingqi(18)=Xingqi(17)+(3*365-180)/(20-3)
Xingqi(17)=Xingqi(16)+(3*365-180)/(20-3)
Xingqi(16)=Xingqi(15)+(3*365-180)/(20-3)
Xingqi(15)=Xingqi(14)+(3*365-180)/(20-3)
Xingqi(14)=Xingqi(13)+(3*365-180)/(20-3)
Xingqi(13)=Xingqi(12)+(3*365-180)/(20-3)
Xingqi(12)=Xingqi(11)+(3*365-180)/(20-3)
Xingqi(11)=Xingqi(10)+(3*365-180)/(20-3)
Xingqi(10)=Xingqi(9)+(3*365-180)/(20-3)
Xingqi(9)=Xingqi(8)+(3*365-180)/(20-3)
Xingqi(8)=Xingqi(7)+(3*365-180)/(20-3)
Xingqi(7)=Xingqi(6)+(3*365-180)/(20-3)
Xingqi(6)=Xingqi(5)+(3*365-180)/(20-3)
Xingqi(5)=Xingqi(4)+(3*365-180)/(20-3)
Xingqi(4)=Xingqi(3)+(3*365-180)/(20-3)
Xingqi(3)=180
```

"归"：

```
Xingqi(3)=180
Xingqi(4)=180+(3*365-180)/(20-3)=233.82
Xingqi(5)=233.82+(3*365-180)/(20-3)=287.64
Xingqi(6)=287.64+(3*365-180)/(20-3)=341.46
Xingqi(7)=341.46+(3*365-180)/(20-3)=395.28
Xingqi(8)=395.28+(3*365-180)/(20-3)=449.1
Xingqi(9)=449.1+(3*365-180)/(20-3)=502.92
Xingqi(10)=502.92+(3*365-180)/(20-3)=556.74
Xingqi(11)=556.74+(3*365-180)/(20-3)=610.56
Xingqi(12)=610.56+(3*365-180)/(20-3)=664.38
Xingqi(13)=664.38+(3*365-180)/(20-3)=718.2
Xingqi(14)=718.2+(3*365-180)/(20-3)=772.02
Xingqi(15)=772.02+(3*365-180)/(20-3)=825.84
```

$Xingqi(16)=825.84+(3*365-180)/(20-3)=879.66$

$Xingqi(17)=879.66+(3*365-180)/(20-3)=933.48$

$Xingqi(18)=933.48+(3*365-180)/(20-3)=987.3$

$Xingqi(19)=987.3+(3*365-180)/(20-3)=1041.12$

$Xingqi(20)=1041.12+(3*365-180)/(20-3)=1094.9$

在 Jupyter 中运行结果如下：

```
In [3]: def Xingqi(bribe):
            if bribe==3:
                return 180
            else:
                length=Xingqi(bribe-1)+(3*365-180)/(20-3)
                print(round(length,2))
                return round(length,2)
Xingqi(20)
        233.82
        287.64
        341.46
        395.28
        449.1
        502.92
        556.74
        610.56
        664.38
        718.2
        772.02
        825.84
        879.66
        933.48
        987.3
        1041.12
        1094.94

Out[3]: 1094.94
```

4. 基例的设计

基例是程序的最末端，使用递归一定要注意基例的构建，否则递归无法返回将会报错。如上述两个例子中，高斯求和的基例是：n==1 时，返回数值 1；字符串反转的基例是：s=="" 时，返回空字符串 s。

若不设计基例，执行两个实例的程序，结果如下：

```
In [ ]: def Sum(n):
            print(n)
            return Sum(n-1)+n
Sum(5)
        -1803
        -1804
        -1805
        -1806
        -1807
        -1808
        -1809
        -1810
        -1811
        -1812
        -1813
        -1814
        -1815
        -1816
        -1817
        -1818
        -1819
        -1820
        -1821
```

```
In [ ]: s="abcdefg"
        def Fanzhuan(s):
            print(s)
            return Fanzhuan(s[1:])+s[0]
        Fanzhuan(s)
```

```
abcdefg
bcdefg
cdefg
defg
efg
fg
g
```

可以看到，如果不设计基例，程序将"有去无回"、无限递归，这会对计算资源造成极大的消耗。针对这一情况，Python 解释器会在递归调用到 1 000 层（默认情况下）时终止程序，1 000 层即为系统允许的最大递归深度。最大递归深度是为了防止无限递归错误而设计的。

第八章
Python 组合数据类型

第一节　组合数据类型及操作

一、前章回顾

在上一章中我们首先学习了 Python 中文件的打开与读写、内置字符串处理函数及方法等知识，并在此基础上针对提取刑法中罪名的程序设计进行了练习。

同时，前章中引入了一个新的概念——"代码复用"，它是指通过对代码的封装实现抽象化和模块化，继而实现代码的资源化。代码复用的种类分为面向过程的编程思想与函数、面向对象的编程思想与对象两类。代码复用具有深刻的应用意义。

最后，我们学习了函数递归（recursion）。函数定义中调用函数自身的方式称为递归。通过高斯求和、字符串翻转、第一档刑期计算等三个具体实例的练习，我们掌握了函数递归的实际运用。

二、组合数据类型

在之前的章节中我们曾介绍过包含整数类型、浮点数类型和复数类型在内的数字类型（number），这种表示单一数据的类型被称为"基本数据类型"。这些类型仅能表示一个数据，然而实际计算中存在大量同时处理多个数据的情况，这需要将多个数据有效组织起来并统一表示，能够表示多个数据的类型被称为"组合数据类型"。组合数据类型能够将多个同类型或者不同类型的数据组织起来，通过单一的表示使数据操作更有序、更容易。根据数据之间的关系，组合数据类型可以分为三类：集合类型、序列类型和映射类型。

集合类型是一个元素集合，元素之间无序，相同元素在集合中唯一存在。

序列类型是一个元素向量，元素之间存在先后顺序，通过序号访问，元素之间不排他。

映射类型是"键—值"数据项的组合，每个元素是一个键值对，表示为（key,value）。

组合数据类型为多个同类型或不同类型数据提供单一表示。组合数据类型的分类构成如图 8-1 所示。

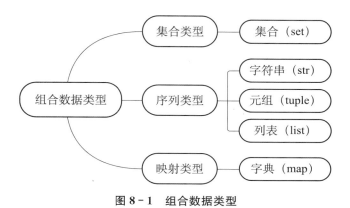

图 8-1　组合数据类型

（一）集合类型

1.　集合类型的概念

集合类型与数学中集合的概念一致，即包含 0 个或多个数据项的无序组合。集合中的元素不可重复，元素类型只能是固定数据类型，例如整数、浮点数、字符串、元组等，而列表、字典和集合类型本身都是可变数据类型，不能作为集合的元素出现。Python 编译器中界定是否构成固定数据类型主要考察某一类型能否进行哈希运算，能够进行哈希运算的类型都可以作为集合元素。Python 提供了一种同名的具体数据类型——集合（set）。

哈希运算可以将任意长度的二进制值映射为较短的固定长度的二进制值，这个小的二进制值称为哈希值。哈希值是对数据的一种有损且紧凑的表示形式。Python提供了一个内置的哈希运算函数 hash()，它可以对大多数数据类型产生一个哈希值，例如：

```
In  [8]: hash("Python")

Out[8]: -8538084023651034828


In  [9]: hash("is")

Out[9]: -6227703339149319786


In  [10]: hash("good.")

Out[10]: 2537936535331213617


In  [11]: hash("Python is good.")

Out[11]: 5223651743032283380
```

这些哈希值与哈希运算前的内容无关，也和这些内容的组合无关。可以说，哈希值是数据在另一个数据维度的体现。

由于集合是无序组合，它没有索引和位置的概念，不能切片，集合中的元素可以动态增加或者删除。集合用大括号 {} 表示，可以用赋值语句生成一个集合，例如：

```
In  [30]:  S={425,"BIT",(10,"CS"),424}
           S
Out[30]:  {(10, 'CS'), 424, 425, 'BIT'}

In  [31]:  T={425,"BIT",(10,"CS"),424,425,"BIT"}
           T
Out[31]:  {(10, 'CS'), 424, 425, 'BIT'}
```

从上例可以看到，由于集合元素是无序的，集合的打印效果与定义顺序可以不一致。由于集合元素独一无二，使用集合类型能够过滤掉重复元素。

除赋值语句外，set(x) 函数也可用于生成集合，其中输入的参数可以是任何组合数据类型，但不可以是数字类型（number）。若输入的参数是组合数据类型，则返回结果是一个无重复且排序任意的集合；若输入的参数是数字类型，则产生 TypeError。例如：

```
In  [32]:  #如果x是字符串，则set()函数能够将字符串x中的每一个字符变为集合中的元素并去重
           U=set("apple")
           U
Out[32]:  {'a', 'e', 'l', 'p'}

In  [33]:  #如果x是元组，则set()函数能够将元组x中的每一个元素变为集合中的元素并去重
           V=set(("cat","dog","tiger","human","dog"))
           V
Out[33]:  {'cat', 'dog', 'human', 'tiger'}

In  [34]:  #如果x是列表，则set()函数能够将列表x中的每一个元素变为集合中的元素并去重
           W=set([425,"BIT",425])
           W
Out[34]:  {425, 'BIT'}
```

```
In  [36]:  set(13435476)
_____
TypeError                          Traceback (most recent call last)
Input In [36], in <cell line: 1>()
----> 1 set(13435476)

TypeError: 'int' object is not iterable
```

2. 集合类型的操作

（1）集合类型的操作符

集合类型有 10 个操作符，如表 8-1 所示：

表 8 - 1　集合类型操作符

操作符	描述
S-T 或 S. different(T)	返回一个新集合，包括在集合 S 中但不在集合 T 中的元素
S-=T 或 S. different _ update(T)	更新集合 S，包括在集合 S 中但不在集合 T 中的元素
S&T 或 S. intersection(T)	返回一个新集合，包括同时在集合 S 和 T 中的元素
S&=T 或 S. intersection _ update(T)	更新集合 S，包括同时在集合 S 和 T 中的元素
S^T 或 s. symmetric _ difference(T)	返回一个新集合，包括集合 S 和 T 中的元素，但不包括同时在其中的元素
S^T 或 s. symmetric _ difference _ update(T)	更新集合 S，包括集合 S 和 T 中的元素，但不包括同时在其中的元素
S	T 或 S. union(T)	返回一个新集合，包括集合 S 和 T 中的所有元素
S	T 或 S. update(T)	更新集合 S，包括集合 S 和 T 中的所有元素
S<=T 或 S. issubset()	如果 S 和 T 相同或 S 是 T 的子集，返回 True，否则返回 False，可以用 S<T 判断 S 是否是 T 的真子集
S>=T 或 S. issuperset()	如果 S 和 T 相同或 S 是 T 的超集，返回 True，否则返回 False，可以用 S>T 判断 S 是否是 T 的真超集

上述操作符表达了集合类型的四种基本操作：交集（&）、并集（|）、差集（-）、补集（^），操作逻辑与数学定义相同。

（2）集合类型的操作函数或方法

集合类型有 10 个操作函数或方法，如表 8 - 2 所示：

表 8 - 2　集合类型的操作函数

操作函数或方法	描述
S. add(x)	如果数据项 x 不在集合 S 中，将 x 增加到 S
S. clear()	移除 S 中的所有数据项
S. copy()	返回集合 S 的一个副本
S. pop()	随机返回集合 S 的一个元素，如果 S 为空，产生 KeyError 异常返回的这个元素会从 S 中删掉
S. discard(x)	如果 x 在集合 S 中，移除该元素；如果 x 不在集合 S 中，不报错

续表

操作函数或方法	描述
S. remove(x)	如果 x 在集合 S 中，移除该元素；不在则产生 KeyError 异常
S. isdisjoint(T)	如果集合 S 与 T 没有相同元素，返回 True
len(S)	返回集合 S 的元素个数
x in S	如果 x 是 S 的元素，返回 True，否则返回 False
x not in S	如果 x 不是 S 的元素，返回 True，否则返回 False
S. pop()	随机返回集合 S 的一个元素，如果 S 为空，产生 KeyError 异常返回的这个元素会从 S 中删掉

代码应用实例如下：

```
In [53]: S={"资敌罪","叛逃罪","受贿罪","故意杀人罪","间谍罪","放火罪","决水罪"}  #定义集合S
         len(S)  #返回集合S的元素个数

Out[53]: 7

In [52]: "贪污罪" in S  #如果"贪污罪"是S的元素，返回True，否则返回False

Out[52]: False

In [45]: S.add("贪污罪")  #如果数据项"贪污罪"不在集合S中，将"贪污罪"增加到集合S中
         S

Out[45]: {'决水罪', '受贿罪', '叛逃罪', '放火罪', '故意杀人罪', '贪污罪', '资敌罪', '间谍罪'}

In [41]: S.copy()  #返回集合S的一个副本

Out[41]: {'决水罪', '分裂国家罪', '受贿罪', '放火罪', '故意杀人罪', '背叛国家罪', '贪污罪', '间谍罪'}

In [46]: S.pop()  #返回的这个元素会从S中删掉

Out[46]: '叛逃罪'

In [66]: S.discard("资敌罪")  #如果"资敌罪"在集合S中，移除该元素；如果"资敌罪"不在集合S中，不报错
         S

Out[66]: {'决水罪', '受贿罪', '放火罪', '故意杀人罪', '贪污罪', '间谍罪'}

In [67]: S.remove("虐待罪")  #如果"资敌罪"在集合S中，移除该元素；不在则产生KeyError异常
         s

KeyError                                Traceback (most recent call last)
Input In [67], in <cell line: 1>()
----> 1 S.remove("虐待罪")  #如果"资敌罪"在集合S中，移除该元素；不在则产生KeyError异常
      2 s

KeyError: '虐待罪'

In [68]: S={"叛逃罪","故意杀人罪","放火罪","决水罪"}  #定义集合S
         T={"投敌叛变罪","过失致人死亡罪","重婚罪"}  #定义集合T
         S.isdisjoint(T)  #如果集合S与T没有相同元素，返回True

Out[68]: True
```

3. 集合类型的应用场景

集合类型主要用于两个场景：包含关系比较、元素去重。

（1）包含关系比较

以下面两个集合为范例，对该应用场景进行阐述：

j1＝{1，2，3，4，5,"abc","efg"}

j2＝{1，3，4，6，9,"efg","ngt","a"}

1）比较大小

输入：j1＞j2【判断 j2 是否属于 j1】；

输出结果：False【结果为不属于】。

2）求并集

输入：j1｜j2【求 j1 和 j2 中的所有元素】；

输出结果：{1，2，3，4，5，6，9,"a","abc","efg","ngt"}。

3）相减

输入：j1－j2【在 j1 中把同时在 j2 中出现的元素删去】；

输出结果：{2，5,"abc"}。

4）求交集

输入：j1＆j2【求同时出现在 j1 和 j2 中的元素】；

输出结果：{1，3，4,"efg"}。

5）求补集

输入：j1^j2【包括集合 j1 和 j2 中的元素，但不包括同时在其中的元素】；

输出结果：{2，5，6，9,"a","abc","ngt"}。

6）增强赋值：＆＝

输入［1］：j1＆＝j2【实际上等于代码：j1＝j1＆j2，目的是将 j1 和 j2 的交集赋值给 j1】；

输入［2］：j1【打印 j1】；

输出结果：{1，3，4,"efg"}。

7）增强赋值：｜＝

输入［1］：j1｜＝j2【实际上等于代码：j1＝j1｜j2，目的是将 j1 和 j2 的并集赋值给 j1】；

输入［2］：j1【打印 j1】；

输出结果：{1，2，3，4，5，6，9,"a","abc","efg","ngt"}。

（2）元素去重

集合类型与其他类型最大的不同在于它不包含重复元素，因此，当需要对一维数据进行去重或进行数据重复处理时，一般通过集合来完成。我们以刑法文本的数据去重为例：

```
#定义具有 0 个参数、函数名为 xingfa 的函数
def xingfa():
#打开刑法文本，读取刑法文本，并将整个文件内容赋值给字符串变量 f
    f＝open("刑法．txt","r",encoding＝"utf－8").read()
#创建列表 c，列表元素为除文字以外的其他字符串的可能形式，如换行符、空格、标点符号等
    c＝["\n","\r","，","。","、","《","》","；","：","（","）","【","】","：","（","）","\
u3000",""]
#使用 for 循环遍历列表 c
    for I in c:
#将字符串 f 中所有出现在列表 c 中的子字符串替换为空字符串
            f＝f.replace(I,"")
#返回字符串 f
            return f
xf＝xingfa()
#使用 set 函数生成集合 xfj
xfj＝set(xf)
#输出集合 xfj
print(xfj)
```

输出结果为删去无意义字符得到的集合，所示如下（局部）：

```
{'封',
'手',
'女',
'采',
'稳',
'发',
'聚',
'堆',
'幕',
'追',
'骨',
'粟',
'诬',
'故',
'即',
```

（此处省略）

（二）序列类型

序列类型是一个元素向量，元素之间存在先后关系，通过序号访问。由于元素之间存在顺序关系，所以序列中可以存在数值相同但位置不同的元素。序列类型支

持成员关系操作符（in）、长度计算函数（len()）、切片（[]），元素本身也可以是序列类型。

Python 语言中有很多数据类型都是序列类型，其中比较重要的是 str(字符串)、tuple(元组) 和 list(列表)。字符串（str）可以看成是单一字符的有序组合，属于序列类型。同时由于字符串类型十分常用且单一字符串只表达一个含义，也被看做是基本数据类型。元组是包含 0 个或多个数据项的不可变序列类型。元组生成后是固定的，其中任何数据项不能被替换或删除。列表则是一个可以修改数据项的序列类型，使用也最为灵活。无论是哪种具体数据类型，是 str(字符串)、tuple(元组) 还是 list(列表)，只要它是序列类型，就都可以使用相同的索引体系，即正向递增序号和反向递减序号，如图 8-2 所示。

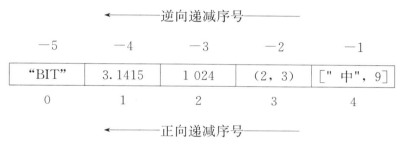

图 8-2 正向递增序号和反向递减序号

序列类型有 12 个通用的操作符和函数，如表 8-3 所示。

表 8-3 序列类型操作符和函数

操作符和函数	描述
x in s	如果 x 是 s 的元素，返回 True，否则返回 False
x not in s	如果 x 不是 s 的元素，返回 True，否则返回 False
s+t	连接 s 和 t
s*n 或 n*s	将序列 s 复制 n 次
s[i]	索引，返回序列 s 的第 i 个元素
s[i: j]	分片，返回包含序列 s 第 i 到 j 个元素的子序列（不包含第 j 个元素）
s[i: j: k]	步骤分片，返回包含序列 s 第 i 到 j 个元素以 k 为步数的子序列
len(s)	序列 s 的元素个数（长度）
min(s)	序列 s 中的最小元素
max(s)	序列 s 中的最大元素
s.index(x [, i [, j]])	序列 s 中从 i 开始到 j 位置中第一次出现 x 的位置
s.count(x)	序列 s 中出现 x 的总次数

1. 元组

元组（tuple）是序列类型中比较特殊的类型，因为它一旦创建就不能被修改。元组和列表的不同之处在于，元组是不可变类型，这就意味着元组类型的变量一旦定义，其中的元素不能再添加或删除，元素的值也不能进行修改。所以列表添加元素、删除元素、修改元素、清空所有元素及对元素进行排序等方法对于元组来说是不成立的。但是列表和元组都可以进行拼接、成员运算、索引和切片这些操作，就如同之前讲到的字符串类型一样，因为字符串就是字符按一定顺序构成的序列，在这一点上字符串、元组和列表三者并没有什么区别。Python 中元组采用逗号和圆括号（可选）来表示，例如：

```
In  [86]: creature="cat","dog","tiger","human"
          creature
Out[86]: ('cat', 'dog', 'tiger', 'human')
```

```
In  [87]: color=("red","yellow","blue",creature)
          color
Out[87]: ('red', 'yellow', 'blue', ('cat', 'dog', 'tiger', 'human'))
```

```
In  [88]: color[2]
Out[88]: 'blue'
```

```
In  [89]: color[-1][2]
Out[89]: 'tiger'
```

生成元组只需要使用逗号将元素隔离开即可，例如上例中的元组 creature，也可以增加圆括号，但圆括号在不混淆语义的情况下不是必需的。一个元组可以作为另一个元组的元素，可以采用多级索引获取信息，例如元组 color 中包含了元组 creature，可以用 color［－1］［2］获取对应元素值。

元组的主要功能为数据保护，即是指把一些确定的关系绑定起来，不让它发生变化。例如字典中的键值对即构成一个元组，使得其被绑定在一起。元组中的元素是固定的，序列也是固定的，无法被破坏，从而实现保护数据的功能。

2. 列表

（1）列表类型的概念

列表（list）是包含 0 个或多个对象引用的有序序列，属于序列类型。与元组不同，列表的长度和内容都是可变的，可自由对列表中的数据项进行增加、删除或替换。列表没有长度限制，元素类型可以不同，使用非常灵活。

由于列表属于序列类型，所以列表也支持成员关系操作符（in）、长度计算函数（len()）、切片（［］）。列表可以同时使用正向递增符号和反向递减序号，可以采用标准的比较操作符（＜、＜＝、＝＝、!＝、＞＝、＞）进行比较，列表的比较实际上是单个数据项的逐个比较。列表使用中括号（［］）表示，也可以通过 list（）函数将元组或字符串转化成列表。直接使用 list（）函数会返回一个空列表，例如：

```
In [91]: ls=[425,"BIT",(10,"CS"),424] #用数据赋值产生列表ls
         ls
Out[91]: [425, 'BIT', (10, 'CS'), 424]
```

```
In [92]: ls[2][-1][0] #多级索引
Out[92]: 'C'
```

```
In [94]: list((425,"BIT",(10,"CS"),424)) #将元组(425,"BIT",(10,"CS"),424)转化成列表
Out[94]: [425, 'BIT', (10, 'CS'), 424]
```

```
In [95]: list("中国是一个伟大的国家") #将字符串"中国是一个伟大的国家"转化成列表
Out[95]: ['中', '国', '是', '一', '个', '伟', '大', '的', '国', '家']
```

```
In [96]: list() #直接使用list()函数返回一个空列表
Out[96]: []
```

（2）列表类型的操作

列表是序列类型，因此前述 12 个序列类型的通用的操作符和函数都可应用于列表类型。由于列表是可变的，表 8－4 给出了 14 个列表类型的特有的函数或方法。

表 8－4　列表类型函数或方法

函数或方法	描述
ls［i］＝x	替换列表 ls 第 i 数据项为 x
ls［i：j］＝lt	用列表 lt 替换列表 ls 中第 i 到第 j 项数据（不含第 j 项，下同）
ls［i：j：k］＝lt	用列表 lt 替换列表 ls 中第 i 到第 j 项以 k 为步数的数据
del ls［i：j］	删除列表 ls 第 i 到第 j 项数据，等价于 ls［i：j］＝［］
del ls［i：j：k］	删除列表 ls 第 i 到第 j 项以 k 为步数的数据
ls＋＝lt 或 ls. extend(lt)	将列表 lt 元素增加到列表 ls 中
ls ＊＝n	更新列表 ls，其元素重复 n 次
ls. append(x)	在列表 ls 最后增加一个元素 x
ls. clear()	删除 ls 中的所有元素
ls. copy()	生成一个新列表，复制 ls 中的所有元素
ls. insert(i, x)	在列表 ls 的第 i 位置增加元素 x
ls. pop(i)	将列表 ls 中的第 i 项元素取出并删除该元素

续表

函数或方法	描述
ls. remove(x)	将列表 ls 中出现的第一个元素 x 删除
ls. reverse()	列表 ls 中的元素反转
ls. sort()	对列表 ls 中元素按照升序的方式进行排列
ls. sort(reverse＝True)	对列表 ls 中元素按照降序的方式进行排列

1）替换操作：ls [i] ＝x；ls [i：j] ＝lt

```
In [55]: ls=[1, 7, 14, 21, 28, 35, 42, 49, 56, 63, 70, 77]
         ls[3]="python" #替换列表ls第3数据项为"python"
         ls
```

Out[55]: [1, 7, 14, 'python', 28, 35, 42, 49, 56, 63, 70, 77]

```
In [56]: ls=["hdiuhc", 68, "kpojc", 298, 798]
         lt=[45, "76gu", 5789, 3467, "sugvacui"]
         ls[1:4]=lt #用列表lt替换列表ls中第1到第3项数据（不含第4项）
         ls
```

Out[56]: ['hdiuhc', 45, '76gu', 5789, 3467, 'sugvacui', 798]

2）删除操作：del ls [i：j]；del ls [i：j：k]

```
In [57]: ls=[1, 7, 14, 21, 28, 35, 42, 49, 56, 63, 70, 77]
         del ls[2:4] #删除列表ls第2到第4项数据（不含第4项）
         ls
```

Out[57]: [1, 7, 28, 35, 42, 49, 56, 63, 70, 77]

```
In [58]: ls=[1, 7, 14, 21, 28, 35, 42, 49, 56, 63, 70, 77]
         del ls[2:9:2] #删除列表ls第2到第9项（不含第9项）以2为步数的数据
         ls
```

Out[58]: [1, 7, 21, 35, 49, 63, 70, 77]

3）增加操作：ls＋＝lt 或 ls. extend(lt)

```
In [59]: ls=[1, 7, 14, 21, 28, 35, 42, 49, 56, 63, 70, 77]
         lt=["python"]
         ls.extend(lt) #将列表lt元素增加到列表ls中
         ls
```

Out[59]: [1, 7, 14, 21, 28, 35, 42, 49, 56, 63, 70, 77, 'python']

4）ls * ＝n

```
In [60]: ls=[1, 7, 8, 23]
         ls*=3 #更新列表ls，其元素重复3次
         ls
```

Out[60]: [1, 7, 8, 23, 1, 7, 8, 23, 1, 7, 8, 23]

5) ls. clear()

```
In  [61]: ls=[1, 7, 8, 23]
          ls. clear()  #删除ls中的所有元素
          ls
```

Out[61]: []

6) ls. copy()

```
In  [62]: ls=[1, 7, 8, 23]
          ls. copy()  #生成一个新列表，复制ls中的所有元素
```

Out[62]: [1, 7, 8, 23]

7) ls. insert(i，x)

```
In  [63]: ls=[1, 7, 14, 21, 28, 35, 42, 49, 56, 63, 70, 77]
          ls. insert(5,"python")  #在列表ls的第5位置增加元素"python"
          ls
```

Out[63]: [1, 7, 14, 21, 28, 'python', 35, 42, 49, 56, 63, 70, 77]

8) ls. pop(i)

```
In  [65]: ls=[1, 7, 14, 21, 28, 35, 42, 49, 56, 63, 70, 77]
          ls. pop(5)  #将列表ls中的第5项元素取出并删除该元素
          ls
```

Out[65]: [1, 7, 14, 21, 28, 42, 49, 56, 63, 70, 77]

9) ls. remove(x)

```
In  [68]: ls=[1, 32, 476, 34, 346, 89, 34]
          ls. remove(34)  #将列表ls中出现的第一个元素34删除
          ls
```

Out[68]: [1, 32, 476, 346, 89, 34]

10) ls. reverse()

```
In  [69]: ls. reverse()  #列表ls中的元素反转
          ls
```

Out[69]: [34, 89, 346, 476, 32, 1]

11) ls. sort()

```
In  [72]: ls=[368, 29380, 138, 45647, 2389, 19839]
          ls. sort()  #对列表ls中元素按照升序的方式进行排列
          ls
```

Out[72]: [138, 368, 2389, 19839, 29380, 45647]

12) ls. sort(reverse＝True)

```
In  [73]: ls=[368, 29380, 138, 45647, 2389, 19839]
          ls. sort(reverse=True)  #对列表ls中元素按照升序的方式进行排列
          ls
```

Out[73]: [45647, 29380, 19839, 2389, 368, 138]

上述函数或方法主要处理列表的增删改等功能。在下面这个例子中，flist［3］从整数变成了字符串，子序列 flist［1：3］被另一个列表赋值修改：

需要注意的是，当使用一个列表改变另一个列表值时，Python 不要求两个列表长度一样，但遵循"多增少减"的原则，例如：

flist［1：3］子序列包含两个元素，对其赋值时却给了 3 个元素，Python 接受这种方式，并不会报错，flist 结果包含了赋值列表中的多余元素。同样，当使用包含更少元素赋值列表时，原列表元素会相应减少。可以通过赋给更多或更少元素实现对列表元素的插入或删除。

```python
In  [139]:  flist=list(range(5))
            flist

Out[139]:  [0, 1, 2, 3, 4]

In  [140]:  len(flist)

Out[140]:  5

In  [141]:  2 in flist

Out[141]:  True

In  [142]:  flist[3]="apple"
            flist

Out[142]:  [0, 1, 2, 'apple', 4]

In  [143]:  flist[1:3]=["banana","pear"]
            flist

Out[143]:  [0, 'banana', 'pear', 'apple', 4]

In  [152]:  flist=list(range(5))
            flist

Out[152]:  [0, 1, 2, 3, 4]

In  [153]:  flist[1:3]=["strawberry","grape","peach"]
            flist

Out[153]:  [0, 'strawberry', 'grape', 'peach', 3, 4]

In  [154]:  flist[1:3]=["mango"]
            flist

Out[154]:  [0, 'mango', 'peach', 3, 4]
```

与元组一样，列表可以通过 for-in 语句对其元素进行遍历，基本语法结构如下：

```
for〈任意变量名〉in〈列表名〉:
    〈语句块〉
```

In　[161]:
```
for i in flist:
    print(i,end=" ")
```

0 mango peach 3 4

列表是一个十分灵活的数据结构，它具有处理任意长度、混合类型数据的能力，并提供了丰富的基础操作符和方法。当程序需要使用组合数据类型管理批量数据时，宜尽量使用列表类型。

（三）映射类型

映射类型是"键-值"数据项的组合，每个元素是一个键值对，即元素是（key，value），元素之间是无序的。键值对（key，value）是一种二元关系，源于属性和值的映射关系。键（key）表示一个属性，也可以理解为一个类别或项目，值（value）是属性的内容，键值对刻画了一个属性和它的值。键值对将映射关系结构化，用于存储和表达。在 Python 中，映射类型主要以字典（dict）体现。

（1）字典类型的概念

索引是按照一定顺序检索内容的体系。编程语言的索引主要包括两类：数字索引，也称为位置索引；字符索引，也称为单词索引。数字索引采用数字作为索引数的方法，可以通过整数序号找到内容。字符索引采用字符作为索引词，通过具体的索引词找到数据，例如现实生活中的汉语词典，通过汉语词找到释义。Python 语言中，字符串、列表、元组等都采用数字索引，字典采用字符索引。

列表是存储和检索数据的有序序列。当访问列表中的元素时，可以通过整数的索引来查找它，这个索引是元素在列表中的序号，列表的索引模式是"〈整数序号〉查找〈被索引内容〉"。

很多应用程序需要更灵活的信息查找方式，例如，在检索学生或员工信息时，需要基于身份证号码进行查找，而不是信息存储的序号。在编程术语中，根据一个信息查找另一个信息的方式构成了"键值对"，它表示索引用的键和对应的值构成的成对关系，即通过一个特定的键（身份证号码）来访问值（学生信息）。实际应用中有很多"键值对"的例子，例如，姓名和电话号码、用户名和密码、邮政编码和运输成本、国家名称和首都等。由于键不是序号，无法使用列表类型进行有效存储和索引。

通过任意键信息查找一组数据中值信息的过程叫做映射，Python 语言中通过字典实现映射。Python 语言中的字典可以通过大括号｛｝建立，建立模式如下：

｛〈键1〉:〈值1〉,〈键2〉:〈值2〉…〈键n〉:〈值n〉｝

其中，键和值通过冒号连接，不同键值对通过逗号隔开。从 Python 设计角度考虑，由于大括号 {} 可以表示集合，因此字典类型也具有与集合类似的性质，即键值对之间没有顺序且不能重复。简单说，可以把字典看成元素是键值对的集合。下面是一个简单的字典，它存储国家和首都的键值对：

```
In [78]: Dcountry={"中国":"北京","美国":"华盛顿","英国":"伦敦","法国":"巴黎"}
         print(Dcountry)
```
{'中国': '北京', '美国': '华盛顿', '英国': '伦敦', '法国': '巴黎'}

事实上，字典打印出来的顺序可能与创建之初的顺序不同，这不是错误。字典是集合类型的延续，所以各个元素并没有顺序之分。如果想保持一个集合中元素的顺序，需要使用列表，而不是字典。

除大括号外，还可以使用 dict() 函数来定义字典，具体方法为：借助 dict 中的 zip 函数，构造两个列表，分别存储键、值，使之形成对应关系。例如：

d1＝dict(zip([1，2，3]，["受贿罪"，"贪污罪"，"行贿罪"]))

输出 d1 即可得到一个字典：

{1:'受贿罪'，2:'贪污罪'，3:'行贿罪'}

字典最主要的用法是查找与特定键相对应的值，这通过索引符号来实现。例如：

```
In [75]: Dcountry["中国"]
```
Out[75]: '北京'

一般来说，字典中键值对的访问模式如下，采用中括号格式：

〈值〉＝〈字典变量〉[〈键〉]

字典中对某个键值的修改可以通过中括号的访问和赋值实现，例如：

```
In [84]: Dcountry["美国"]="纽约"
         print(Dcountry)
```
{'中国': '北京', '美国': '纽约', '英国': '伦敦', '法国': '巴黎'}

总结起来，字典是存储可变数量键值对的数据结构，键和值可以是任意数据类型，包括程序自定义的类型。Python 字典效率非常高，甚至可以存储几十万项内容。

（2）字典类型的操作

与列表相似，Python 字典也有非常灵活的操作方法。使用大括号可以创建字典，并指定初始值，通过中括号可以增加新的元素，例如：

```
In [85]: Dcountry={"中国":"北京","美国":"华盛顿","法国":"巴黎"}
         Dcountry["德国"]="柏林"
         print(Dcountry)
```
{'中国': '北京', '美国': '华盛顿', '法国': '巴黎', '德国': '柏林'}

直接使用大括号（{}）可以创建一个空的字典，并通过中括号（[]）向其增加元素，例如：

```
In  [88]: Dfj={}
          Dfj["春节"]="三天"
          Dfj["清明节"]="一天"
          Dfj["劳动节"]="一天"
          print(Dfj)
```

{'春节'：'三天'，'清明节'：'一天'，'劳动节'：'一天'}

需要注意的是，尽管集合类型也用大括号表示，直接使用大括号（｛｝）生成一个空的字典，而不是集合。生成空集合需要使用函数 set()。

字典在 Python 内部也已采用面向对象方式实现，因此也有一些对应的方法，采用〈a〉.〈b〉() 格式，此外，还有一些函数能够用于操作字典，这些函数和方法如表 8-5 所示。

表 8-5　字典操作函数或方法

函数或方法	描述
〈d〉.keys()	返回所有的键信息
〈d〉.values()	返回所有的值信息
〈d〉.items()	返回所有的键值对
〈d〉.get(〈key〉,〈default〉)	键存在则返回相应值，否则返回默认值
〈d〉.pop(〈key〉,〈default〉)	键存在则返回相应值，同时删除键值对，否自返回默认值
〈d〉.popitem()	随机从字典中取出一个键值对，以元组（key, value）形式返回
〈d〉.clear()	删除所有的键值对
del〈d〉[〈key〉]	删除字典中某一个键值对
〈key〉in〈d〉	如果键在字典中则返回 True，否则返回 False

这些函数和方法使用示例如下：

```
In  [111]: DC={'中国':'北京','美国':'华盛顿','法国':'巴黎','德国':'柏林'}

In  [112]: DC.keys() #返回所有的键信息
Out[112]: dict_keys(['中国', '美国', '法国', '德国'])

In  [113]: DC.values() #返回所有的值信息
Out[113]: dict_values(['北京', '华盛顿', '巴黎', '柏林'])

In  [114]: DC.items() #返回所有的键值对
Out[114]: dict_items([('中国', '北京'), ('美国', '华盛顿'), ('法国', '巴黎'), ('德国', '柏林')])

In  [115]: DC.get("俄罗斯","无") #键"俄罗斯"存在则返回相应值，否则返回默认值"无"
Out[115]: '无'
```

```
In [116]: DC.pop("俄罗斯","无") #键"俄罗斯"存在则返回相应值，同时删除键值对，否则返回默认值"无"
Out[116]: '无'
```

```
In [117]: DC.pop("中国","无") #键"中国"存在则返回相应值，同时删除键值对，否则返回默认值"无"
          print(DC)

          {'美国': '华盛顿', '法国': '巴黎', '德国': '柏林'}
```

```
In [118]: del DC["德国"] #删除字典中某一个键值对
          print(DC)

          {'美国': '华盛顿', '法国': '巴黎'}
```

```
In [119]: "英国" in DC #如果键"英国"在字典DC中则返回True，否则返回False
Out[119]: False
```

如果希望 keys()、values() 和 items() 方法返回列表类型，可以采用 list() 函数将返回值转换成列表。

```
In [126]: DC={'中国': '北京', '美国': '华盛顿', '法国': '巴黎', '德国': '柏林'}
```

```
In [127]: list(DC.keys()) #以列表形式返回所有的键信息
Out[127]: ['中国', '美国', '法国', '德国']
```

```
In [128]: list(DC.values()) #以列表形式返回所有的值信息
Out[128]: ['北京', '华盛顿', '巴黎', '柏林']
```

```
In [129]: list(DC.items()) #以列表形式返回所有的键值对
Out[129]: [('中国', '北京'), ('美国', '华盛顿'), ('法国', '巴黎'), ('德国', '柏林')]
```

与其他组合类型一样，字典可以通过 for-in 语句对其元素进行遍历，基本语法结构如下：

```
for〈变量名〉in〈字典名〉
    〈语句块〉
```

由于键值对中的键相当于索引，因此，for 循环返回的变量名是字典的索引值。如果需要获得键对应的值，可以在语句块中通过 get() 方法获得。

```
In [9]: Dcountry={"中国":"北京","美国":"华盛顿","英国":"伦敦","法国":"巴黎"}
```

```
In [10]: for i in Dcountry:
             print(i)

         中国
         美国
         英国
         法国
```

```
In [11]: for i in Dcountry:
             print(Dcountry.get(i))

         北京
         华盛顿
         伦敦
         巴黎
```

字典是实现键值对映射的数据结构，它采用固定数据类型的键数据作为索引，十分灵活，具有处理任意长度、混合类型键值对的能力。为了更好地认识和使用字典，请理解如下一些基本原则：

1）字典是一个键值对的集合，该集合以键为索引，一个键信息只对应一个值信息。

2）字典中元素以键信息为索引访问。

3）字典长度是可变的，可以通过对键信息赋值实现增加或修改键值对。

第二节　刑法文本字频统计的练习

为了便于理解，表 8-6 列明了示例中关键变量的数据类型、含义及创建方式。

表 8-6　关键变量的数据类型、含义及创建方式

变量	数据类型	含义	创建方式
fnew	字符串	剔除非汉字字符后的字符串形式的刑法文本	fnew＝xingfa()
lt	列表	刑法文本中所有字符所构建的列表	lt＝list(fnew)
fjihe	集合	刑法文本中所有出现过的、独一无二的字符所组成的集合	fjihe＝set(fnew)
fcishu	列表	刑法文本中每个字符出现次数所构建的列表	—
lf	列表	刑法文本中所有出现过的、独一无二的字符所构建的列表	lf＝list(fjihe)
df2	字典	以字符出现的次数为键、字符为值的字典，其中字符以列表形式储存，实现"一对多"的效果	—
df3	字典	以字符为键、字符出现的次数为值的字典，实现"一对一"的效果	—

1. 读入刑法文本并剔除非汉字字符

```
＃定义具有 0 个参数、函数名为 xingfa 的函数
def xingfa():
＃打开刑法文本,读取刑法文本,并将整个文件内容赋值给字符串变量 f
    f＝open("刑法 . txt","r",encoding＝"utf－8"). read()
＃创建列表 c,列表元素为除文字以外的其他字符串的可能形式,如换行符、空格、标点符号等
    c＝["\n","\r","，","。","、","《","》","；","：","（","）","【","】","：","("，")","\u3000",""]
```

```
#使用 for 循环遍历列表 c
    for i in c：
    #将字符串 f 中所有出现在列表 c 中的子字符串替换为空字符串
        f＝f.replace(i,"")
#返回字符串 f
        return f
#调用函数 xingfa()，将返回结果赋值给变量 fnew
fnew＝xingfa()
#输出变量 fnew
print fnew()
```

输出结果如下（局部）：

2. 将字符串形式的刑法文本转化为单个字符的集合

```
#使用 set()函数将字符串 fnew 中的每一个字符变为集合 fjihe 中的元素并去重，此时集合
fjihe 中的元素便是刑法文本中所有出现过的、独一无二的字符
fjihe＝set(fnew)
#输出 fjihe
print(fjihe)
```

输出结果如下（局部）：

```
{'1',
 '铁',
 '露',
 '候',
 '一',
 '紧',
 '向',
 '疾',
 '易',
 '署',
 '珍',
 '偿',
 '限',
 '买',
```

```
# 返回集合 fjihe 中的元素个数
len(fjihe)
```

输出结果如下：

```
1264
```

3. 计算字符串形式的刑法文本中每个字符出现的次数

```
# 创建一个空的列表 fcishu
fcishu=[]
# 使用 for 循环遍历集合 fjihe
for i in fjihe：
# 返回字符串 fnew 中每个字符出现的次数，并赋值给变量 n
    n=fnew.count(i)
# 在列表 fcishu 最后增加一个元素 n
    fcishu.append(n)
# 返回列表 fcishu 的元素个数
print(len(fcishu))
```

输出结果为：1264。

```
# 输出列表 fcishu
print(fcishu)
```

输出结果如下（局部）：

```
[32,
3,
26,
14,
538,
3,
33,
11,
58,
1,
18,
14,
```

4. 构建以字符出现的次数为键、字符为值的字典

```
# 将集合 fjihe 中的每一个元素变为列表 lf 中的元素
lf=list(fjihe)
# 直接使用大括号创建一个空的字典 df2
df2={}
```

```
#使用 for 循环进行遍历,循环执行次数为列表 fcishu 的元素个数
for i in range(len(fcishu)):
#将列表 fcishu 的第 i 数据项赋值给 dfk
    dfk=fcishu[i]
#如果键 dfk 不在字典 df2 中,那么
    if dfk not in df2.keys():
#字典 df2 中键 dfk 对应的值是列表 lf 的第 i 数据项
        df2[dfk]=lf[i]
#如果键 dfk 在字典 df2 中,那么
    elif dfk in df2.keys():
#将字典 df2 中键 dfk 对应的值转化为列表并赋值给变量 dfv
        dfv=list(df2[dfk])
#在列表 dfv 最后增加一个元素,这个元素是列表 lf 的第 i 数据项
        dfv.append(lf[i])
#将字典 df2 中键 dfk 对应的值修改为列表 dfv
        df2[dfk]=dfv
#输出字典 df2
print(df2)
```

输出结果如下（局部）：

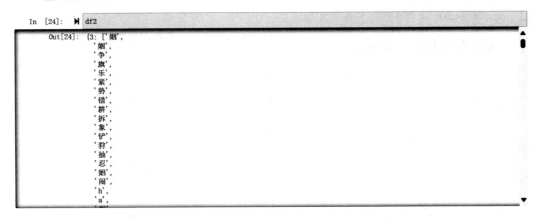

```
#返回 df2 的元素个数
len(df2)
```

输出结果为：210。

可以看到，刑法文本中不重复的、独一无二的字符数有 1 264 个，但以字符出现的次数为键、字符为值的键值对仅有 210 个。

5. 构建以字符为键、字符出现的次数为值的字典

```
#将字符串 fnew 中的每一个字符变为列表 lt 中的元素
lt=list(fnew)
print(lt)
```

输出结果如下（局部）：

```
['中',
 '华',
 '人',
 '民',
 '共',
 '和',
 '国',
 '刑',
 '法',
 '1',
 '9',
 '7',
 '9',
 '年',
 '7',
 '月',
```

```
#直接使用大括号创建一个空的字典 df3
df3={}
#使用 for 循环遍历列表 lt
for i in lt:
    #字典 df3 中某个字符的键值是该字符出现的次数
    df3[i]=df3.get(i,0)+1
#输出 df3
print(df3)
```

输出结果如下（局部）：

```
{'中': 123,
 '华': 37,
 '人': 1069,
 '民': 176,
 '共': 109,
 '和': 251,
 '国': 462,
 '刑': 1254,
 '法': 661,
 '1': 32,
 '9': 18,
 '7': 8,
 '年': 1163,
 '月': 25,
 '日': 46,
 '第': 836,
 '五': 516,
```

如前所述，字典是集合类型的延续，所以各个元素并没有顺序之分。如果想保持一个集合中元素的顺序，需要使用列表，而不是字典。因此如果我们想要知道刑法文本中哪个字符出现的次数最多，就必须通过列表及列表的 ls.sort() 和 ls.sort(reverse＝True) 来实现。

```
# 将字典 df3 中所有的键值对转化为列表 df3item 中的元素
df3item＝list(df3.items())
# 输出 df3item
print(df3item)
```

输出结果如下（局部）：

```
[('中', 123),
 ('华', 37),
 ('人', 1069),
 ('民', 176),
 ('共', 109),
 ('和', 251),
 ('国', 462),
 ('刑', 1254),
 ('法', 661),
 ('1', 32),
 ('9', 18),
 ('7', 8),
 ('年', 1163),
 ('月', 25),
 ('日', 46),
 ('第', 836),
 ('五', 516),
 ('届', 15),
```

```
df3item.sort(key＝lambda x:x[1],reverse＝True)
# 输出 df3item
print(df3item)
```

输出结果如下（局部）：

```
[('的', 2853),
 ('处', 1857),
 ('以', 1672),
 ('有', 1342),
 ('者', 1331),
 ('或', 1311),
 ('刑', 1254),
 ('罪', 1180),
 ('年', 1163),
 ('期', 1121),
 ('人', 1069),
 ('十', 963),
 ('徒', 963),
 ('罚', 905),
 ('下', 854),
 ('三', 839),
 ('第', 836),
 ('重', 741),
 ('条', 664),
```

第三节　jieba 库的使用与练习

一、jieba 库的安装与使用

1. jieba 库安装

jieba（"结巴"）是 Python 中一个重要的第三方中文分词函数库，但不是 Python 安装包自带的，因此首先需要通过 pip 指令安装，然后才能使用保留字 import 引用该库。pip 是 Python 官方提供并维护的在线第三方库安装工具。pip 是 Python 内置命令，需要通过命令行执行。pip 支持安装（install）、下载（download）、卸载（uninstall）、列表（list）、查看（show）、查找（search）等一系列安装和维护子命令。

安装一个库的命令格式是：pip install〈拟安装库名〉。

那么安装 jieba 库的命令格式是：pip install jieba。

2. jieba 库概述

对于一段英文文本，例如"China is a great country"，如果希望提取其中的单词，只需要使用字符串处理的 split() 方法即可，例如：

```
In  [2]: "China is a great country".split()

Out[2]: ['China', 'is', 'a', 'great', 'country']
```

然而，对于一段中文文本，例如，"中国是一个伟大的国家"，获得其中的单词（不是字符）十分困难，因为英文文本可以通过空格或者标点符号分隔，而中文单词之间缺少分隔符，这是中文及类似语言独有的"分词"问题。上例中，分词能够将"中国是一个伟大的国家"分为"中国""是""一个""伟大""的""国家"等一系列词语。

jieba 库的分词原理是利用一个中文词库，将待分词的内容与分词词库进行比对，通过图结构和动态规划方法找到最大概率的词组。除了分词，jieba 还提供增加自定义中文单词的功能。

3. jieba 库解析

jieba 库支持三种分词模式：精确模式，将句子最精确地切开，无冗余，适合文本分析；全模式，把句子中所有可以成词的词语都扫描出来，速度非常快，但是不能消除歧义；搜索引擎模式，在精确模式的基础上，对长词再次切分，提高召回率，适合用于搜索引擎分词。

jieba 库中包含的主要函数如表 8 - 7 所示：

表 8 - 7 jieba 库主要函数

函数	描述
jieba. cut(s)	精确模式，返回一个可迭代的数据类型
jieba. cut(s，cut _ all＝True)	全模式，输出文本 s 中所有可能的单词
jieba. cut _ for _ search(s)	搜索引擎模式，适合搜索引擎建立索引的分词结果
jieba. lcut(s)	精确模式，返回一个列表类型，建议使用
jieba. lcut(s，cut _ all＝True)	全模式，返回一个列表类型，建议使用
jieba. lcut _ for _ search(s)	搜索引擎模式，返回一个列表类型，建议使用
jieba. add _ word(w)	向分词词典中增加新词 w

之前，我们对刑法文本进行了剔除非汉字字符的操作，在此基础上，我们对剔除非汉字字符后的字符串形式的刑法文本进行分词。

（1）精确模式分词并进行"词频"统计

```
#精确模式,返回一个列表类型
fjb＝jieba. lcut(fnew)
print(fjb)
```

输出结果如下：

```
['中华人民共和国',
 '刑法',
 '2020',
 '修正',
 '发布',
 '部门',
 '全国人民代表大会',
 '发布',
 '日期',
 '2020.12',
 '.',
```

接下来，我们要进行词频统计，那么在词频统计之前要剔除单个字符。

```
#直接使用大括号创建一个空的字典 fci
fci＝{}
#使用 for 循环遍历列表 fjb
for i in fjb:
#如果列表 fjb 第 i 数据项的长度等于 1
    if len(i)＝＝1:
#那么跳过本次循环体中余下尚未执行的语句,立即进行下一次的循环条件判定
```

```
        continue
    #如果列表 fjb 第 i 数据项的长度大于 1
    elif len(i)>1:
#那么字典 fci 中某个词语的键值是该词语出现的次数
    fci[i]=fci.get(i,0)+1
#输出字典 fci
print(fci)
```

输出结果为词语及其出现次数，如下所示（局部）：

```
{'中华人民共和国': 39,
 '刑法': 21,
 '2020': 2,
 '修正': 2,
 '发布': 6,
 '部门': 7,
 '全国人民代表大会': 4,
 '日期': 4,
 '2020.12': 1,
 '26': 2,
 '实施': 52,
```

```
#将字典 fci 中所有的键值对转化为列表 fciitem 中的元素
fciitem=list(fci.items())
#对键值按照出现的次数从多到少排序
fciitem.sort(key=lambda x:x[1],reverse=True)
#输出字典 fciitem
print(fciitem)
```

输出结果如下（局部）：

```
[('或者', 1310),
 ('有期徒刑', 854)
 ('以下', 787),
 ('以上', 576),
 ('三年', 441),
 ('规定', 434),
 ('其他', 411),
 ('拘役', 387),
 ('处罚', 323),
 ('处罚金', 299),
 ('十年', 247),
 ('依照', 243),
 ('五年', 242),
 ('单位', 218),
 ('严重', 216),
 ('罚金', 208),
 ('情节', 203),
 ('特别', 200),
```

（2）全模式分词

```
#全模式,返回一个列表类型
fjb2=jieba.lcut(fnew,cut_all=True)
print(fjb2)
```

输出结果如下（局部）：

```
['中华',
 '中华人民',
 '中华人民共和国',
 '华人',
 '人民',
 '人民共和国',
 '共和',
 '共和国',
 '刑法',
 '2020',
 '修正',
 '发布',
```

二、jieba 库的拓展练习

问题：寻找刑法、民法典文本中出现次数最多的前 20 个词。

1. 分析问题

该问题需要对两个给定的文本文件（刑法和民法典）进行分析，识别并提取这两个文本中出现频率最高的前 20 个词。处理过程中可能涉及文本的读取和预处理，同时还包括中文分词、词频统计、排序和提取等步骤。

2. 确定 IPO

（1）Input

刑法和民法典的文本文件。

（2）Processing

1）读取文本对文本预处理。分别打开并读取刑法和民法典文本文件的内容，从这两个文本中移除无意义的字符，如标点符号、换行符等。

2）分词。使用 jieba 分词对清理后的文本进行中文分词处理。

3）词频统计。通过字典统计分词结果中每个词语的出现次数。

4）排序和提取。根据词频进行降序排序，并提取出现频率最高的前 20 个词。

（3）Output

打印输出每个文本（刑法和民法典）中出现频率最高的前 20 个词及其出现次数。

3. 具体程序及运行结果

```
# 导入 jieba 库用于文本分词
import jieba
# 定义一个函数 Find,接收文件名和要提取的高频词数量 t 作为参数
def Find(file_name,t):
# 删除无意义文本
# 以只读模式打开文件,并读取内容到字符串 f
    f=open(file_name,"r",encoding="utf-8").read()
# 定义一个列表,包含要从文本中删除的字符
    del_char=["\n","\r",",","'","。","、","《","》","(",")","(",")",";",":",",",
(",")","\u3000"]
# 遍历列表
     for i in del_char:
# 将文本中的这些字符替换为空格
        f=f.replace(i," ")
# 分词
# 使用 jieba 分词的精确模式对清理后的文本进行分词,结果保存在 f2 中
    f2=jieba.lcut(f)
# 使用 jieba 分词的全模式对文本进行分词,结果保存在 f3 中
    f3=jieba.lcut(f,cut_all=True)
# 取出现频次最大的 t 个词语
# 初始化一个空字典,用于存储每个词语及其出现的次数
    count={}
# 遍历 f2 中的每个词语
    for i in f2:
# 如果词语不在 count 字典中
    if i not in count:
# 计算词语在 f2 中出现的次数,并添加到字典中
        count[i]=f2.count(i)
# 对字典进行排序,根据词频降序排列
    sorted_count=sorted(count.items(),key=lambda x:x[1],reverse=True)
# 从排序后的列表中提取前 t 个元素,即出现频率最高的 t 个词语
    topt_chars=sorted_count[:t]
# 遍历这些高频词语及其出现次数
    for char,time in topt_chars:
# 打印每个词语及其出现的次数
```

```
    print(char,time)
♯调用 Find 函数,分析"刑法 .txt"文件,提取并打印出现频率最高的 20 个词语
Find("刑法 .txt",20)
♯调用 Find 函数,分析"民法典 .txt"文件,提取并打印出现频率最高的 20 个词语
【Find("民法典 .txt",20)】
```

输出结果如下 (局部):

的 2813
或者 1310
有期徒刑 854
处 820
以下 787
以上 576
罪 518
三年 441
规定 434
其他 411
拘役 387
并 325
处罚 323
处罚金 299
对 295
十年 247
依照 243
五年 242
单位 218
严重 216

以上代码对民法典文本操作输出结果如下 (局部):

的 4069
或者 1027
人 960
应当 750
规定 525
约定 512
第 502
合同 492
可以 484
和 411
不 384
承担 323
当事人 310
对 285
百 268
法律 261
在 260
履行 256
等 248
条 246

图书在版编目（CIP）数据

法科生 Python 语言入门教程 / 邓矜婷著 . -- 北京：
中国人民大学出版社，2025.1. --（新编 21 世纪法学系
列教材 / 曾宪义，王利明总主编）. -- ISBN 978-7-300-
33372-4

Ⅰ. TP312.8

中国国家版本馆 CIP 数据核字第 2024VJ0592 号

新编 *21* 世纪法学系列教材
总主编　曾宪义　王利明
法科生 Python 语言入门教程
邓矜婷　著
Fakesheng Python Yuyan Rumen Jiaocheng

出版发行	中国人民大学出版社	
社　　址	北京中关村大街 31 号	**邮政编码**　100080
电　　话	010 - 62511242（总编室）	010 - 62511770（质管部）
	010 - 82501766（邮购部）	010 - 62514148（门市部）
	010 - 62515195（发行公司）	010 - 62515275（盗版举报）
网　　址	http://www.crup.com.cn	
经　　销	新华书店	
印　　刷	北京溢漾印刷有限公司	
开　　本	787 mm×1092 mm　1/16	**版　　次**　2025 年 1 月第 1 版
印　　张	18.5 插页 1	**印　　次**　2025 年 1 月第 1 次印刷
字　　数	367 000	**定　　价**　59.00 元

《 》*任课教师调查问卷

为了能更好地为您提供优秀的教材及良好的服务，也为了进一步提高我社法学教材出版的质量，希望您能协助我们完成本次小问卷，完成后您可以在我社网站中选择与您教学相关的 1 本教材作为今后的备选教材，我们会及时为您邮寄送达！如果您不方便邮寄，也可以申请加入我社的**法学教师 QQ 群：436438859（申请时请注明法学教师）**，然后下载本问卷填写，并发往我们指定的邮箱（cruplaw@163.com）。

邮寄地址：北京市海淀区中关村大街 59 号中国人民大学出版社 1202 室收

邮　　编：100080

再次感谢您在百忙中抽出时间为我们填写这份调查问卷，您的举手之劳，将使我们获益匪浅！

基本信息及联系方式*：

姓名：＿＿＿＿＿＿＿　性别：＿＿＿＿＿＿＿　课程：＿＿＿＿＿＿＿

任教学校：＿＿＿＿＿＿＿＿＿＿＿　院系（所）：＿＿＿＿＿＿＿＿

邮寄地址：＿＿＿＿＿＿＿＿＿＿＿　邮编：＿＿＿＿＿＿＿＿＿＿

电话（办公）：＿＿＿＿＿＿＿　手机：＿＿＿＿＿＿＿　电子邮件：＿＿＿＿＿＿

调查问卷*：

1. 您认为图书的哪类特性对您使用教材最有影响力？（　　）（可多选，按重要性排序）

　　A. 各级规划教材、获奖教材　　　　B. 知名作者教材

　　C. 完善的配套资源　　　　　　　　D. 自编教材

　　E. 行政命令

2. 在教材配套资源中，您最需要哪些？（　　）（可多选，按重要性排序）

　　A. 电子教案　　　　　　　　　　　B. 教学案例

　　C. 教学视频　　　　　　　　　　　D. 配套习题、模拟试卷

3. 您对于本书的评价如何？（　　）

　　A. 该书目前仍符合教学要求，表现不错将继续采用。

　　B. 该书的配套资源需要改进，才会继续使用。

　　C. 该书需要在内容或实例更新再版后才能满足我的教学，才会继续使用。

　　D. 该书与同类教材差距很大，不准备继续采用了。

4. 从您的教学出发，谈谈对本书的改进建议：＿＿＿＿＿＿＿＿＿＿＿＿

＿＿＿＿＿＿＿＿＿＿＿＿＿＿＿＿＿＿＿＿＿＿＿＿＿＿＿＿＿＿＿＿＿＿

＿＿＿＿＿＿＿＿＿＿＿＿＿＿＿＿＿＿＿＿＿＿＿＿＿＿＿＿＿＿＿＿＿＿

选题征集：如果您有好的选题或出版需求，欢迎您联系我们：

联系人：黄　强　**联系电话：**010-62515955

索取样书：书名：＿＿＿＿＿＿＿＿＿＿＿＿＿＿＿＿＿＿＿＿＿＿＿＿

书号：＿＿＿＿＿＿＿＿＿＿＿＿＿＿＿＿＿＿＿＿＿＿＿＿＿＿＿＿＿＿

备注：※ 为必填项。